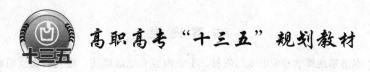

高职高专"十三五"规划教材

普通地质学

尹 琼 刘 伟 编著

北 京

冶金工业出版社

2017

内 容 提 要

本书是地质学专业的入门教材,主要内容有地球概述,地壳的物质组成,地质年代及地史简述,地质作用与地质营力,风化作用,河流、地下水、风、海洋湖泊和沼泽、冰川的地质作用,成岩作用与沉积岩,岩石圈板块运动与地质运动,构造运动及地质构造,地震作用,岩浆作用与岩浆岩,变质作用与变质岩,人类与地质环境。本书突出了各种外力地质作用,加强了矿物、岩石的论述和鉴别方法。

本书可作为高职高专院校国土类专业教材,也可供相关的研究人员和工程技术人员参考使用。

图书在版编目(CIP)数据

普通地质学/尹琼,刘伟编著.—北京:冶金工业出版社,2017.3

高职高专"十三五"规划教材

ISBN 978-7-5024-7288-7

Ⅰ.①普… Ⅱ.①尹… ②刘… Ⅲ.①地质学—高等职业教育—教材 Ⅳ.①P5

中国版本图书馆 CIP 数据核字(2017)第 029429 号

出 版 人 谭学余
地　　址 北京市东城区嵩祝院北巷 39 号 邮编 100009 电话 (010)64027926
网　　址 www.cnmip.com.cn 电子信箱 yjcbs@cnmip.com.cn
责任编辑 杨盈园 美术编辑 杨 帆 版式设计 葛新霞
责任校对 李 娜 责任印制 牛晓波
ISBN 978-7-5024-7288-7
冶金工业出版社出版发行;各地新华书店经销;三河市双峰印刷装订有限公司印刷
2017 年 3 月第 1 版,2017 年 3 月第 1 次印刷
787mm×1092mm 1/16;13.5 印张;326 千字;207 页
28.00 元
冶金工业出版社 投稿电话 (010)64027932 投稿信箱 tougao@cnmip.com.cn
冶金工业出版社营销中心 电话 (010)64044283 传真 (010)64027893
冶金书店 地址 北京市东四西大街 46 号(100010) 电话 (010)65289081(兼传真)
冶金工业出版社天猫旗舰店 yjgycbs.tmall.com
(本书如有印装质量问题,本社营销中心负责退换)

前 言

普通地质学是地质学专业学生的入门课程，其内容涵括了地学学科的各个基础领域。近20年来，地球科学各领域发展很快，新理论、新技术、新发现不断涌现，地学知识不断充实和更新。其间，我国在地质学领域取得了很多具有世界领先水平的研究成果，凸显出我国地质学研究水平在国际学术舞台上的地位以及中国独特的地学特色。这些研究成果不断修改、补充、丰富了原有的地质学基础理论，一些过去认为是合适的并编入教材中的内容现在已显陈旧；而本科院校所用教材内容较深，不适用于高职高专学生使用。编者等人根据多年在高职的教学实践，认真比对了10余所高职高专院校的教学大纲和教学计划，并反复对比了国内外的相关教材，针对高职高专应用型人才培养目标编写了本教材。

本教材基本继承了过去的教学体系和经典内容，精简了理论探讨的部分，突出应用，按照60个授课学时编写，重点突出以下几个方面：

第一，普通地质学是为了对进一步学习地质学的各门分支学科打基础。因此，凡是作为基础所需要的内容，本书尽可能予以包括，但是在深度和广度上符合高职高专地质类专业学生使用。

第二，精简了理论探讨内容，突出了应用部分，并对当代地质学特点、基础理论的最新进展以及发展趋势等作了重点补充，力争反映当代地质学的时代特征。

第三，为了便于自学，每章末尾增加了"复习思考题"。

第四，本教材考虑到课程学完后立即进行2~3周的普通地质学野外认识实习，因此突出了手持标本的鉴定方法，以及褶皱、断裂的野外识别方法等。

上述努力的目的是使本书在内容的先进性与系统性、体系的合理性与科学性以及教学的适用性等方面达到更好的统一，以方便读者学习与参考。

教材编写提纲由昆明冶金高等专科学校尹琼、程涌拟定。编写人员的具体分工为：尹琼编写绪论、第一章、第二章、第十六章；昆明冶金高等专科学校刘伟编写第三章、第四章、第五章；天津职业大学何涛编写第六章、第七章、第十章第一节、第十一章。江西应用职业技术学院刘磊编写第八章；湖北国土资源职业技术学院李硕编写第九章；江门职业技术学院黄德晶编写第十章（其中第一节由天津职业大学何涛编写）；程涌编写第十二章（其中，第二节由昆明冶金高等专科学校张莉编写）、第十三章、第十四章、第十五章。全书由尹琼、程涌统编定稿，昆明冶金高等专科学校王雅丽、刘伟审阅了本书，河南理工大学万方科技学院乔雨、云南国土资源职业技术学院刘陈明、湖北省地质局第二地质大队李明龙、中国冶金地质总局昆明地质勘察院叶金福、昆明冶金高等专科学校张莉莉等对教材有关章节提出很多宝贵的建议。

　　教材在编写过程中，各位编者都贡献了多年的教学和研究心得，并参考了一些前人编写的著作和教材。教材的出版得到了昆明冶金高等专科学校教务处及矿业学院的大力支持，冶金工业出版社提供了多种帮助，谨此表示衷心感谢！本教材有部分图片来自互联网，由于查询条件所限未能一一准确注明出处，在此谨向原作者表示歉意和致谢！

　　由于作者水平有限，书中难免有不妥之处，诚恳地欢迎读者批评指正。

作者

2016 年 3 月

目 录

绪　　论

一、地质学的研究对象及任务

地质学是地学中研究地球的一门重要的分支学科，它是研究地球上物质组成、岩石结构构造、地球的形成与演化历史、地球动力地质作用及其成因的学科。长期以来，由于科学手段的限制，人类所能探索的范围仅限于到地球的表层，即地壳和岩石圈的深度内；但随着科学技术的发展及探测手段的提高，人们已开始把研究的重点逐步转入地壳下层和岩石圈以下的深度，即开始了对上部地幔的探索。地质学的探索内容也随着人类对生存环境的要求和自然条件的变化，以及人类对地球环境影响的加深越来越广阔，越来越深入了。人类为了更好地生存，已经开始注意到人类和自然环境的关系，注意到人类活动对地球面貌及自然环境的影响。因此，地质学研究工作的任务不仅是揭示和研究地球的形成、演化发展过程及其规律，为人类开发丰富的矿产资源服务；还要为人类开拓新的资源、保护环境、防治灾害、利用和优化环境、协调人与自然的关系、评价全球地质环境的变化对人类造成的影响等服务。

二、地质学的研究内容与分科

地质学研究的内容十分广泛，特别是新科学技术的运用、地质学和相关学科的交叉融合，使得一些综合性学科得到迅速发展，研究内容涉及的分支学科主要有以下几类。

（1）组成地球的物质。深入研究组成地壳和上地幔的物质，主要包括元素、矿物、岩石（包括矿石和矿床）、不同尺度物质的存在形式、特征、形成条件、分布规律及其利用状况。研究这方面的分支学科有结晶学、矿物学、岩石学、矿床学、地球化学等。

（2）物质的组成方式、形成、演化与分布。主要阐明地壳以及地球内部的结构、构造特征，阐明其分布特征、形成条件与演化规律。研究这方面的分支学科有构造地质学、区域地质学、地球物理学等。

（3）地球的历史。地球形成至今已有 46 亿年，其中 36 亿年以来的形成与演化历史是重点研究对象，研究这方面的分支科学有古生物学、地史学、岩相古地理学、第四纪地质学等。

（4）应用问题。水文地质学研究地下水的分布、找寻、开发和利用；工程地质学研究与铁道、公路、大坝、桥梁、隧道、城市工程等建设有关的地质条件，以保证工程的稳固；地震地质学研究地震发生的地质背景与分布规律，为预报地震服务：环境地质学研究影响环境的地质因素，为提高环境质量、保护环境和人类健康服务。此外，还有煤田地质学、石油地质学、铀矿地质学等应用学科。

（5）地质学的研究方法与手段。在这一领域中有同位素地质学、遥感地质学、数学地质学、实验地质学等。

（6）综合性研究。现代科学发展的一个趋势是由分科走向综合，许多重大科学问题只有通过综合性研究才能解决。板块构造学是这一方向的突出体现。它从全球的角度，将物质组成、地壳与整个地球的结构构造、演化历史以及地质体的几何学、构造学、年代学、地球动力学融为一体进行研究。此外，行星地质学、大陆动力学及海洋地质学都是进行综合性地质研究的新领域。

　　地质学形成至今不过 200 余年，其发展进程十分迅速，知识更新速度很快。如生命大爆发与生物大绝灭、高原隆升机制、大陆深俯冲、玄武岩浆底侵、陨石撞击、地球核幔边界的矿物成分，内外核之间旋转角速度差异、臭氧层空洞等研究成果，拓宽了地学的研究内涵，促进了地质学理论的发展。当前，地质学与数学、物理、化学以及信息科学等学科相互渗透，许多边缘学科正在成长。

　　多学科交叉、跨学科联合、整合集成研究已经成为当今科学取得重大突破的重要途径。现代科学发展要求打破人为的学科界限，科学的进步永远需要综合性研究。

三、地质学的特点和研究方法

　　地质学作为天、地、生、数、理、化等几大类重要基础学科之一，是自然发展和人类生活所不可缺少的一个重要领域，是具有广阔前景的一门自然学科。它与其他各门学科相互依存，在研究方法上也具有一定的共同性和相似性。但作为一门独立于其他学科之外的重要的自然科学，除了前述的研究对象和任务方面的特殊性外，还有几点值得着重指出。

　　第一，一方面，地质作用的发生与发展具有共同规律；另一方面，不同地区往往出现不同的地质作用，且同一类地质作用在不同的地区往往具有特殊性。

　　第二，地质作用从性质上看，包括物理的、化学的、生物的；从规模上看，大到全球的宏观现象，小到原子和离子的微观过程。同时，地质作用涉及生物、气象、天文、地理等一系列学科领域。

　　第三，一些地质作用过程历时漫长，如海陆变迁、山脉隆升、海底扩张、岩浆侵位等过程一般以百万年（Ma）为计算单位；喜马拉雅山脉从大洋关闭、褶皱隆起至今约有40Ma，太平洋的形成至今约有180Ma。但是，也有一些地质作用过程的时间很短，如地震作用，往往在数秒至数十秒内完成。2008 年 5 月 12 日 14 时 28 分发生的举世震惊的四川汶川 8.0 级大地震，仅持续十几秒，但发震前的能量聚集过程时间很长。因而，人们难以对正在进行的地质作用的全过程进行完整的观察，对于地质历史中发生的地质作用更不可能直接去了解；绝大多数地质作用也难于用物理或化学的方法加以重现。

　　鉴于以上特征，在地质学的研究方法上，既要应用一般自然科学所共同的研究方法，又要应用一些独特的研究和思维方法。一般包括调查研究、搜集资料；归纳分析综合资料；实验模拟验证资料和规律；总结推导提出假说；反复验证修正假说，形成规律性的理论性的认识。

　　（1）调查研究、收集资料。地质现象是地质作用的结果或产物。通过对地质现象的观察，可以找出地质作用的特点与规律。因此，野外调查便是研究地质作用的前提和基础。大自然是最好的地质博物馆，在某种意义上也是实验室。

　　（2）实验室模拟验证。目前主要采取物理的、化学的、数学的、生物的以及信息技术的方法来提高对物质的分辨能力、穿透能力、鉴定能力、模拟能力、遥感能力。电子显微镜的分辨能力达 0.1nm，对于矿物质中原子、离子的排列能够直接进行观察；高温高压及超高压试验技术已应用于模拟地幔的物理性状及组成方面，目前已能提供 10^{11} Pa 以上的压力与 10^4℃的温度的实验条件；岩石地球化学方法可以精确测定组成岩石的各种元素含量，放射性同位素年龄测定方法可以测定地质作用发生的时间。

（3）总结推导提出假说。理论研究建立在丰富的地质事实和数据的基础之上。这是一个由表及里、由此及彼、去粗取精、去伪存真、由感性认识上升到理性认识的过程。在这一过程中要进行地质思维，地质思维就是要运用地质学知识和原理去研究问题。

◎将今论古。这一方法论的基本思想是，"现在是认识过去的钥匙"，即用现在正在发生的地质作用去推测过去、类比过去、认识过去。如通过现在的河流将大量的泥沙带到海盆中沉积下来并形成具有一定特征的沉积物，推测过去的河流也应有类似的作用，形成类似特点的岩石；干旱内陆盐湖里有各种盐类矿物沉淀并形成盐层，推测古代岩石中所见的盐层也应该是在干旱条件下形成的。"将今论古"是地质学的传统思维方法，地质学成果很大程度上是建立在这一方法论之上的。但是随着人们对客观现象认识的深入，发现在不同地质时期作用条件是不同的，地质作用的规律也有相应的变化，现在并不是简单地重复过去；因而不能将过去的地质作用规律和现代正在进行的地质作用规律机械地等同起来。如海百合现在只生长在深海，但是在数亿年前，海百合与造礁珊瑚等典型的浅海生物生活在一起。

◎以古论今，论未来。这是地质思维中另一个重要的方法论。因为人们今天能够直接加以观察的地质作用通常只是漫长的地质作用过程中的一个片断，而在过去的地质记录中往往保留了某一地质作用的全部过程。因此，认识了过去就能够帮助我们更好地了解现在并且预测未来。譬如，最近地质时期气候的冷暖变化是有周期性的，这在深海海底沉积物中留下了清楚的记录，研究这些沉积记录就能够帮助我们预测未来（如 1000a 内）气候变化的趋势。

◎活动论。这是当代地质学研究的指导理论。大陆、海洋不是固定不变的，而是不断活动和演变的。除了岩浆活动导致岩石圈隆起—沉降之外，地球表层活动主要表现为水平运动。现在看到的海陆面是地质历史期间大规模、长距离裂解或运移—聚合的结果。比如现在的地中海是地质历史期间特提斯洋俯冲—关闭的残迹；而现在的红海则是因非洲大陆裂解而形成的一个狭长形海盆。固定不变的认识是不对的，必须实事求是地去看待和认识地球。

上面论述的是地质作用研究方法的一般原则，对于地质学各分支学科来说，还有各自的特殊方法。如研究地球的内部结构与构造时要用地球物理的方法、深部钻探技术、高温高压模拟实验等；研究地壳的物质成分时要用化学分析、电子探针分析、光谱分析、差热分析、能谱分析、X 射线分析、偏光显微镜、电子显微镜鉴定等；研究地球发展历史要用同位素年龄测定、生物地层学方法及古地磁方法等。

 复习思考题

1. 地质学研究的对象是什么？重点何在？
2. 地质学研究的内容有哪些主要方面？
3. 试述地质学研究的意义。
4. 谈谈你怎样理解地质学研究的方法论。

第一章　地　球　概　述

宇宙在人们的心目中往往有一种神秘感。"宇"是空间的概念，表示无边无际；"宙"是时间的概念，表示无始无终。地球正是在这一无边延续的时间中和无穷拓展的空间里形成并演化至现在所具有的各种内部特征和外部形态。从地质学的角度上说，地球是我们主要的研究对象，但从天文学角度或考虑宇宙成因，不能把地球和其他天体特征相分离，这就是地质学家们也十分关心宇宙天体特征的重要原因。

第一节　地球的演化

一、宇宙、银河系、太阳系

在茫茫宇宙中，我们肉眼看得见的群星闪烁，既有恒星、行星、卫星、流星、彗星等星体，也有我们肉眼看不见的尘埃、气体、类星体、黑洞及各种射线源等，所有这些物质通称为天体。各种天体之间既相互吸引又相互排斥，按一定的规律组合在一起不停地运动着。这些不断变化的天体组成了浩瀚的宇宙。

包含了大量恒星和无数星际物质的天体系统称为星系。太阳所在的星系叫银河系，银河系以外的其他星系统称为河外星系。

银河系是由 1500 亿～2000 亿颗恒星和无数星际物质组成的。在晴朗的夜空常可以看到一条群星闪烁的银灰色光带，那就是银河。其实它是一个巨大的中间厚、四周薄的旋涡状"银盘"，众多的恒星围绕着银河系的质心——银核旋转（图 1 - 1 （a））。银盘中央是恒星高度密集区域，其中的近球形称为核球；银盘外围恒星稀疏呈扁球状，称为银晕。从垂直银河系平面的方向看，银盘内恒星和星际物质在磁场和密度波影响下分布并不均匀，而是由核球向外伸出的四条旋臂组成旋涡结构（见图 1 - 1 （b））。旋臂是银河系中恒星和星际物质的密集部位。银河系的直径约为 10 万光年，中心厚度约 1 万光年（1 光年等

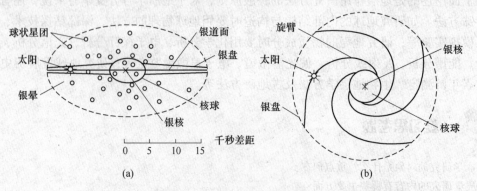

图 1 - 1　银河系结构示意图（据刘本培，2000）

（a）侧视图；（b）俯视图

于光在 1 年中所走过的路程，约为 10^{13} km）。

太阳系是银河系中的普通一员，是以太阳为中心的一个天体系统。质量和体积最大的太阳居于太阳体系的中心，它能自己发光和辐射热能，属于恒星。在太阳系中共有八颗大的行星，按其与太阳距离的远近，依次为水星、金星、地球、火星、木星、土星、天王星、海王星（见图1-2）。在太阳系中还有数以万计的小行星，自 1801 年发现第一颗小行星以来，已经确定轨道的小行星约有 4000 个，未能确定轨道的就更多,可能在 1 万个以上。小行星主要集中分布在火星与木星轨道之间。除此之外,在太阳系中还有彗星及行星的卫星(如月亮)等。

图 1 - 2　太阳系八大行星轨道位置示意图

太阳系八大行星按其物理性质可分为两类：一类以地球为代表，称为类地行星，因为它们离太阳近，又称为内行星。内行星有水星、金星、地球和火星，它们的共同特点是质量和体积小、密度大，以固体物质为主，自转速度较慢。另一类以木星为代表，称类木行星，因其离太阳较远，又称为外行星。外行星有木星、土星、天王星、海王星，其共同特点是质量和体积大、密度小，以流体为主，自转速度较快（见表 1 - 1）。

表 1-1　行星的物理参数

行星	质量/g	与地球质量之比	赤道半径/km	体积与地球之比	平均密度/g·cm^{-3}	公转周期	自转周期/d	赤道半径/km
水星	3.33×10^{26}	0.0554	2439.7	0.055	5.43	87.97d	58.646	2439.7
金星	4.87×10^{27}	0.815	6050	0.815	5.24	224.7d	-243.017	6051.8
地球	5.976×10^{27}	1.000	6378	1	5.52	365.24d	0.9973	6378
火星	6.421×10^{26}	0.1075	3395	0.107	3.94	686.93d	1.0260	3397
木星	1.900×10^{30}	317.82	71400	1321	1.33	11.86a	0.4135	71492
土星	5.688×10^{29}	95.18	60000	745.000	0.70	29.45a	0.4440	60268
天王星	8.742×10^{28}	14.37	25900	63.1	1.30	84.02a	-0.718	25559
海王星	1.029×10^{29}	17.22	24750	57.1	1.76	164.81a	0.6713	24764

数据来源:《中国大百科全书》，1980。

二、地球的形状和大小

人们以大地水准面（平均海平面）来理想地圈出一个完整的球体，作为地球形态的几何图形。地球的形状是指全地水准面的形状。大地水准面既不考虑地球表面的海陆差异，也不考虑陆上、海底的地形起伏；它不但包括了现在的海面，也包括所有陆地底下的假想"海面"，它是计算地表高程的起算面。

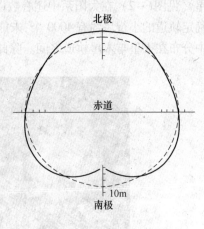

图 1 - 3　地球体形态示意

精密的经纬度测量和重力测量表明地球不是一个正球体，而是一个赤道半径长、两极半径短的椭球体。这是由于地球自身旋转造成的，故又可视为旋转椭球体。由于大地水准球体与地球旋转椭球体相比偏差很小，因此在大地测量中就用旋转椭球体（或叫地球体）来代替大地水准球体进行计算。

据 1982 年自然地理统计资料，地球大小的有关数据如下：赤道半径为 6378.140km；两极半径为 6378.140km；平均半径为 6371.004km；扁率为 1/298.257；表面积为 $5.1 \times 10^8 km^2$；体积 $1.083 \times 10^{12} km^3$。

根据以上参数绘制的地球形状类似一个略扁的梨形（见图 1 - 3）。根据人造卫星的资料分析，地球南极与标准旋转椭球体相比约缩进 30m，北极则凸出约 10m（图 1 - 3）。

第二节　地球的主要物理性质

目前的技术水平还不具备直接观察地球内部的手段，最深的钻孔也仅为 12km，因而对地球深部的了解主要靠地球物理的工作成果。地球物理性质包括地球内部的密度、压力、重力、地磁、弹性及地热等。通过研究上述特性的变化规律，可以推测地球内部的物质成分、温度、压力状态及其变化规律，并作为了解和划分地球内部圈层构造的依据。

一、地球的质量和密度

根据万有引力定律，可以算出地球的质量为 5.947×10^{21}t。据地球的形状参数，可以求得地球的体积为 $1.083 \times 10^{12} km^3$。根据体积可求得地球的平均密度为 $5.516g/cm^3$，而直接可测得的地球表面层岩石平均密度为 $2.7 \sim 2.8g/cm^3$，海水的平均密度为 $1.028g/cm^3$。据此可以肯定地球内部必定有密度更大的物质。

迄今为止，地球深处的物质密度仍然不能直接测得，而是通过对地震波的研究来计算的，因为地震波传播的速度与物质密度密切相关。不同学者给出的地球深处的密度资料是不完全相同的，但基本特征是相似的。目前公认的地内密度变化模型是由澳大利亚学者布伦推导的：地壳表层的密度为 $2.7g/cm^3$；地内 33km 处为 $3.32g/cm^3$；2885km 处密度由 $5.56 g/cm^3$ 陡增至 $9.98g/cm^3$；至 6371km 处达 $12.51g/cm^3$。

二、压力

由于地球形成的时间很长，其内部所受的压力主要为上覆岩石重力产生的静压力，其数值为深度与该深度以上岩石的平均密度和平均重力加速度的连乘积，单位为 Pa。压力是随着深度递增的，地表岩石处于 10^5Pa（1 个大气压）下，到了地球中心则可高达 350×10^9Pa。这个压力变化值用曲线（见图 1-4）来表示就更加直观些。压力的作用可能导致地球深处物质存在状态的变化，也是引起地球某些内动力活动的原因之一。

三、重力

地球上任何一点的物质所受的重力的数值都是地球的万有引力和地球自转产生的惯性离心力的合力。因为离心力相对很小，只约等于万有引力的 1/289，所以重力基本上就是引力，其方向也基本上指向地心。单位用 dyn/g（或 m/s^2）表示或用重力加速度单位伽（Gal）和毫伽（mGal）来表示（见图 1-5）。

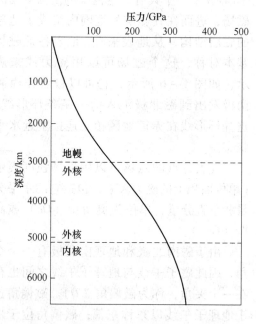

图 1-4　地球内部的压力分布-Bullen
模型 A（据 K.E.Bullen，1963）

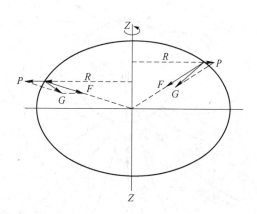

图 1-5　地球的地心引力和离心力
（据徐成彦等，1989）

P—离心力；*F*—地心引力；*R*—地球的半径；
ZZ—自转轴；*G*—重力

地表上某一点的重力场强度相当于该点的重力加速度。地表的重力加速度随纬度值的增大而增加，随着海拔高度的增大而减小；而地球内部的变化与地球的物质分布和深度密切相关，呈复杂的曲线。重力加速度在地表的数值约为 $9.82m/s^2$，到下地幔的底部达到最大值 $10.37m/s^2$ 左右，从 2891km 处即地核开始急剧减小，到外核底部约为 $4.52m/s^2$，到 6000km 处约 $1.26m/s^2$，到地心处重力加速度为 0。

　　进行重力研究时，将地球视作一个圆滑的均匀球体，以其大地水准面为基准计算得出的重力值称作理论重力值。对均匀球体而言，地表的理论重力值应该只与地理纬度有关。但实际上，地球的地面起伏甚大，内部的物质密度分布也极不均匀，在结构上也存在着显著差异，这些都使得实测的重力值与理论值之间有明显的偏离，在地学上称为重力异常。对某地的实测重力值通过高程及地形校正后再减去理论重力值的差值称作重力异常值。如为正值，称正异常；如为负值，则称为负异常。前者反映该区地下的物质密度偏大，后者说明该区地下物质密度偏小。利用重力测量来寻找矿产和研究地质构造的方法称为重力勘探法。

　　大陆部分的布格重力异常值大多数低于正常重力值，海洋部分多为正异常。这说明地球表层的大陆部分物质密度较小，海洋部分物质密度较大。

　　据此原理，人们可以通过测量重力来寻找重力异常的矿床，或了解地质构造，此方法称为重力探测或重力勘探。

四、地球的磁性

　　地球是一个巨大的磁性体，在它的周围空间形成了一个具有一定范围的由强变弱的磁场，进而在其影响的范围内组成了地球的磁层结构，从地表来看，地表各地磁场基本对称，这个磁场可以用磁力线来表示，如图 1-6 所示，它可以被看作由磁南极发出到磁北极汇入的一条条环形线，这些环形线在赤道地区相互连接呈近水平状态。

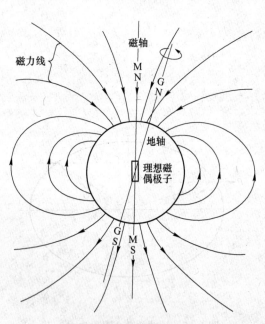

图 1-6　地球的磁场（据 W. K. 汉布林，1980）
GN—地理北极；GS—地理南极；
MN—磁北极；MS—磁南极

　　地表各点的磁场可以用磁场强度表示（单位面积上的磁力大小，包括它的水平分量和垂直分量，单位为奥斯特（Oe）或高斯（Gs））。

　　由于磁南北极和地理南北极有一个交角，因此磁子午线与地理子午线之间也存在一个夹角，称为磁偏角（D）。磁偏角位于地理子午线以东称东偏；磁偏角位于地理子午线以西称西偏。在实际工作中以罗盘指针与地理子午线的夹角作为磁偏角，因此必须根据所在地理位置校正罗盘的刻度盘。地球表面的磁力线与水平面也存在一定的交角，称为磁倾角（I）。磁倾角的大小因地而异，在赤道为 0°，向南北两极逐渐增大，在磁南北极为 90°，此时罗盘的磁针就会竖起来。因此罗盘必须因地制宜加以校正。地磁场以代号 F 表示，强度单位为 A/m。地磁场强度是一个矢量，可以分解为水平分量 H 和垂直分量 Z。地磁场的状态可用磁场强度 F、磁偏角 D、磁倾角 I 这三个地磁要素来确定（见图 1-7）。

地磁场在地表的变化主要受内部物质成分和结构的影响，如强磁性和弱磁性物质的存在可以造成明显的磁异常。这是寻找地下资源和了解地球内部结构的重要依据。磁法勘探就是据此发展的。

地磁场的存在会导致岩石在其形成过程中发生磁化，这些受磁化的岩石在磁场发生改变后仍可将原来磁化的性质部分地保留下来，形成所谓的"剩余磁性"。测量岩石中的剩余磁性有助于了解地质历史时期的地磁场情况。依据岩石剩余磁性研究地史时期地磁场的状态、磁极变化的学科称为古地磁学。

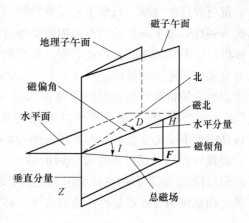

图1-7　地磁要素示意图
（据 P. J. 怀利，1980）

五、温度—地热

人们根据岩浆岩喷发形成火山和温泉等已经认识到地下深处是热的，矿山开采实践也证明了这一推论。

地球表面的温度由于受到太阳的热辐射会引起增温。因组成地球的岩石为不良导体，故增温和降温都较缓慢。因地表不同纬度在不同季节受到太阳辐射的角度不同，接受的热量也不同，季节性的、昼夜性的变化都较大，所以地表实际上形成了一个温度变化的薄圈层，此薄圈层称为变温层。全球地表的年平均温度为15℃，这个温度值及这个层的厚度对整个地球内部的温度值和深度变化来说是微不足道的。地球内部的温度主要来自地球内部放射性元素的蜕变热能，它自然也是不均匀分布的，总趋势是随深度加大而递增，但增长率随位置和深度而异，人们常常使用地热增温率来表示它们。其是指每向下加深100m所增加的温度数值，一般平均值约为3℃。但实际上地表不同地方的地温梯度是很不一样的。地下深处并不始终保持这个数值，虽然向地心方向温度是在递增的，但地温梯度却逐渐变小，否则地下深度物质都会熔化了，而地震波的传播表明地下相当深处物质仍为固态。地热或者温度的这种变化也可用曲线表示出来（见图1-8）。

地表的温度可以直接测得，常常以单位面积上的热量来表示，称为热流值。地表热流值常常因地而异，主要受控于地质构造条件，如地球表面或深处的强烈活动地段，火山、岩浆活动地段常常是高热流值地区。按全球平均地温梯度值或区域地温梯度可以理论地计算出各地区的理论地表温度和地下温度，但这常与实测值存在差异，就可能出现地热异常。特高的异常区往往表明地下存在着过量的热能，常表现为温泉，称为地热田，成为可供人类可以利用的能源。据估计，目前能开采利用的（地下3km以内的）地热约相当于2.9×10^{12}煤炭所产生的热能，因而利用地热问题已引起世界各国的重视。目前我国已在西藏羊八井、广东丰顺等地利用地热能建立了发电站。

六、弹性和塑性

地球是由岩石组成的。物理知识告诉我们，一切处于固体状态的物质在受到外力作用后都可以产生变形。只要不超过弹性限度，外力一去，它的变形就会恢复原状，这种特性称为弹性。地下深处的岩石可以传播地震波，说明它们也具有弹性。因为地震波就是一种弹性波。但物理学的实验也表明，物质的性质也与它受力的时间长短和温度状况等外力条件有关。而地下深处的岩石在分布、受力状态和温度条件等都与地表环境不同，显然长期受力容易使得物质超过弹性限度形成永久变形，即外力去掉后变形仍然存在而不恢复原状，但也不破裂，这种性质称为塑性（见图1-9）。换句话说，如果岩石在长期受力或者较高温度下受力变形时，就变现为塑性而非弹性。地球表面或内部岩石总的破裂就是弹性的表现（但这是超过弹性限度后的情况，所以也不能恢复原状，而真正的弹性变形是无法保留的），而岩石的弯曲变形乃至整个地球在旋转过程中的逐渐变扁都是一种塑性的表现，即物质的弹性和塑性常常共存于一体之中，因受力条件不同而表现不同。

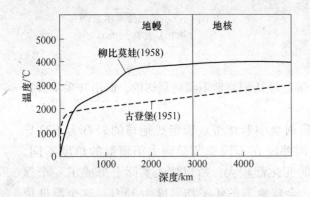

图1-8　地内温度变化曲线（据B. 古登堡，
　　　1951 及 E. A. 柳比莫娃，1958）

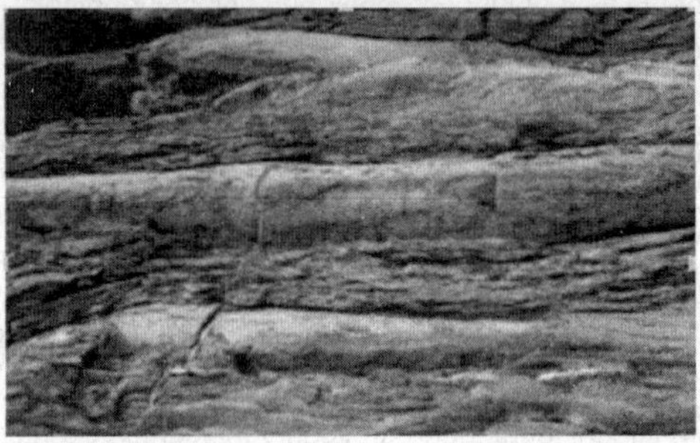

图1-9　岩石的塑性变形

　　地球的塑性记录了永久变形的结果，而地球的弹性使得地震波能够传播，通过它可以帮助我们了解地球现今的内部构造。通过研究天然地震和人工地震探测地球内部构造和寻找某些矿床就是地震勘探。

第三节　地球的圈层构造

　　地球不是一个均质体，而是具有明显的圈层结构。地球每个圈层的成分、密度、温度等各不相同。研究地球内部结构对于了解地球的运动、起源和演化，探讨其他行星的结构，以致整个太阳系的起源和演化问题，都具有十分重要的意义。

一、地球的外部圈层构造

　　地球的外部有大气圈、水圈和生物圈。

（一）大气圈

　　大气圈是地球最外面的一个圈层，它位于星际空间和地面之间，由包围在固体地球外面的各种气体构成。大气的主要成分包括氮气、氧气、氩气、二氧化碳、水蒸气等，是由几种气体组成的一个混合气体圈层。

大气的总质量为 $5.6 \times 10^{21}g$，它主要集中在 100km 高度以下的范围内，其中的一半以上又集中在 10km 以下的空间。因受地球引力的影响，大气的密度和压力随着高度增高而趋于稀薄和降低。

大气的温度和密度随高度不同而变化，因而具有沿垂直地面方向的分层现象。按国际气象组织的规定，自下而上可分为对流层、平流层、中层（中间层）、电离层（暖层）和扩散层（逸散层）（见图 1 – 10），其中以对流层和平流层对地面影响较大。

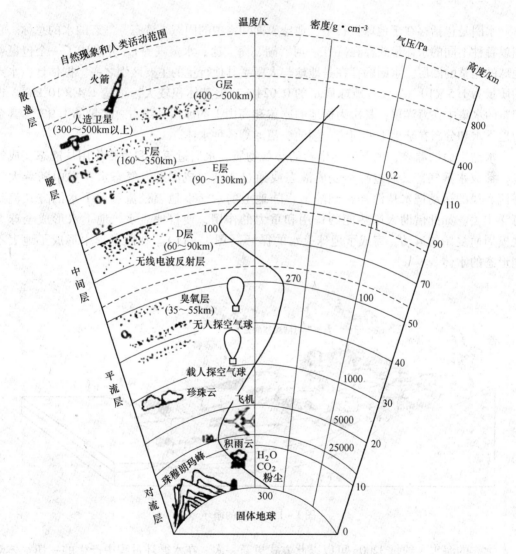

图 1 – 10　地球大气层结构示意图

（1）对流层。对流层是大气圈的底层，受地面影响最大，具有显著的对流现象。大气的流动称为风，是一种重要的地质营力。大气厚度、气温、气压和密度在不同高度、不同纬度具有一定差异，因而形成空气的对流，这是引起风、雨、雪、云等各种气象过程的重要原因。此层的厚度一般为 10 ~ 15km，对流层中，大气的温度是随着高度递增的，大约每上升 100m 降低温度 0.6℃。

（2）平流层。是自对流层顶至 35~55km 高空的大气层。在赤道平流层的厚度小于在两极的厚度。这一层中气体受热主要来自太阳的直接辐射，增温变化小，气体无法对流，气流运动以水平方向运动为主，故取名平流层。且在 30~55km 高空范围内有一含臭氧（O_3）较多的层带，臭氧具有吸收紫外线的能力，是使地球生物免遭太阳辐射伤害的重要保护层。平流层的气候现象较少。

（二）水圈

水圈是包括存在于地球岩石中、地球表面和空中的固态、液态、气态的水的总称。它们以各种不同的水体形式存在（江、河、湖、海、冰、水蒸气等），并形成了一个包裹着地球的完整的圈层。水圈的存在是地球与太阳系其他行星的主要区别之一。据估计，水圈的质量为 $1.5 \times 10^{18}t$，仅占地球质量的 0.024%，但其体积较大，可达 $1.4 \times 10^9 km^3$。近 97% 的水集中在海洋里，其次为极地的冰盖和高山上的冰川，约占总水量的 1.9%，其余为地下水和分布在陆地上的河流、湖泊、沼泽等各种水体。

水是生命的源泉，也是一切生物的必需物质。水通过蒸发和蒸腾作用从液态变成气态，形成水蒸气，又通过凝结变成液态或通过冻结变成固态。气态水在空中随着大气环流和风的运动把水从海洋带到陆地，陆地上的水又以地表径流和地下水的方式流到海洋中去。如此借助太阳热能的作用和重力的作用，使得地表水、地下水形成全球大规模周而复始的运动，完成了地球上水的循环（图 1-11）。在此过程中形成了地表不同形态的水体。

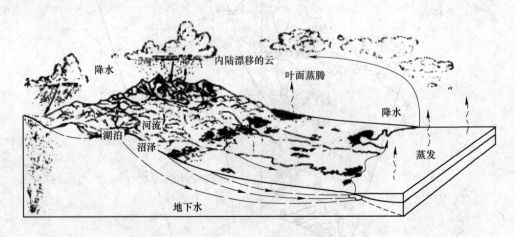

图 1-11　水圈的循环

大洋的海水大约每 3200a 可以以此方式更新一次。在水循环过程中产生的一切水体对地表岩石产生溶解、冲刷、磨损等破坏作用，同时也搬运物质和沉积物质，导致新的岩石的形成和老岩石的破坏，充当了地表地质过程中最活跃、最基本的因素和动力。

（三）生物圈

生物从高等到低等，从动物到植物，乃至细菌和微生物等，生活于地球表面一定范围的陆地、水体、土壤和空气中，构成了一个环绕地球的圈层。其分布高度和深度是不均一的，但基本上是连续的，目前已知有近 200 万种生物。它们在地球上的分布是不均匀的，随气候、深度和高度等的差异具有极大的不均一性。高达 6km 高空，深至大洋底部甚至地球深处数千米的钻井岩石中都已发现有生物存在。地球是迄今为止宇宙中唯一发现的适宜生物生存的地方，生物主要生活和分布在陆地的表面和水体层。

据统计，在地质历史上曾生存过的生物约有 5 亿～10 亿种之多。然而，在地球漫长的演化过程中绝大部分生物已经灭绝。现有生存的动物约有 110 多万种，植物约有 40 多万种，微生物至少有 10 多万种。生物圈中的生物和有机体总量约 $11.4 \times 10^{12}t$，为地壳总质量的 $1/10^5$。生物数量虽少，但在促成地壳演变的地质作用中却起着重要的作用。如生物的新陈代谢可促使某些分散的元素或成分富集，并可在适当条件下沉积下来形成各种有用的矿产，如铁、磷、煤、石油等；生物还可对岩石进行风化和破坏，是改造地球地貌的重要动力之一。

二、地球的内部圈层构造

目前我们还不能用直接观察的方法研究地球内部构造，通常采用地球物理方法，最主要的是利用地震波的传播变化来研究地球内部构造情况。地震波分为纵波（P 波）、横波（S 波）和表面波（L）。纵波可以通过固体和流体，速度较快；横波只能通过固体，速度较慢；表面波是由纵波和横波在地表相遇后激发产生的。地震波在不同密度和刚性程度的介质中传播的速度不一致，固体物质的密度越大，地震波的传播速度越快。地震波遇到两种不同物理性状介质的界面时会产生反射与折射，其能够被地震仪接收并供人们研究。

经过全球多次地震勘测研究发现，地球内部存在着地震波速度突变的若干界面。这些界面显示了地球内部物质成分的差异和物理性质的差异，具有明显的圈层状构造。

（一）分层依据及划分

图 1－12（a）所示为地球的内部圈层构造，图 1－12（b）所示为地球内部地震波速的变化情况。这些资料表明：无论纵波还是横波在地球内部传播时都存在几个明显的波速突然变化处，即出现几个不连续位置或分界处，反映出地球内部物质或者存在的状态有明显变化。位于地表深度 30～40km（平均为 33km）处，纵波速度由平均 6～7km/s 突然升到 8.1km/s，这一界面是南斯拉夫学者莫霍洛维奇于 1909 年首先发现的，因此称为莫霍面（Mohorovicic discontinuity）。据此人们一般把莫霍面以上部分称为地壳，以下部分称为地幔（见图 1－12（b））。

地震波到达 50～400km 深度时有一个低速层，该层是一个塑性程度相对较高的圈层，称为软流层。软流层的位置各处不尽相同，大陆之下变化范围在 80～250km 之间，大洋之下在 50～400km 之间。软流层以上的部分均为固态物质，具有较强的刚性，称为岩石圈。它包括整个地壳及地幔最上部。

另一处异常约在地下 2900km 深度，表现为横波中断不再传播，纵波波速也有急速变化。为纪念最早（1914）研究这一界面的美国地球物理学家古登堡，此界面称为古登堡面（Gutenbeng discontinuity）。它是高密度的固体地幔与液态的外核之间幔核的界面。

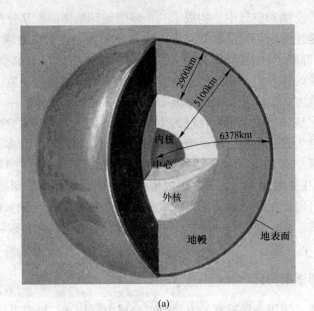

(a)

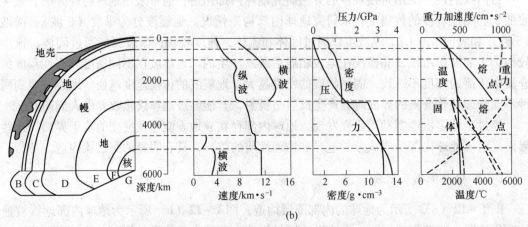

(b)

图 1-12　地球内部圈层构造及地震波速变化

(a) 地球内部圈层构造；(b) 地球内部的物理性质随深度变化曲线（据秦启荣等）

　　地球内部 2900km 深度以下的部分称为地核，在 5157km 处纵波又有一个突然变化，在界面处又有横波出现，表明物质的弹性特征又有了变化，显示出固态的特点。2900 ～ 5157km 之间的部分称为外核，因为横波不能通过外核，所有外核是液体的。5157km 以下到地球的中心称为内核。

　　据此，人们一般把地球由表面向中心划分为三大圈层——地壳、地幔、地核。但这只是地壳内部圈层的大致划分，实际上地壳内部还有一些波速特征表现非常复杂的过渡层，还有待于人们进一步深入地研究。

　　（二）各圈层内部特征

　　地球内部各圈层的物质成分及特征见表 1-2。

表1-2　地球内部各圈层的物质成分及其特征

圈层名称			特　征
地壳	岩石圈		（1）由岩石组成的地球外壳，上部为花岗岩层（硅铝层），下部为玄武质层（硅镁层）。 （2）大陆地壳平均厚33km（最厚大于70km），广泛分布有沉积岩、岩浆岩、变质岩，最老的岩石年龄为42亿年，具有硅铝层和硅镁层；大洋地壳平均厚8km（最薄小于3km），主要为中生代（2.5亿年）以来的玄武岩及沉积物，只有硅镁层没有硅铝层。 （3）所有地质作用的场所，也是目前地质学研究的主要对象。 ————————平均30~40km莫霍面———————— 为坚硬岩石，与地壳共同构成地球外层
地幔	上地幔	软流圈	地震横波传播速度明显降低，10%以下的岩石处于熔融状态，其强度降低、塑性增加，物质发生蠕变，并缓慢流动，是岩浆的发源地，也是构造运动的动力源
			地震波速度增加，物质密度加大
	下地幔		地震波速平缓增加，铁的含量增加
地核	外核		————————2900km古登堡面———————— 地震纵波速度急剧降低，横波消失，推断为液体，温度约为3000℃
	内核		纵波突然加速，并由纵波转换成横波，表明物质为固态，推断内核物质主要由铁、镍组成，也称为铁镍核

三、均衡原理

根据勘测研究发现，地壳厚度各处不一。不仅陆壳和洋壳厚度相差很大，而且不同地区陆壳的厚度也有明显区别。一般地势越高的地方地壳越厚（莫霍面低）；地势越低的地方地壳越薄（莫霍面高，见图1-13）。

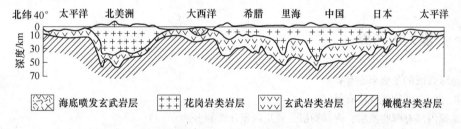

图1-13　沿北纬40°地壳剖面示意图（据孙广忠，吕梦林）

这一发现导致了对地壳均衡补偿理论的探索。英国学者普拉特（J. Pratt，1854）和艾利（G. B. Airy，1855）分别提出了两种截然不同的模型（见图1-14）。普拉特认为地壳下面存在一个均衡面，均衡面以上的物质密度是均一的，均衡面以下物质的密度不均一；为了保持均衡面上物质的均衡，密度小的地方地势高，密度大的地方地势低，犹如把面积相同、质量相同但密度不同的物体放在液体中，在重力作用下，物体的下界保持在同一水平面上，而上界却高低不平（见图1-14（a））一样。他认为这就是地壳在高山地区密度小于平原区密度的原因。

艾利认为地球表层各处的物质组成是相同的，地壳和其下伏地幔的关系如同木块浮在水面上的关系那样：地表某处的高程比其他地区高出越多，它往下插的深度就会比其他地区深得越多；一般而言，如果某个地区的岩石块体显示出较高的地表高程，其地下的

"根"也会比其他块体要向下扎得更深一些。这就是艾利提出的均衡说，又称山根说（图1-14（b））。

现代研究表明，实际地壳均衡补偿过程比这两种理想模型都要复杂，应该是这两者按一定比例结合的结果。因为地壳确实存在着（如普拉特模型所指出的）横向物质分布的不均一性，研究显示的陆洋地形高差部分是由密度补偿（约占37%），部分是由深部补偿（约占63%）的结果。

应该指出，虽然大陆与大洋在重力上是均衡的，山区与平原在重力上也是均衡的，但是这种均衡总是暂时的和相对的。因为大陆是剥蚀区，特别是山区，其剥蚀速度快，剥蚀强烈，岩石不断被破坏。破坏产物不断被搬运到低地或海洋中堆积下来，增加这些地区的负荷，其结果是轻者上浮，重者下沉，原有的均衡被破坏，引起地壳的升降运动（见图1-14（c））。特别是构造运动、地热以及壳幔物质的交换等因素都会打破原有的地壳均衡，形成新的均衡。所以均衡原理对了解地球的动力作用是十分重要。

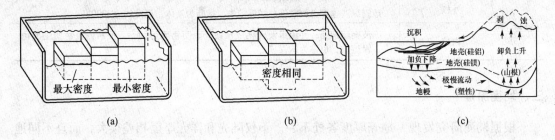

图1-14　均衡学说机制示意图（据成都地质学院普通地质学教研室，1978）
（a）普拉特假说；（b）艾利假说；（c）地壳升降运动

 复习思考题

1-1　地球表面的主要形态有哪些？
1-2　地球的主要物理性质有哪些？
1-3　地球内部有哪些圈层？内部圈层主要是依据什么划分的？
1-4　地球的外部有哪些外部圈层？

第二章 地壳的物质组成

第一节 元 素

一、元素在地壳中的分布和克拉克值

固体地球的最外圈是地壳，它是地质学最直接的研究对象。地壳由岩石组成；岩石由矿物组成；矿物由元素组成。矿物是组成地壳的基本物质单元，用机械方法无法再划分；元素是构成矿物的基本物质单元，用通常的化学方法不能再分解。到2007年为止，总共有118种元素被发现，其中94种存在于地球上，但最常见的仅十余种。

在对大量资料进行研究的基础上，1889年，美国学者克拉克通过对世界各地5159件岩石样品化学测试数据的计算，求出了每一种化学元素含量的质量分数为表彰其卓越贡献，国际地质学会将其命名为克拉克值（Clark value）；当然也因为研究和生产工作的需要，也在一些较小的区域内或一定的地壳构造单元内取得了元素的质量分数称为地壳元素丰度（abundance）。其用质量分数（Wb）来表示，常量元素的单位一般为%；微量元素的单位有g/t（克/吨）或10^{-6}（百万分之一）。

地壳中各元素的含量（质量分数）是极不均匀的。O、Si、Al、Fe、Ca、Mg、Na、K八种元素共占98.03%；且O、Si、Al、Fe、Ca五种元素占91.26%。若对整个地球元素含量而言，则依次为Fe、O、Si、Mg、S、Ni、Ca、Al 8种元素，占98.4%。

二、元素在地壳中的迁移和富集

如上所述，元素的含量和分布在地壳中都是不均一的，它们可以因为某些原因而发生迁移，如水的溶解可以把某些元素带走，化学反应也可使用有些元素被迁移；相反，也可以在一些特定条件下使某元素聚集起来。所以总体说来，元素在地壳中的分布是不断变化的，其总的含量和比例保持平衡状态。就全地壳来说，克拉克值是基本不变或者很少变化的，但具体到每一个地点、地区或局部范围，在一定的时间内是可以变化的，就是由元素在地球上可以迁移和富集所致。正是迁移和富集活动过程，才导致某些元素集中并形成一定的矿产资源；或者由于迁移而使某些资源受到破坏。实际上发生于地表或地球内部的一些物理的、化学的或生物的地质变化过程，都会伴随有元素的迁移或富集。了解和掌握元素迁移和富集规律，是人类保护自然资源、寻找矿物资源的前提和理论依据。

通过对地表岩石和土壤的系统采样和分析化验，可以求得某个地区某种元素的百分含量，把它与正常的地球化学背景值（即丰度）进行比较，就会发现取样地区元素含量与标准对比值的差异，从而确定某些元素的高富集区，即异常。这就是地球化学找矿法的基本原理。

地壳中某些元素的含量很少，其克拉克值很低。如果平均分布不可能形成矿产，但在一些特定的地质条件下，它们仍然可以富集成矿产。正如我们所知，许多稀有分散的元素，形成了许多有重要利用价值的稀有元素矿物和贵金属，构成了工业农业的重要自然矿产资源和物质财富。

第二节　矿　　物

一、矿物的概念

矿物是在地质作用过程中自然形成于地壳中的自然元素和化合物，是组成岩石和矿石的基本单元。它们具有一定的物理和化学性质。大多数的矿物是固态的。

那些由人工合成的产物，如人造水晶、人造金刚石等，虽然它们具有与矿物相同的特征，但它们不是地质作用形成的，故不称为矿物。水、气体不是晶体，也不是矿物，冰则是矿物。煤不是无机化合物晶体，不属于矿物。

二、晶体、非晶质体

多数固体矿物内的离子排列是有一定规律的，按一定的几何样式排列，即其具有一定的结晶格架或空间点阵（图2-1）。这种由具有一定结晶格架排列方式形成的固体矿物，称为结晶体，简称晶体，其结晶格架就是结晶构造。

习惯上，"晶体"是指具有几何形状外形的晶体；不具有几何多面体外形的晶体被称为晶粒。

非晶质体（图2-2）是内部的原子或离子在三维空间不呈规律性平移排列的固体。与非晶质体概念相对应的物质是非晶质。由于火山喷发出来的部分物质因冷凝极快，来不及结晶形成的非晶质体，称为火山玻璃。若条件变化，非晶质体可向晶质体转化。

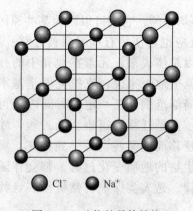

图2-1　矿物的晶体结构

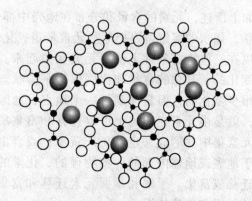

图2-2　非晶质体结构

（以玻璃为例）

晶体是由结晶质构成的物体，因此除个别特例以外，矿物均属于晶体。其内部原子、离子或分子呈有序排列的状态，称为晶体结构（crystal structure）。不同的晶体，因其内部原子、离子或分子的种类排列方式的不同，故具有不同的晶体结构。

相同化学成分的物质在不同环境条件（温度、压力等）下可以形成不同的晶体结构，从而形成不同的矿物，这种现象称为同质多象，如碳原子在中、低级变质条下呈石墨出现，而在超高压条件下则变为金刚石。两者成分相同但物理性质大不相同；金刚石是无色透明的最硬矿物，石墨是黑色不透明的极软矿物。

此外，矿物晶体结构中的某种原子或离子可以部分地被性质相似的他种原子或离子替代而不破坏其晶体结构，此种现象称为类质同象。如橄榄石（$(Mg,Fe)_2[SiO_4]$）中的 Mg^{2+} 与 Fe^{2+} 就呈类质同象的替代关系。矿物的化学式中凡写在同一圆括弧内并用逗号隔开的元素都有此种关系。

晶体因为内部原子、离子或分子排列规则，故在有足够生长条件的情况下它们能长成规则的几何多面体外形。包围晶体的平面称为晶面。几何多面体的晶体外形就是其格子构造在宏观上的反映。如白云石（$MgCa(CO_3)_2$）常呈菱面体（见图2-3（a）），磁铁矿（Fe_3O_4）常呈八面体（见图2-3（b）），石盐（NaCl）常呈立方体（见图2-3（c）），三者分别由6个菱形的晶面、8个等边三角形的晶面、6个正方形的晶面构成。

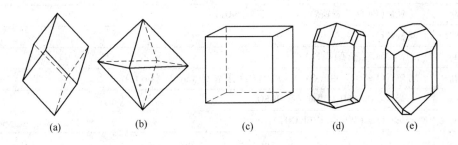

图2-3 晶体外形

（a）菱面体；（b）八面体；（c）立方体；（d）普通角闪石晶体；（e）普通辉石晶体

多数矿构晶体是由几种不同形状和大小的晶面聚合而成的，如普通角闪石、普通辉石（见图2-3（d）、图2-3（e））。

由于受到自由生长空间的限制，多数晶体晶面发育不完整，或完全没有晶面，从而形成外形不规则的晶粒（晶体）。

晶粒大小不一，较粗的用肉眼或放大镜就可以看出来，称为显晶质；若晶粒细微，要通过显微镜才能加以分辨者，则称为隐晶质。

三、矿物的分类

最主要的矿物分类依据是矿物的化学成分及化合物的化学性质。可以将矿物划分为5类。每一类矿物都具有类似的化学性质和物理性质。

（1）自然元素矿物。如自然金（Au）、自然铜（Cu）、自然硫（S）、金刚石与石墨（C）等。

（2）硫化物及其类似化合物矿物。如黄铁矿（FeS_2）、毒砂（FeAsS）。

（3）卤化物矿物。包含氟化物类与氯化物类矿物，如萤石（CaF_2）、石盐（NaCl）。

（4）氧化物和氢氧化物矿物。如石英（SiO_2）、刚玉（Al_2O_3）、水镁石（$Mg(OH)_2$）。

（5）含氧化盐矿物。可细分为：1）碳酸盐类、硝酸盐类和硼酸盐类矿物，如方解石（$Ca[CO_3]$）、钠硝石（$Na[NO_3]$）、硼镁石（$Mg_2[B_2O_4(OH)](OH)$）；2）硫酸盐类、钨酸盐类、磷酸盐类、砷酸盐类和钒酸盐类矿物，如硬石膏（$Ca[SO_4]$）、白钨矿（$Ca[WO_4]$）、独居石（$(Ce,La)[PO_4]$）等；3）硅酸盐类矿物，种类多、分布广，占地壳总质量的75%，如长石、云母、辉石等。

四、常见的造岩矿物

认识矿物是学好地质学最重要的基本功，就像读书得要先识字一样，否则无从下手。目前地球上已经发现的矿物达5000多种，但最常见的不过200多种。其中经常形成各种岩石的矿物约20~30余种，它们组成了常见的造岩矿物，见表2-1。每一个初学者都必须熟练地认识和掌握它们的特征和简单的鉴定方法。

表2-1　最主要的常见造岩矿物

分　类	矿　物　名　称
自然元素	自然金(Au)、自然铜(Cu)、自然银(Ag)、金刚石(C)、石墨(C)
氧化物	赤铁矿(Fe_2O_3)、磁铁矿(Fe_3O_4)、石英(SiO_2)
氢氧化物	褐铁矿
卤化物	岩盐(NaCl)、萤石(CaF_2)
碳酸盐	方解石($CaCO_3$)、白云石($(Ca,Mg)CO_3$)、孔雀石($Cu_2CO_3(OH)_2$)
硫化物	石膏($CaSO_4 \cdot 2H_2O$)、重晶石($BaSO_4$)
磷酸盐	磷灰石($Ca_5[PO_4]_3(F,Cl,OH)$)
硅酸盐	橄榄石($(Mg,Fe)_2[SiO_4]$)、石榴子石($A_3B_2[SiO_4]_3$)、滑石($(Mg_3)[Si_4O_{10}](OH)_2$)、云母($KAl_2(AlSi_3O_{10})(OH)_2$)、长石($KAl(Si_3O_8)$)、绿泥石($(Mg,Al,Fe)_6[(Si,Al)_4O_{10}](OH)_8$)、绿帘石($Ca_2(Al,Fe)_3[SiO_4]O(OH)$)、角闪石($(Ca,Na)_{2\sim3}(Mg,Fe,Al)_5[Si_6(Si,Al)_2O_{22}](OH,F)_2$)、辉石($(Ca,Mg,Fe,Al)_2[(Si,Al)_2O_6]$)、蛇纹石($Mg_6[Si_4O_{10}](OH)_2$)、石棉 $CaMg_3(SiO_3)_4$、高岭土($Al_2Si_2O_{10}(OH)_2$)、红柱石等

以上矿物中经常组成各种岩石的矿物，称为造岩矿物，其中又以硅酸盐类矿物为主。

五、矿物的特征及主要的物理性质

矿物多数是固体，大多数矿物内部都具有一定的结晶构造，所以外表上也就形成了它们各自固有的几何形态，而且各自保持着一定的物理性质，这些都是不同矿物的化学组成和内部结构的某种反映。因此对于矿物手标本，一般可根据形态、物理与化学性质及特征来识别和鉴定。

（一）矿物的形态

矿物的形态主要是指单个矿物晶体的结晶外形，也包括它们成群成组的（称集合体）形态和未结晶的非晶质固体矿物的常见形状。这里最主要的是晶体外形，即结晶形态，它常常反映了内部的晶体构造特征。晶体都是由一种或几种规则的几何平面（晶面）围限起来的固定几何形态，也称为单体外形，如立方体、四面体、菱面体、平行六面体、四角三八面体、五角十二面体，等等。

矿物的单体有的沿一个方向伸长，成为柱状或针状体等；有的沿两个方向延展，成为板状或片状体等；有的三向延长，可形成立方体、四面体、菱面体等。一向延长的矿物有石英、角闪石、辉锑矿、石棉等；两向延长的矿物有长石、重晶石、方解石等；三向延长的矿物有黄铁矿、萤石、石榴子石、金刚石等。

晶体除单个生长之外，还可由两个或多个同种晶体按一定的相对方位关系连生在一起，犹如双胞胎，称为双晶（twin）。双晶常表现出独特的形态，如石膏的燕尾双晶（见图2-4（a））、十字石的十字双晶（见图2-4（b））。

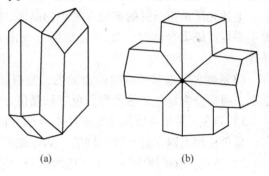

有些矿物常常还会成群出现，称为集合体。每一种矿物的集合体往往各自具有某种习惯性的形态。

图2-4　部分矿物的特征形态
（a）石膏的燕尾双晶；（b）十字石的十字双晶

根据集合体矿物颗粒大小可划分两种集合体形态。第一，显晶集合体形态，通常颗粒大小肉眼能识别。例如柱状、针状、纤维状集合体（主要由一向等长型矿物颗粒组成）；片状、板状集合体（主要由二向等长型矿物颗粒组成）；粒状集合体（主要由三向等长型矿物颗粒组成）；晶簇状集合体（以岩石孔洞壁或裂隙壁为基底生长的矿物颗粒集合体）。第二，隐晶集合体形态，通常颗粒大小肉眼不能识别，需借助显微镜来识别。此外还有一些特殊形态的集合体，如：

（1）放射状。长柱状或针状矿物以一点为中心向外呈放射状排列，如红柱石。

（2）晶簇。在岩石裂隙或空洞中长成的晶形完整的晶体群，如石英或方解石晶簇。

（3）鲕状和豆状。由圆球状矿物组成的集合体。圆球内部有同心层构造，大小似龟卵者称为鲕状，如鲕状赤铁矿；大小如豆者称为豆状，如豆状赤铁。

（4）钟乳状。形似冬季屋檐下凝结之冰锥，横截面呈圆形，内部具有同心层状构造，有时还兼有放射状构造。

（5）葡萄状与肾状。形似葡萄串者称为葡萄状，形如肾者称为肾状；其内部均具有同心层状或放射状构造。

（6）结核状。呈不规则的球形或椭球形者，称为结核体，其内部有时具有同心层状或放射状构造。

（二）矿物的物理性质

矿物的物理性质包括光学性质、力学性质、磁性、电性等。矿物的光学性质是指矿物在可见光作用下所表现的性质，如透明度、光泽、颜色与条痕；矿物的力学性质是指矿物在外力作用下所表现的性质，如硬度、解理、断口等。

（1）透明度。指矿物透过可见光的能力。一般来说，光线能从矿物薄片（厚度0.03mm）透过者，称为透明矿物；不能透过光者，称为不透明矿物。

（2）光泽。指矿物表面对可见光的反射能力。根据反射能力的强弱可分为：

1）金属光泽。反射很强，类似镀铬的金属平滑表面的反射光，如方铅矿的光泽。

2）半金属光泽。反射较强，似一般金属的反射光，如磁铁矿的光泽。

3）非金属光泽。按其对光反射的特征可以进一步划分为金刚光泽和玻璃光泽：①金刚光泽反射较强而耀眼，如金刚石的光泽；②玻璃光泽反射相对较弱，呈玻璃板表面那样的反光，如方解石、石英晶面上的光泽。

上述光泽是指新鲜的矿物在平坦的晶面、解理面或磨光面上所呈现的光泽。若矿物表面不平坦或成集合体时，光泽会减弱，或出现一些特殊的光泽，如油脂光泽、土状光泽等。

（3）颜色。通常所讲的矿物颜色，是指物体在白色光照射下所显示的颜色。在矿物学上，通常分为自色、他色和假色三种颜色。

1）自色。是指在成因上与矿物本身固有的化学成分直接有关的颜色。对一种矿物而言，自色是相当固定且具特征性的，如赤铁矿的樱红色。

2）他色。由矿物中混入了其他微量杂质所引起，也可以是因在类质同象过程中起替代作用的微量杂质元素所产生，还可以发生在矿物中存在某种晶格缺陷的情况下。如纯净的石英为无色，当含有微量杂质元素时可呈现紫色（含三价铁）等各种颜色。

3）假色。是由于光的干涉、衍射等物理光学过程所引起的呈色，如矿物表面上出现的氧化膜即可产生假色。

（4）条痕。是指矿物粉的颜色。通过矿物在无釉瓷板上刻划出的痕迹的颜色确定的。如黄铁矿条痕为绿黑色，赤铁矿颜色可呈赤红色，而其条痕恒为樱红色。

（5）硬度。指矿物抵抗外力作用的强度。在肉眼鉴定中，主要指矿物抵抗外力刻划的能力。硬度的大小主要由矿物内部原子、离子或分子联结力的强弱所决定。通常用摩氏硬度计作为标准进行测量。摩氏硬度计由 10 种硬度不同的矿物组成见表 2-2。其中滑石硬度最低，为 1；金刚石硬度最高，为 10。测定某矿物的硬度，只需将该矿物同硬度计中的标准矿物相互刻划，进行比较即可。如某矿物能刻划方解石，又能被萤石划动，即该矿物的硬度介于 3~4 之间。

表 2-2　摩氏硬度计

硬度等级	代 表 矿 物	硬度等级	代 表 矿 物
1	滑石	6	正长石
2	石膏	7	石英
3	方解石	8	黄玉
4	萤石	9	刚玉
5	磷灰石	10	金刚石

通常还利用其他常见的物体代替硬度计中的矿物。如指甲的硬度约为 2~2.5，小钢刀约为 5~5.5，窗玻璃为 6。

在实际工作中，只要记住了这 10 种矿物的名称和硬度等级，就可以用它们作为标准，而把未知矿物分别与它们相互刻划，观察是否能互相划动，或哪一个被划动了，就能由此比较出未知矿物的硬度。矿物的硬度是对新鲜矿物而言，如果遭受风化可能会降低其硬度等级。所以鉴定时还应该考虑这种因素。

（6）解理。解理指矿物受到外力作用之后能够沿着一定结晶方向分裂成为平面（即解理面）的能力。容易分裂者称为解理好，反之则解理差，甚至无解理。这种分裂面往往是平面，称为解理面。这种性能受内部结构的特征制约。因为晶体内部沿不同方向原子、离子或分子之间距离不等，原子、离子或分子间的引力大小就不同，解理面的方向总是沿着面网（内部原子、离子或分子排列而成的平面）之间联结力最弱的方向发生。我们把沿着同一个方向分裂的所有解理面称为一组解理。有的矿物只有一组解理，有的可有两组解理，有的有三组甚至四组解理。有的矿物受力后不能沿着一定方向成平面状裂开，则称为没有解理。这种情况下的破裂面多不规则，常呈贝壳状、参差状等断开面，统称断口。断口主要见于解理不发育的矿物或矿物集合体中，如石英。不同矿物产生的解理的方向和完好程度是不同的。根据解理的完好程度，可分为极完全、完全、中等、不完全四级。解理的特征是识别矿物的重要标志，如云母有一组极完全解理，方解石有三组完全解理。

解理是十分重要的特性，但初学者往往很难理解，认识理解的要点是要学会识别是否存在解理面，并学会识别解理的组数（见图 2-5）。

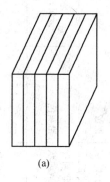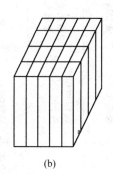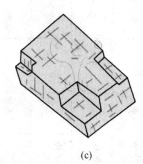

（a）　　　　　　　　　　（b）　　　　　　　　　　（c）

图 2-5　解理的组数
（a）一组解理；（b）两组解理；（c）三组解理

（7）密度。对非金属矿物而言，可按密度分为三级：轻的，密度在 2.5g/cm³ 以下，用手掂之感到轻；中等的，密度在 2.5~4g/cm³ 之间，用手掂之感到质量中等或一般；重的密度大于 4.0g/cm³，用手掂之感到很重。

（8）磁性。磁性也是某些矿物的重要鉴定特性。如磁铁矿、磁黄铁矿能被普通磁铁吸引，而自然铋则被磁铁排斥。

六、常见矿物

目前，已知的矿物有 4000 多种，但绝大多数不常见，最常见的不过 200 多种，其中重要的矿产资源矿物也就数十种。地壳中常见的造岩矿物只有 20~30 种，其中石英以及长石、云母等硅酸矿物占 92%，且石英和长石含量高达 63%。根据矿物的主要物理性质及形态把常见矿物列述如下（见表 2-3）。

表2-3 常见矿物特征

名称	成分(化学式)	形态	颜色	光泽	条痕	硬度	解理	其他
石墨	C	鳞片集合体、块状或土状	黑色	半金属	黑色	1~2	一组极完全解理	有滑感;相对密度2.2
自然铜	Cu	片状、薄板状、树枝状	铜红色	金属	橙黄色	2.5~3	无解理	不透明
金	Au	片状、薄板状、树枝状、粒状、块状	金黄色	金属	金黄色	2.5~3	无解理	具延展性
金刚石	C	八面体、粒状	无色透明	金刚、玻璃		10	中等	含杂质时可具其他颜色
方铅矿	PbS	立方体、致密块状或粒状集合体	亮铅灰色	强金属	灰黑色	2~3	有一组、三个方向的完全解理	相对密度7.4~7.6;宽铅灰色和密度大为该矿物的重要鉴定标志
闪锌矿	ZnS	致密块状、粒状集合体	浅棕到棕黑色不等(因Fe含量增高而变深)	油脂光泽到半金属光泽	白色到褐色	3.5~4	具有6个方向的完全解理	
黄铁矿	FeS_2	立方体、粒状集合体	浅黄铜色	金属	绿黑	6~6.5		立方体晶面上常有平行的细条纹;性脆,断口呈参差状
黄铜矿	$CuFeS_2$	致密块状集合体	铜黄	金属	绿黑	3~4		黄铜矿与铁矿相比颜色较深且硬度较小
辉锑矿	Sb_2S_2	单晶体为柱状和针状,集合体常呈放射状或致密粒状	铅灰色	金属	黑色	2	完全解理	
石英	SiO_2	单晶、晶簇、块状、粒状集合体	无色透明	玻璃、油脂	白色,其他均可	7	无解理,贝壳状断口	因类质同象或混入杂质可呈现各种颜色;含微量Fe^{3+}呈紫色者,含微量Cr呈粉红色者

续表 2-3

名称	成分（化学式）	形态	颜色	光泽	条痕	硬度	解理	其他
刚玉	Al_2O_3	柱状、腰鼓状或板状	蓝、黄灰色	玻璃		9		含 Cr 而呈红色者，称红宝石（ruby）；含 Ti 而呈蓝色者，称蓝宝石（sapphire）
赤铁矿	Fe_2O_3	块状、鳞片状、鲕状、豆状、肾状及土状集合体	显晶质的赤铁矿为铁黑色到钢灰色，隐晶质者为暗红色	金属、半金属	樱红色	5.5~6	无解理	
磁铁矿	Fe_3O_4	致密块状或粒状集合体；八面体单晶	铁黑色，深灰色	半金属	黑色	5.5~6.5	无解理	具强磁性
褐铁矿	$Fe_2O_3 \cdot nH_2$	块状、土状、蜂窝状	褐至褐黄色	半金属	褐色	1~4	无解理	实际上不是一种矿物而是多种矿物的混合物，主要成分是含水的赤铁矿
萤石	CaF_2	块状、粒状集合体	绿、紫、黄、蓝	玻璃	白色	4	四组解理	
方解石	$CaCO_3$	单晶晶簇、粒状、块状、纤维状及钟乳状集合体	白、灰、黄、浅红（含 Co、Mn），蓝（含 Cu）	玻璃	白色	3	三组解理	遇冷稀盐酸强烈起泡
白云石	$CaMg(CO_3)_2$	块状、粒状	白色（Fe 常呈褐色）	玻璃	白色	3.5~4	三组解理	在冷稀盐酸中反应微弱
孔雀石	$Cu_2(OH)_2[CO_3]$	放射状、钟乳状、块状	深绿或鲜绿色	玻璃、丝绢	淡绿色	3.5~4	两组解理	遇冷盐酸激烈起泡
雄黄	A_sS	柱状、块状	桔红色	金刚	桔黄色	1.5~2		
硬石膏	$Ca(SO_4)$	单晶体呈等轴状或厚板状，集合体常为块状及粒状	无色或白色（含杂质而呈灰色）	玻璃	白色	3~3.5	三组解理	

续表2-3

名称	成分(化学式)	形态	颜色	光泽	条痕	硬度	解理	其他
石膏	$CaSO_4 \cdot 2H_2O$	单晶体常为板状,集合体为块状、粒状及纤维状	无色或白色	玻璃、丝绢	白色	2	完全解理	薄片具挠性
重晶石	$BaSO_4$	块状、粒状、结核状及板状晶体常聚成晶簇	白色或无色	玻璃	白色	3	三组解理	半透明
磷灰石	$Ca_5[PO_4]_3[F,Cl,OH]$	块状、粒状、板状及结核状	无色、白色、棕色、黄绿色	玻璃油脂	白色	5		参差状断口,用含钼酸铵的硝酸溶液滴滴在磷灰石上,有黄色沉淀(磷钼酸铵)析出
橄榄石	$(Mg,Fe)_2(SiO_4)$	粒状集合体	浅黄绿到橄榄绿色(随铁含量增高而加深)	玻璃	白色	6~7		断口贝壳状,易碎裂,性脆
石榴子石	$X_3Y_2(SiO_4)_3$(X代表Ca^{2+},Mg^{2+}、Mn^{2+}、Fe^{2+},Y代表Al^{3+}、Fe^{3+}、Cr^{3+})	菱形十二面体、粒状	浅黄、绿、深红褐到黑色(一般随铁含量增高而加深)	玻璃		6~7.5		断口为次贝壳状或参差状
红柱石	$Al_2(SiO_4)O$	柱状、放射状	灰色、浅红色、灰黑色	玻璃	白色、灰黑色	2.5~3.5	二组解理	
透辉石	$CaMg(Si_2O_6)$	单晶体为短柱状,集合体为粒状	无色、浅绿色	玻璃		5.5~6		发育平行柱体的两个方向的中等解理,解理夹角为87°
普通辉石	$(Ca,Mg,Fe,Al)_2[(Si,Al)_2O_6]$	短柱状、八边形断面、粒状	黑色、绿黑色	玻璃	灰绿色	5.5~6	二组解理(直交)	

续表 2-3

名称	成分（化学式）	形 态	颜 色	光 泽	条 痕	硬 度	解 理	其 他
角闪石	$(Ca,Na)_{2-3}(Mg,Fe,Al)_5$ $[(Si,Al)_4O_{11}]_2(OH,F)_2$	长柱状、六边形断面、针面	黑绿色、黑色、暗绿色	玻璃	白色、灰绿色	5.5~6	二组解理（斜交）	
透闪石	$Ca_2Mg_5(Si_4O_{11})_2(OH)_2$	单晶体为柱状，集合体为纤维状及放射状	白色或灰白色			硬度 5~6	两组解理	
滑石	$Mg_3(Si_4O_{10})(OH)_2$	板状、片状、块状	白色、灰白色、浅粉红色	玻璃、蜡状	白色	1	一组解理	具滑感
蛇纹石	$Mg_6(Si_4O_{10})(OH)_2$	块状、片状、纤维状	浅黄色、暗绿色、黄绿色	油脂、蜡状	白色、灰绿色	2.5~3.5	一组解理或无解理	
高岭石	$Al_4(Si_4O_{10})(OH)_8$	土状	白色	土状、蜡状	白色	1~2		
白云母	$KAl_2(Si_3O_{10})(OH,F)_2$	块状、片状、短柱状	无色	玻璃、珍珠	白色	2~3	一组解理	具弹性
黑云母	$K(Mg,Fe)_3[AlSi_3O_{10}](OH,F)_2$	短柱状、板状、片状	黑褐色、棕色、黑色	玻璃、珍珠	白色、灰白色	2~3	一组解理	具弹性
绿泥石	$(Mg,Al,Fe)_6[(Si,Al)_4O_{10}](OH)_8$	片状、板状、鳞片状	绿色、暗绿色	珍珠、油脂、丝绢	白色	2~2.5	一组解理	
钾长石	$K(AlSi_3O_8)$	板状、短柱状	白色、淡红色	玻璃	白色或无	6~6.5	二组解理	
斜长石	$Na(AlSi_3O_8)-Ca(Al_2Si_2O_8)$	板状、块状	白色、黄白色	玻璃	白色或无	6~6.5	二组解理	

第三节　岩　石

岩石是在地质作用过程中由一种（或多种）矿物或由其他岩石和矿物的碎屑组成的一种集合体。这种集合体多数是由多种矿物组成，而且在地壳中有一定的分布，是组成地壳的基本单元。所以其也是人们在工作中首先遇到的对象。组成地壳（或岩石圈）的岩石包括大量的固体状的岩石及少量尚未固结的松散堆积物（也可称为松散岩石）。

一、岩石的分类

按照成因一般把岩石划分成三大类，即岩浆岩、沉积岩和变质岩。岩浆岩是熔融状态的岩浆冷凝形成的岩石。岩浆岩通常分为侵入岩和喷出岩两类。岩浆在地表以下不同深度部位冷凝形成的岩石称为侵入岩；岩浆喷出地表冷凝形成的岩石称为喷出岩(火山岩)。沉积岩是在地表或接近地表的条件下由母岩(岩浆岩、变质岩和已形成的沉积岩)风化剥蚀的产物经搬运、沉积和成岩作用形成的岩石。变质岩是指地壳中早先形成的岩石(包括岩浆岩、沉积岩和变质岩)经过变质作用形成的新岩石。

岩浆岩、沉积岩和变质岩在成因、野外的宏观产状、内部特征（结构、构造）和物质组成上都有很大差别。与之相关的矿产乃至它们本身的物理性质都有所不同，它们共同组成了我们赖以生存的地壳。然而它们在地壳中的分布和数量都是很不均一的。其中，沉积岩多半分布于地壳表层及较浅的范围内，它覆盖了地表相当大的面积，貌似很多，但实际上只占岩石总体积的少部分；岩浆岩多分布于地壳相对较深处，在地表相对露头不多，其实际上是三大类岩石中数量最多的一类，是组成地壳的主体岩石成分；变质岩常常分布于大的造山带的核心部位或构造活动带，其数量介于前两者之间。

这三大类岩在产出状态上很不相同。岩浆岩常成团块状出现，不分层，有方向性，但并不明显，向下延伸的深度较大；沉积岩多表现为层状出现或水平地覆盖于地表，或以不同角度倾斜地堆积于地表，但往下延伸的深度一般不大；变质岩则介于其间，有的也具有明显的定向性，但向下的延伸一般要比沉积岩深。

从成分上说，岩浆岩多含硅镁质和硅铝质成分，不含有机物质。而沉积岩则恰好相反，常含有机质，特别是含有生物遗体或遗迹所组成的化石，也含有蒸发作用形成的某些盐类，如石膏、芒硝等。变质岩则视其变质程度深浅不同而异，若变质程度较浅，则可保存其原岩成分；若变质程度较深，则产生新生变质矿物，难见原岩组分。

常见的岩浆岩有花岗岩、闪长岩、辉长岩、橄榄岩、流纹岩、安山岩、玄武岩等。

常见的沉积岩有砾岩、砂岩、粉砂岩、页岩、石灰岩、白云岩等。

常见的变质岩有大理岩、石英岩、蛇纹岩、板岩、千枚岩、片岩、片麻岩等。

二、岩石肉眼鉴定的主要特征

为了分辨和描述种类繁多的岩石，首先要依据前面所述的三大类岩石的宏观特征来区别它们的成因类型；然后再进一步从岩石内部的微观特征上详细研究其他内容，这主要是指岩石的结构和构造以及组成它们的物质成分（主要是指矿物成分）。只有依据岩石的结构、构造及矿物成分，才能更详细地划分出各大类岩石中的不同岩石种类。

（一）岩石的结构

　　岩石的结构一般是指组成岩石的矿物或碎屑个体本身的特征。对由结晶的矿物所组成的岩石来讲包括矿物颗粒的大小（相对大小和绝对大小）、结晶程度、自形程度等；对由碎屑组成的岩石（沉积岩）来讲，是指碎屑颗粒的大小、磨圆度和分选性（即大小均一程度）等。结构反映了岩浆岩、变质岩形成的条件，或者反映了沉积岩的搬运距离、搬运介质条件甚至沉积速度等环境条件。所以反过来说，岩石的结构特征是它们形成条件的一个重要记录。

　　三大类岩石常见的结构及形成条件见表 2-4。

表 2-4　三大类岩石的常见结构及形成条件

岩 类	结构名称	形 成 条 件
岩浆岩类	花岗结构	形成于缓慢冷却条件，一般为地表以下较深处
	斑状结构	部分早形成的矿物形成于较深处，其他形成于较浅处，先形成者为斑晶，后者为基质
	隐晶质结构	形成于较快速冷凝的地表或近地表条件
	玻璃质结构（非晶质结构）	迅速冷凝条件，多半形成于地表或水下
沉积岩类	碎屑结构	形成于地表，经过搬运滚动的条件。包括碎屑和胶结物
	泥质结构	形成于较少流动的水体中或呈悬浮状态搬运的条件下
	化学结构	形成于相对稳定的沉积条件
	生物碎屑结构	形成于生物繁盛的地表，但又经过水体搬运而破碎的水下条件
变质岩类	变晶结构	形成于再度受热或受压的环境，也可能有新化学物质加入的重结晶条件
	变余结构	形成于初步变质的环境，温度、压力较低条件，保持有原岩结构

（二）岩石的构造

　　岩石的构造是指由组成岩石的各种结晶矿物、未结晶的物质成分或碎屑等物质在岩石中的整体排列方式或分布均匀程度，以及固结的紧密程度等所显示的岩石总体外貌特征。例如，矿物在岩石中定向排列显出明显的定向性称为片理构造；沉积岩中物质成分或结构不同，显示的分层特征称为层理构造；岩石中矿物或碎屑分布无明显定向而又固结牢固者称为块状构造；火山岩中由于气体的逸散在岩石中留下的空洞称为气孔构造等。

　　岩石的构造也是在一定成因条件下形成的，所以具有成因意义，可以很好地反映其形成时的深度、温度、压力或沉积岩形成时的水动力条件、搬运距离等。岩石中常见的构造及形成条件见表 2-5。

　　结构和构造都是由岩石的生成环境或条件所决定的，但又是完全不同的两个概念，各有其具体含义，很容易被初学者混淆。要特别注意结构是微观的个体特征，构造是宏观的整体特征。

表 2-5　三大类岩石的常见构造及形成条件

岩　类	构造名称	形　成　条　件
岩浆岩类	块状构造	岩浆在地下深处缓慢冷却
	气孔构造	岩浆喷出地表喷出，快速冷却
	杏仁构造	气孔被后期次生物质充填
	流纹构造	岩浆喷出地表，且有流动
	枕状构造	岩浆水下喷发（多为海水中）
沉积岩类	层理构造	地表或水下沉积形成
	层面构造（波痕、泥裂）	浅水或风沙环境形成波纹，浅水泥质沉积又暴露于地表，经晒裂而形成泥裂
变质岩类	片理构造（板状、片状和片麻状等构造）	在定向压力为主的条件下形成，有时伴有重结晶及外来成分加入
	块状结构	温度或化学活动性流体作用下，以重结晶为主

（三）矿物成分

不同岩石类型的形成条件不同，物质来源也不同，因此其矿物组合也有差异，虽然它们大都是由一些最常见的造岩矿物组成，但其组合方式乃至特征上都是不同的。

岩浆岩中最常见的造岩矿物有橄榄石、辉石、角闪石、钾长石、斜长石、黑云母、白云母及石英等。

变质岩中除橄榄石外，上述其他矿物均可出现，但在结晶形态上它们常常要比在岩浆岩中伸展得更长一些、压得扁一些，在岩石中的排列有时具定向性。此外变质岩中还有一些典型变质条件下形成的特有矿物，如石榴（子）石、绢云母、红柱石、绿泥石、透闪石、十字石、蓝晶石、夕线石、石棉、蛇纹石等，它们是识别变质岩的重要标志。

沉积岩多数是由岩石碎屑或矿物碎屑经过地表流水（或风砂流）搬运及沉淀后，再胶结压固而成的，少数经化学或生物化学作用形成，所以一般是不结晶的，不具完整的矿物晶形。但无论岩石碎屑或矿物碎屑都可以用某些鉴定方法判定其矿物成分。沉积岩中常可见到地表蒸发条件下形成的可溶盐类矿物，如石膏、芒硝、岩盐、钾盐等矿物，及可燃有机物形成的矿物，如煤、石油、天然气等，也可见到直接保存在岩石中的生物遗体或遗迹，即各种化石。

所有这些矿物成分及物质特征都是在一定的温度及压力条件下形成的，并且常常在共生组合上有一定规律可循，所以既是鉴定标志，又是环境标志。了解它们的物理性质及化学组成是了解其生成环境的重要线索，与结构构造具有同等意义。

三、各类岩石的组分及命名原则

（一）岩浆岩的分类

首先是依据其化学组成中 SiO_2 的含量确定基本性质，因为它们都是由硅酸盐类矿物组成的。当 SiO_2 含量高时称酸性，含量较少时称中性，含量过少且镁铁等含量高时称为基性或超基性。当 SiO_2 和镁铁等含量均低，而钾和钠含量高时称碱性。但地壳中典型的碱性环境并不多，故碱性岩石也少。当岩石中酸性程度较高时，岩石化学组分中的 SiO_2 组分和其他元素离子一起首先组成各种硅酸盐矿物，如果还有剩余的 SiO_2 组分存在，才能单独结晶形成石英矿物。这里的石英与前述分类时的 SiO_2（指化学组分）是不同的概念，不要混淆。一种是岩石总化学成分中的 SiO_2 含量，它可以而且首先应组成一切在化学组成中可能包含 Si 和 O 的矿物；一种是指由 SiO_2 独立组成的矿物——石英。由此可知，如果在岩浆岩中能直接看到石英，说明岩石属于比较酸性的岩类，SiO_2 含量较高；相反，当岩石中无石英矿物出现时，一般比较基性，但并不表明岩石化学组成中不含 SiO_2，只能说明它仅够组成其他硅酸盐矿物，而无多余的 SiO_2 析出形成石英。由此也可以知道石英比其他硅酸盐矿物结晶要晚。据此可用石英存在与否来初步判断岩浆岩的酸、中、基性。

把结构、构造和矿物的化学成分（表现为矿物组合）结合起来就可得出岩浆岩的详细分类表和判别依据（见表 2-6）。由此可知划分和鉴定岩浆岩就是依据其矿物成分和结构构造。命名时首先依据主要矿物成分及结构构造确定其基本名称（见表 2-6）。

表 2-6 岩浆岩分类简表

岩类	大类	SiO_2 质量分数	岩石类型	主要矿物成分	构 造	结 构
深成岩	酸性岩	>65%	花岗岩、花岗闪长岩、似斑状花岗岩	钾长石、斜长石、石英、黑云母	块状构造	全晶质中-粗粒结构、似斑状结构
	中性岩	52%~65%	正长岩	钾长石、角闪石		
			闪长岩	角闪石、斜长石		
	基性岩	45%~52%	辉长岩	辉石、斜长石		
	超基性岩	<45%	橄榄岩、辉石岩	橄榄石、辉石		
浅成岩	酸性岩	>65%	花岗斑岩、花岗闪长斑岩	钾长石、斜长石、石英、黑云母	块状构造、气孔构造	细粒结构、斑状结构、似斑结构
	中性岩	52%~65%	正长斑岩	钾长石、角闪石		
			闪长玢岩	角闪石、斜长石		
	基性岩	45%~52%	辉长玢岩	辉石、斜长石		
	超基性岩	<45%	橄榄玢岩	橄榄石、辉石		
喷出岩	酸性岩	>65%	流纹岩、英安岩	钾长石、斜长石、石英、黑云母	气孔构造、杏仁构造、流纹构造	隐晶质结构、斑状结构、玻璃质结构
	中性岩	52%~65%	粗面岩	钾长石、角闪石		
			安山岩	角闪石、斜长石		
	基性岩	45%~52%	玄武岩	辉石、斜长石		
	超基性岩	<45%	苦橄岩	橄榄石、辉石		

（二）沉积岩的分类和命名原则

沉积岩的分类及命名首先是依据结构来划分，然后再考虑物质成分。所以在鉴定中也应首先分辨其结构特征,然后判断其主要物质成分,确定基本名称,再依据胶结物成分或其他特征确定次级名称(见表2－7)。如具碎屑结构者称碎屑岩,碎屑结构中具粗砂状结构者称为粗砂岩。再依据碎屑的物质成分主要为石英,次为长石,则可定为长石石英粗砂岩。

表2－7　沉积岩分类简表

分类	碎　屑　岩			黏土岩	化学岩及生物化学岩	火 山 碎 屑 岩		
结构	碎屑结构			泥质结构	生物结构或化学(结晶)结构	碎屑结构		
	砾状结构 >2mm	砂状结构 2～0.05mm	粉砂状结构 0.05～0.005mm	粒径 <0.005mm		粒径 >100mm	粒径 2～100mm	粒径 <2mm
岩石名称	砾岩、角砾岩	砂岩	粉砂岩	泥岩、页岩	石灰碳、白云岩、生物灰岩、硅质岩、煤、盐岩、铁质岩、铝质岩	集块岩	火山角砾岩	凝灰岩

(三)变质岩的分类和命名原则

变质岩常按其成因分为两大类。一大类是以热力变质(包括接触变质及气－液变质)为主,称为热接触变质岩类。它们一般无明显定向构造,结晶程度也有差异,但多形成一些特殊的变质矿物,如前所述,分类和鉴定时的主要依据就是认识这些特殊矿物及其组合。所以鉴定这些变质矿物是鉴定这类岩石的关键。其岩石的定名则因为这类岩石多数已成有用岩石,常常有专门的名称,故因袭使用,如大理岩、矽卡岩;也有少数是按矿物名称命名的,如蛇纹岩、石英岩等。另一大类则是主要形成于区域性的动力作用或区域构造作用而分布面积又具区域性的变质岩类,其形成因素往往受温度、压力等多种作用,常具有特殊的定向构造,统称为片理构造,按其变晶矿物的结晶程度和片理构造的发育程度又可进一步分为板状构造、千枚状构造、片状构造和片麻状构造等。所以这类岩石的分类和命名首先是依据片理特征(构造特征)并采用片理构造的名称确定岩石的基本名称,然后再根据组成矿物的主次确定详细名称(见表2－8)。

表2－8　变质岩分类简表

变质类型	变质岩名称	主要变质矿物	结　　构	构　　造
接触变质作用	大理岩	方解石、白云石、透闪石、硅灰石	粒状变晶结构	块状、条带状
	角岩	云母、石英、长石、红柱石、石榴子石	斑状变晶结构	块状构造
	矽卡岩	石榴子石、辉石、绿帘石、云母、透闪石	粒状变晶结构	块状构造
	石英岩	石英、长石、云母	粒状变晶结构	块状构造
气－液变质作用	蛇纹岩	蛇纹石、石棉、磁铁矿、铬铁矿、钛铁矿	隐晶质、网纹状结构	块状、带状、片状构造
	青磐岩	钠长石、阳起石、绿帘石、绿泥石、黝帘石、方解石、绢云母	粒状变晶结构、变余斑状结构	块状构造
	云英岩	石英、云母、萤石、黄玉、电气石	粒状变晶结构、鳞片状变晶结构	块状构造

续表2－8

变质类型	变质岩名称	主要变质矿物	结　构	构　造
动力变质作用	构造角砾岩	视原岩成分而定	角砾状结构	块状构造
	碎裂岩	绿泥石、绢云母	碎裂结构、碎斑结构	块状构造
	糜棱岩	绿泥石、绢云母、石英、绿帘石、透闪石、长石	糜棱结构	条带状构造
区域变质作用	板岩	绢云母、绿泥石	变余泥质结构	板状构造
	千枚岩	绢云母、石英、钠长石、绿泥石	细粒鳞片变晶结构	千枚状构造
	片岩	云母、绿泥石、阳起石、石英、角闪石、长石	鳞片变晶结构	片状构造
	片麻岩	长石、石英、云母、角闪石	粒状变晶结构	片麻状构造

 复习思考题

2－1　组成地壳的主要元素有哪些？

2－2　名词解释：晶质、非晶质、显晶质、隐晶质、解理、断口。

2－3　根据矿物的手持标本的外观特征能够鉴定矿物，为什么？

2－4　最重要的造岩矿物有哪些？其化学成分的特征怎么样？

第三章 地质年代及地史简述

在46亿年漫长的地史时期中，地球经历了复杂的演化过程。人们不能像研究人类历史那样借助于文字和文物，只能根据岩石、生物（化石）、构造（接触关系）等特征，确定新老关系、先后顺序，建立地质年代表，从而进一步分析研究各个地史时期的沉积（地层）发育史、生物演化史、构造运动史、岩浆活动史以及变质史。

第一节 地质年代的确定

研究地球的演化史以及确定地球演化过程中发生地质事件的年龄与时间序列的学科，称为地质年代学，是地质学主要任务之一。地质年代是指地质体形成或地质事件发生的年代，有相对地质年代与绝对地质年代之分。表示地质体形成或地质事件发生的先后顺序，称为相对地质年代；主要根据生物的发展演化和岩石的新老关系，把地质历史按先后顺序划分为不同的阶段，但不表示各个时代单位的事件长短。表示地质体形成或地质事件发生距今有多少年，称为绝对地质年代。通常通过测定岩层中某些放射性元素的衰变规律，以年为单位测定岩层形成至今的年龄，测算各相对年代的具体时间长短。目前在地质学研究和实际工作中，两者一般是同时使用的。

一、相对地质年代的确定

（一）地层层序律

地层是在一定地质时期内形成的层状岩石（含沉积物），包括沉积岩、火山岩和由沉积岩及火山岩变质形成的变质岩，是具有一定时代意义的岩层或岩层的组合。

沉积岩层是在漫长的地质时期中逐渐形成的，其形成时是水平的或近于水平的，如果沉积过程中没有干扰因素，原始的沉积地层一定是连续的，自下而上逐层叠置起来的（图3-1（a））。在正常层序情况下，先形成的岩层在下，后形成的岩层在上，上覆岩层比下伏岩层为新，即下老上新，这就是地层层序律（N. Steno，1669）。它是确定地层相对地质年代的基本方法之一，由此可以确定沉积事件的先后顺序（见图3-2）。

图3-1 地层相对年代的确定（据夏邦栋，1995）

（a）水平岩层；（b）倾斜岩层

1~4—由老到新的岩层

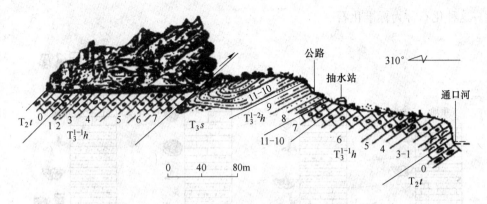

图 3 - 2　四川江油黄连桥地区中上三叠统地层剖面图（转引自傅英棋、杨季楷，1987）

T_2t—中三叠统天井山组；T_3h—上三叠统汉旺组；T_3s—上三叠统石元组

如果地层受到后期构造运动的影响，原始水平或近于水平的岩层就会发生倾斜甚至变为直立或倒转，这时倾斜面以上的岩层新，倾斜面以下的岩层老（图 3 - 1（b））。如果岩层发生褶皱倒转，则老岩层就会掩覆在新岩层之上。如图 3 - 2 所示，剖面右侧为正常层序，剖面左侧为倒转层序。因此在实际工作中，利用地层层序律确定地层形成的先后顺序时，首先要鉴别地层层序是否正常。一般是利用沉积岩的沉积构造（泥裂、波痕、雨痕、交错层等），来判断岩层的顶面和底面，恢复其原始层序，以确定其相对的新老关系。

（二）化石层序律（生物层序律）

由自然作用保存在地层中的地史时期的生物遗体和遗迹称为化石。化石的形成一般是具备硬体的生物遗体被地下水中的矿物质逐步而缓慢交代或充填作用的结果；有的是生物遗体中所含不稳定成分挥发逸去，留下其中炭质薄膜的结果。所以虽然生物遗体的成分通常已变成矿物质，但化石的形态和内部构造仍保持着原来生物骨骼或介壳等硬体部分的特征。

生物的演变是从简单到复杂、从低级到高级不断发展的。因此，一般说来，年代越老的地层中所含生物越原始、越简单、越低级；年代越新的地层中所含生物越进步、越复杂、越高级，并且具有不可逆性。因此，不同时期的地层中含有不同类型的化石及其组合，而在相同时期且在相同地理环境下所形成的地层，只要原先的海洋或陆地相遇，都含有相同的化石及其组合，这就是化石层序律。

早在达尔文之前，英国的工程师威廉·史密斯（W. Smith, 1769 ~ 1839）就发现，可以根据化石是否相同来对比不同地区的岩层是否属于同一时代。这一方法至今仍然是确定沉积岩年代的主要方法之一。如图 3 - 3 表示根据地层层序和岩性特征、化石特征来划分对比甲、乙、丙三地区的地层，从而恢复该三地区完整的地层形成顺序，并以综合地层柱状图表示。

并不是所有的化石都能用来划分对比地层。因为有的生物适应环境变化的能力很强，在很长的时间中，它们的特征没有显著改变，这类生物的化石对划分和对比岩层的意义不大。只有那些时代分布短、特征显著、数量众多、分布广泛的化石才能用于确定地层地质年代。这种化石称为标准化石。

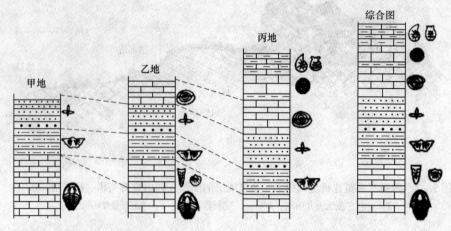

图 3-3 地层划分与对比及综合地层柱状图（据夏邦栋,1995)

（三）切割律或穿插关系

确定相对地质年代的方法除了利用沉积地层学和生物地层学方法外，还可以用地质体在空间上的解除关系、捕虏体的存在等来确定地质时间发生的先后顺序。不同时代的岩层、岩体由于各种地质作用，常相互切割或呈穿插关系。在此情况下，被切割或被穿插的岩层比切割或穿插的岩层老，这就是切割律（见图 3-4)。

二、同位素年龄（绝对年龄）的确定

根据地层层序律和化石层序律能够确定地层间的新、老关系，即地层的相对地质年代，但是不能定量地提供矿物、岩石形成的年龄值或各种地质事件发生的具体时间。随

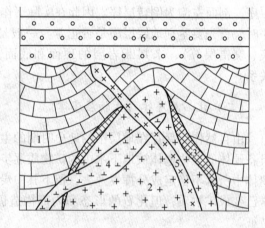

图 3-4 岩石形成顺序示意图（据夏邦栋,1995)
由早到晚:1—石灰岩; 2—花岗岩; 3—矽卡岩;
4—闪长岩; 5—辉绿岩; 6—砾岩

着放射性元素衰变现象的发现和研究，人们可以利用放射性同位素的衰变原理来测定地质年代，称为同位素年龄（绝对年龄），即绝对地质年代。

研究表明，放射性同位素（母体）是不稳定的，它自发地以稳定不变的速率（λ）释放出能量，逐渐衰变为另一种或多种同位素（子体），最终稳定下来。由于衰变的速率不受外界因素干扰保持恒定，因此可以根据矿物、岩石中某种放射性同位素的含量（N）及其衰变产物的含量（D）之比计算矿物、岩石形成的年龄。则岩石形成的年龄（t）可按下列公式计算出来:

$$t = \frac{1}{\lambda}\ln\left(1 + \frac{D}{N}\right)$$

目前广泛采用的测定方法有 U-Pb 法，即放射性铀（^{238}U）可衰变为非放射性的铅

(^{208}Pb)；Th - Pb 法，即钍（^{232}Th）可衰变为铅（^{208}Pb）；K - Ar 法，即钾（^{40}K）可衰变为氩（^{40}Ar）等。

三、古地磁测年法

岩石一般均具有磁性，这种磁性是岩石在其形成过程中，磁性矿物在当时当地磁场方向下定向固结形成的，称为剩余磁性。通过对 8000 万年以来不同时代岩石的剩余磁性研究，发现地球磁场的极性大约每 40 万年发生一次反转。人们利用岩石的剩余磁化的方向，将古地磁的极性变化按时期排列起来，结合同位素年龄测定，建立起了地球极性时间表。根据所测岩石的极性，确定该极性的延续时间，通过与地球极性时间表对比，推算该岩石的形成年代。该方法目前主要用于测定中生代以来的岩石年代。

第二节　地质年代表

一、地质年代表的建立

为了研究地球发展历史，首先要建立地质时代。地质学家根据世界各地区地层划分对比的结果，以及对生物演化阶段、大地构造运动、古地理环境变化等的研究，结合同位素年龄的测定，建立了包括地史时期所有地层在内的世界性的标准年代地层表及相应的地质年代表，综合反映了地壳中无机界和有机界的演化顺序及阶段。

地质年代表具有不同级别的地质年代单位，最大一级的地质年代单位为"宙"，一般以生物演化阶段来划分；在"宙"的时间单位内再按生物门类的演化特征及大的构造运动划分出次一级单位"代"；第三级单位是"纪"，第四级单位是"世"，一般是以生物演化和古地理环境变化来划分的。与地质年代单位相对应的地层单位是宇、界、系、统，它们是在各级地质年代单位形成的地层。二者对应关系如下：

地质年代单位　　　　　　　　　　　　　　　年代地层单位

宙·······················宇

代·······················界

纪·······················系

世·······················统

如：山东张夏的鲕状灰岩其地质年代是显生宙、古生代、寒武纪、中寒武纪，对应的地层单位是显生宇、古生界、寒武系、中寒武统。

到目前为止，前寒武纪的各级单位的划分国际上还未统一。显生宙中各级单位的划分及其名称和代号是国际统一的。纪以下一般分为早、中、晚三个世。表 3 - 1 引用的是 2001 年全国地层委员会所编的地质年代表。此地质年代表有如下重要变化：（1）老第三系改为古近系，新第三系改为新近系。（2）二叠系原二分改为三分。（3）志留系原三分改为四分，增加了顶志留统 S_4。（4）将原震旦系下统单建一个南华系，分为两个统；原震旦系上统改为震旦系。（5）在古元古界内新建立了滹沱系。（6）太古宇由原来的三分改为四分，将 Ma 的变质岩系新建立一个年代地层单位——始太古界（Ar_0）。

表 3-1　中国地质年代（区域年代地层）表

宙(宇)	代(界)	纪(系)	世(统)	同位素年龄值/Ma	生物界 植物	生物界 动物
显生宙(宇)PH	新生代(界)Cz	第四纪(系)Q	全新世(统)Qb	0.01	被子植物繁盛	人类出现
			更新世(统)Qp	2.6		
		新近纪(系)N	上新世(统)N_2			哺乳动物与鸟类繁盛
			中新世(统)N_1	23.3		
		古近纪(系)E	渐新世(统)E_3			
			始新世(统)E_2			
			古新世(统)E_1	65		
	中生代(界)Mz	白垩纪(系)K	晚白垩世(统)K_2		裸子植物繁盛	爬行动物繁盛
			早白垩世(统)K_1	137		
		侏罗纪(系)J	晚侏罗世(统)J_3			
			中侏罗世(统)J_2			
			早侏罗世(统)J_1	205		
		三叠纪(系)T	晚三叠世(统)T_3			
			中三叠世(统)T_2			
			早三叠世(统)T_1	250		
	古生代(界)Pz	二叠纪(系)P	晚二叠世(统)P_3		蕨类及原始裸子植物繁盛	两栖动物繁盛
			中二叠世(统)P_2			
			早二叠世(统)P_1	295		
		石炭纪(系)C	晚石炭世(统)C_2			
			早石炭世(统)C_1	354		
		泥盆纪(系)D	晚泥盆世(统)D_3		裸蕨植物繁盛	鱼类繁盛
			中泥盆世(统)D_2			
			早泥盆世(统)D_1	410		
		志留纪(系)S	顶志留世(统)S_4			海生无脊椎动物繁盛
			晚志留世(统)S_3			
			中志留世(统)S_2			
			早志留世(统)S_1	438		
		奥陶纪(系)O	晚奥陶世(统)O_3		藻类植物及菌类植物繁盛,真核生物出现	
			中奥陶世(统)O_2			
			早奥陶世(统)O_1	490		
		寒武纪(系)€	晚寒武世(统)$€_3$			裸露无脊椎动物出现
			中寒武世(统)$€_2$			
			早寒武世(统)$€_1$	543		

宙（宇）	代（界）	纪（系）	世（统）	同位素年龄值/Ma	生物界	
					植物	动物
元古宙（宇）PT	新元古代（界）Pt₃	震旦纪（系）Z	晚震旦世（统）Z_2		藻类植物及菌类植物繁盛，真核生物出现	裸露无脊椎动物出现
			早震旦世（统）Z_1	680		
		南华纪（系）Nb	晚南华世（统）Nb_2			
			早南华世（统）Nb_1	800		
		青白口纪（系）Qb	晚青白口世（统）Qb_2			
			早青白口世（统）Qb_1	1000		
	中元古代（界）Pt₂	蓟县纪（系）Jr	晚蓟县世（统）Jr_2			
			早蓟县世（统）Jr_2	1400		
		长城纪（系）Ch	晚长城世（统）Ch_2			
			早长城世（统）Ch_1	1800		
	古元古代（界）Pt₁	滹沱纪（系）Ht		2300		
太古宙（宇）AR	新太古代（界）Ar₃			2500	原核生物	
	中太古代（界）Ar₂			2800		
	古太古代（界）Ar₁			3200		
	始太古代（界）Ar₀			3600		

二、岩石地层单位

对一个地区的地层进行研究时，首先要根据地层的岩性特征将地层按其原始顺序划分为能反映岩性特征及其变化的、不同级别的若干地层单位，用以建立该地区的地层系统。

以岩性特征为依据划分的地层单位称为岩石地层单位。岩石地层单位从大到小依次划分为群、组、段、层。岩性特征能反映岩石形成时期的自然地理环境，一般在同一沉积盆地内形成的沉积岩层才有共同的岩性特征。因此，利用岩性特征划分、对比地层受一定地区范围的限制。一般只适用于一个较小的地区范围内，所以称为地方性地层单位。

（1）群。是最大的岩石地层单位。它包括厚度大、成分不尽相同但总体外貌一致的一套岩层。如珠峰地区白垩系的岗巴群。

（2）组。是岩石地层的基本单位。一个"组"具有岩性、岩相和变质程度的一致性。它可以由一种岩石组成，也可以由两种或更多的岩石组成。如南京附近有栖霞组、龙潭组等。

（3）段。是组内次一级的岩石地层单位。代表组内岩性相当均一的一段地层。如栖霞组内分出梁山段、臭灰岩段等。一个组不一定都要划分为段。

（4）层。是岩石地层单位中级别最小的单位。有两种类型：一是岩性相同或相近的岩石组合或相同结构的基本层序的组合，常用于野外剖面研究时的分层；二是岩性特殊、标志明显的岩层或矿层，常作为标志层或区域地质填图的特殊层，如膨润土层、磷矿层、砾石层。

岩石地层单位与年代地层单位没有相互对应关系，因为它们划分的依据不同，前者是以岩石为依据，后者是以化石为依据。

第三节　地壳历史简述

地球的历史简称为地史，包括地球形成以来的古地理沉积环境和生物的演化史、构造运动史、岩浆活动史以及变质史、成矿作用史，属于古生物地史学研究的范畴。这里只作简要的介绍。

一、太古宙

太古宙是地质年代中最古老的时期，自地球形成到 25 亿年前。太古宙可进一步划分为始太古代、古太古代、中太古代、新太古代。

太古宙是地壳形成的初期。人们在澳大利亚西部石英岩中发现了年龄达 42 亿年的碎屑锆石，说明早在 42 亿年以前已存在很小的陆块，地球的圈层分异已经完成，初始陆壳、大气圈和水圈已经形成。地球上有了风化、剥蚀、搬运、沉积等外力地质作用，并开始了沉积岩的形成，同时为原始生命的孕育发生和发展创造了条件。

地球上最早的生物是 38 亿年南非燧石层中发现的球状、棒状单细胞细菌化石。32 亿年已出现了无细胞核的原核生物，即原始的细菌和藻类。

太古宙时期地壳发生了多次强烈的构造运动使太古宙地层褶皱、变质、岩浆侵入，从而扩大了原始古陆的范围，增加了稳定程度，形成了多种重要矿产，如铁、铀、金等。

二、元古宙

元古宙是地壳演化过程中的第二个时间单位，距今 25 亿～5.4 亿年，历时近 19 亿年。元古宙自老而新分为古元古代、中元古代、新元古代。这时期太古宙阶段所形成的陆核继续增生，中元古代开始的全球各主要原始陆壳板块已初具规模。板块内部普遍出现了含铁红色砂岩等，这是地球上第一个红色地层，表示强烈的氧化作用，说明地球出现了含氧的大气圈和水圈。另外中、新元古代大气圈中 CO_2 的比例已低于太古宙，但仍高于显生宙。

地壳运动、岩浆活动和变质作用虽然较太古宙有所减弱，但仍然强烈而广泛，在中国曾发生了吕梁运动、晋宁运动等。常形成与岩浆活动有关的内生矿产。另外还形成了大型铁、锰、磷等沉积矿产。

元古宙早期发育了大量具真核细胞的菌藻类植物（见图 3－5），元古宙末期出现了软躯体后生动物群，其中有类腔肠动物、环节动物、节肢动物，保存下来的是印痕化石和遗迹化石，称为伊迪卡拉裸露动物群。震旦纪末开始有少量的带壳化石。

元古宙后期发生了全球性的大冰期，我国称为南华大冰期。如中国南方、西北、华北南部，以及澳大利亚，印度，西北欧，西伯利亚，北美西部，南非等地都发现过冰川遗迹。

需指出的是新元古代中后期的南华纪、震旦纪在地史发展中具有特殊的地位。这时地表所有的古大陆（地台基底）都已形成，南华系、震旦系一般为覆盖在古大陆之上的稳定类型沉积（地台盖层），具有古生代的构造及沉积特征。

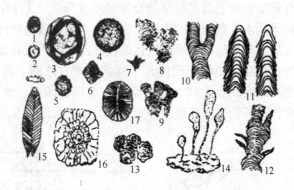

图 3 – 5　元古宙化石
1 ~ 14—藻类；15 ~ 17—伊迪卡拉裸露动物群

三、显生宙

（一）早古生代

古生代包括寒武纪、奥陶纪、志留纪 3 个纪，距今 5.4 亿 ~ 4.1 亿年，历时 1.3 亿年。从古生代开始，地球历史的发展进入了一个新的阶段。在生物、沉积和地壳运动等方面均有显著的特征。

寒武纪初期地球上几乎所有门类的生物爆发性大量涌现，明显区别于前寒武纪，地球历史由此进入了一个新的阶段——显生宙。早古生代呈现出生机盎然的景观，尤以海生无脊椎动物三叶虫、珊瑚、鹦鹉螺、腕足类等极为繁盛（见图 3 – 6），故称为海生无脊椎

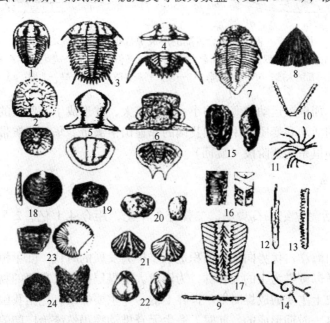

图 3 – 6　早古生代化石
1 ~ 7—三叶虫；8 ~ 14—笔石；15 ~ 17—鹦鹉螺；18 ~ 22—腕足；23 ~ 24—珊瑚

动物时代。另外还有脊索动物的笔石和最早的脊椎动物无颚类。植物以水生菌藻类为主，到志留纪末期植物实现了从水生到陆生的飞跃，出现了大量裸蕨植物群。

　　古生代是联合古大陆形成的历史。早古生代海侵广泛，下古生界几乎是海相地层。全球仅存在着五个分离的古大陆，即位于现代北半球的北美、欧洲、西伯利亚和中国（孤岛状），以及南半球的冈瓦纳联合大陆（包括南美、非洲、印度、澳大利亚和南极洲）。这五个古大陆的边缘为构造活动带所环绕，并为大洋盆地所分隔（见图 3－7）。

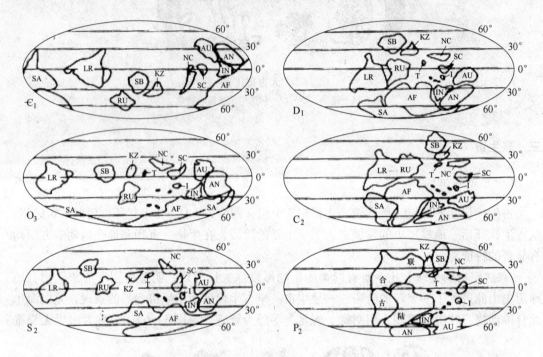

图 3－7　古生代联合古陆的形成史（据杜远生等，1998）
劳亚大陆：LR—劳伦；RU—俄罗斯；KZ—哈萨克斯坦；SB—西伯利亚；NC—华北；SC—华南；T—塔里木；
I—印支冈瓦纳大陆；AN—南极洲；AU—澳大利亚；IN—印度；AF—非洲；SA—南美

　　志留纪末期，加里东运动使海面缩小、陆地扩大，并形成了一些新的褶皱山脉，同时还伴有花岗岩浆的活动和变质作用，如我国的祁连山褶皱带、华南褶皱带。因此早古生代这一时期又称为加里东构造阶段（旋回）。

　　（二）晚古生代

　　晚古生代包括泥盆纪、石炭纪、二叠纪 3 个纪，距今 4.1 亿～2.5 亿年，历时 1.6 亿年。

　　晚古生代是由海洋占优势向陆地面积进一步扩大发展的时代。陆生植物蓬勃发展，在各大陆上都形成了以蕨类为主的大森林，为形成大量煤层提供了重要的物质基础，故石炭纪—二叠纪是地史上主要的成煤时期。世界上的一些主要煤田，包括我国华北、西北的许多大煤田就是在这一时期形成的。此时，海生无脊椎动物仍然统治广阔的海洋，早古生代兴盛的三叶虫、笔石、鹦鹉螺类等大量减少，最终灭绝，代之而起的是珊瑚、菊石类等的繁盛。鱼类在泥盆纪时达到了全盛。石炭纪、二叠纪的湖泊环境给两栖类的演化创造了有

利条件，因此，石炭纪—二叠纪是两栖类空前繁盛的时代，被称为两栖类时代（见图
3-8）。

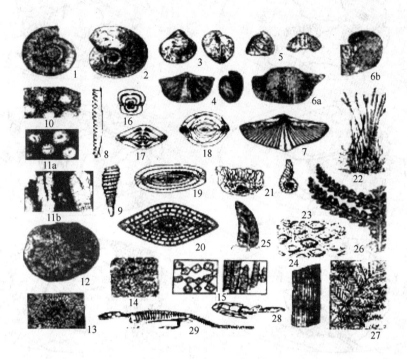

图 3-8　晚古生代的化石

1，2—菊石；3~7—腕足；8—笔石；9—竹节石；10~15—珊瑚；
16~21—䗴；22~27—古植物；28，29—古脊椎动物

最令人注目的是石炭纪、二叠纪时形成的地史上著名的冈瓦纳大陆冰盖，其上广泛分
布的冰碛物是大陆漂移、板块聚分的重要证据。

石炭纪—二叠纪发生海西运动，使主要板块发生碰撞、拼合，大部分地槽和活动带褶
皱成山，赤道洋消失，乌拉尔海消失，形成了乌拉尔褶皱山脉、阿帕拉契山脉以及我国的
天山、昆仑山、北山、大小兴安岭、长白山等褶皱山脉，同时伴有大量的花岗岩浆侵入，
最终形成了统一的劳亚古陆，并与冈瓦纳古陆相接形成联合古陆，同时形成了特提斯洋，
即古地中海（见图3-7，图3-9）。因此晚古生代又称为海西构造阶段（旋回）。

（三）中生代

中生代包括三叠纪、侏罗纪、白垩纪3个纪，距今2.5亿~0.65亿年，历时1.85亿
年。中生代无论是构造运动、岩浆活动以及生物、古地理等方面和古生代相比，均有明显
的差异和新的发展，是一个强烈活动的时期。

中生代生物界以陆生裸子植物、爬行动物陆生恐龙类（见图3-10）大量繁盛和海生
无脊椎动物菊石类的繁盛为特征，所以中生代又有裸子植物时代、爬行动物时代或菊石时
代之称。

古生代末期，地球上出现了一个联合古陆（泛大陆），特提斯洋为分割劳亚大陆与冈
瓦纳大陆的巨型海湾，并向东开口通入太平洋，即为阿尔卑斯-喜马拉雅活动带（特提斯

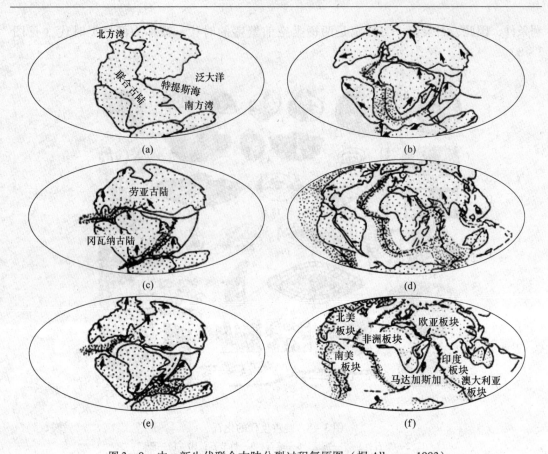

图 3-9   中、新生代联合古陆分裂过程复原图（据 Allegre, 1983）

(a) 200Ma 前（T_3）；(b) 65Ma 前（E_1）；(c) 180Ma 前（J_1）；(d) 现代；(e) 135Ma 前（K_1）；(f) 50Ma 后

图 3-10   中生代爬行动物

1—水龙兽；2—腔骨龙；3—马门溪龙；4—禄丰龙；5—霸王龙；6—鹦鹉嘴龙；7—鸭嘴龙；

8—三角龙；9—鱼龙；10—沧龙；11—喙嘴龙；12—准噶尔翼龙；13—始祖鸟

带）和环太平洋活动带。联合古陆大约在晚三叠世开始分裂，此时北美洲与非洲、欧洲分离，出现了原始的北大西洋，北大西洋的扩张使特提斯洋可向西与太平洋相通，劳亚大陆与冈瓦纳大陆重新分离、对峙。冈瓦纳大陆还是一个整体。侏罗纪时大陆进一步分裂、漂移，冈瓦纳大陆于晚侏罗世开始破裂（见图3-9），形成了南大西洋，导致南美洲与非洲分离。大洋洲、南极洲此时也与非洲、印度分开，形成了东印度洋。白垩纪，冈瓦纳大陆进一步解体，印度与非洲分开，形成了西印度洋。白垩纪末期，冈瓦纳大陆的解体已基本完成。

中生代时，世界上很多地区发生了强烈的构造运动，在欧洲称为老阿尔卑斯运动；在太平洋两岸表现也很强烈，称为太平洋运动，形成环太平洋褶皱带的内带，即靠近大陆的部分，如北美的落基山脉、西伯利亚的维尔霍扬斯克山脉等；在中国则称为印支运动（三叠纪）和燕山运动（侏罗纪、白垩纪），使西藏一带形成唐古拉山脉、冈底斯山脉，东部沿海一带也褶皱成山，火山岩广泛分布。中生代（特别是后期）是我国以及亚洲东部发生重大构造变革的时期，构造运动的强度与规模是震旦纪以来各纪都无法比拟的。

环太平洋中生代褶皱带的形成使太平洋日益缩小，同时与强烈的岩浆活动有关的内生多金属矿床广泛发育，构成著名的环太平洋金属成矿带。在我国中生代又称为印支构造阶段（旋回）和燕山构造阶段（旋回）。

（四）新生代

新生代是地史时期中最新的一个代，约开始于距今65Ma，延续至今，是延续时间最短的纪。划分为古近纪、新近纪、第四纪3个纪。

新生代的生物界总体面貌已与现代接近，植物界以被子植物为主，故称为被子植物时代，脊椎动物中的哺乳类极为繁盛，故又称为哺乳动物时代。而人类的出现和发展是第四纪重要的特征。

随着泛大陆在中生代的解体，冈瓦纳大陆的破裂，新生代全球构造出现了新的格局。南半球大洋洲脱离南极洲（图3-9）并向北漂移，直至今天的位置。不久南极大陆向南漂移到极位。最为壮观的是非洲板块、印度板块北移，在古近纪与欧亚板块相遇，其间的特提斯洋大部分消亡，陆-陆碰撞导致阿尔卑斯山系与喜马拉雅山系崛起，成为当今世界上最年轻和最高峻的雄伟山系，同时出现了称为"世界屋脊"的青藏高原，并使我国西部的昆仑山、天山、祁连山等再度明显上升。该运动在欧洲称为新阿尔卑斯运动，在我国称为喜马拉雅运动。非洲、印度和欧亚大陆连成一片，从而构成了东、西半球两个大陆的格局。原来与非洲为一体的阿拉伯半岛，与母体大陆分裂开，其间产生了现今仍在扩张的红海和亚丁湾。切割非洲东部的南北向裂谷系—东非裂谷也是这时开始形成的。

太平洋东岸褶皱形成高峻的安第斯山系，以及圣安德烈斯走向大断裂，现今仍在活动。太平洋西岸由于太平洋板块向亚洲大陆不断俯冲，因而发生多次褶皱，并伴有强烈火山活动，形成一系列火山岛弧以及日本海、东海、台湾海峡、南海等，海南岛也脱离了亚洲大陆。

新生代构造变动和岩浆活动都非常剧烈，尤其是形成了阿尔卑斯山系与喜马拉雅山系，因此人们称新生代为喜马拉雅构造阶段（旋回）或阿尔卑斯构造阶段（旋回）。

第四纪冰川活动分布广泛，当时北半球的北欧、北美、西伯利亚和新西兰等都曾与今日南极、格陵兰一样，为大片的坚冰所覆盖，现在的莫斯科和纽约所在的位置，当时也在大陆冰盖之下；我国东部不仅北京西山、山西五台山，而且江南的黄山、庐山等地，当时都曾是晶莹的冰雪世界，远远超过现代大陆冰川与山岳冰川的分布范围。

　　总之，新生代全球古地理变化的趋势就是逐渐接近现代的海陆分布轮廓，最后形成今天的七大洲四大洋的地理面貌。

 复习思考题

3-1　相对地质年代是依据什么划分的？什么是地层层序律和化石层序律？

3-2　地质年代表是怎样建立的？默写出各代、纪的名称和代码。

3-3　地壳历史分为哪几个大的阶段？列出各阶段主要的地壳运动。

第四章 风 化 作 用

风化作用是指地表或接近地表的矿物和岩石，通过与大气、水以及生物的相互作用，发生物理或化学变化，转变成松散的碎屑物甚至土壤的过程。岩石经过风化作用后，残留在原地的堆积物称为残积物。被风化的岩石圈表层称为风化壳。在日常生活中，这种作用的结果随处可见，对自然环境的塑造起着非常重要的作用。

岩石在地表接受风化、破碎、分解以后，再经过搬运、沉积，最后又固结成岩，这个过程可以看作是地质大循环，风化作用是这个循环里的一个重要环节。因此，可把风化作用看作其他外力作用的先导，它为剥蚀作用的进行创造了极有利的条件，在各种地貌和沉积物的形成和发展上起着重要作用。

第一节 风化作用的类型

风化作用按作用因素与作用性质的不同，主要分为物理风化、化学风化和生物风化三种类型，实际当中，这三者常常是联合进行与互相助长的。

一、物理风化

物理风化又称机械风化，是地表岩石在此类风化作用下，仅发生机械破碎，形成较细的碎屑物，其化学成分不变，亦无新矿物的出现，亦可理解为地表岩石因温度变化和孔隙中水的冻融以及盐类的结晶而产生的机械崩解过程。产生物理风化的原因主要是由于温差反复变化，使岩石裂隙和孔隙中水冻融，以及岩石空隙中盐类结晶造成岩石解体。具体而言，主要有以下 4 种方式。

（一）温度变化

地球表面所受太阳辐射有昼夜和季节的变化，因而气温与地表温度均有相应的变化。一方面，岩石不同于铁、铜等金属，热量在其中的传递速度较慢，故岩石表层对外界温度变化相对敏感，而内部相对迟钝，并且其比热容相对较小，这一特点导致其表层和内部在昼夜及季节温差变化的条件下不能同步发生增温膨胀和失热收缩，使其表层与内部之间产生引张力。在引张力的反复作用下，易产生平行及垂直于岩石表层的裂缝，从而使岩石碎裂。

另一方面，岩石常由多种矿物组成，各种矿物因膨胀系数不同，使得在同一温度条件下，不同的矿物发生不同程度的膨胀和收缩，导致矿物之间的结合力被削弱，岩石最终破裂。此外，岩石反复增温膨胀和失热收缩，也会削弱它们之间的结合力，有助于岩石的破裂。在这种方式的作用下，岩石易从表层开始向内部发生层层剥落，从大块变成小块，以致完全碎裂。

在温度对岩石的破坏作用中，温度变化的幅度愈大（如沙漠地区昼夜温差可达 60 ~ 70℃以上）、频率越高、速度越快，破坏就越迅速。

（二）冰劈作用

冬季室外装水的玻璃瓶子经常冻裂，这是由于自然界的水在低于 0℃ 时结冰，体积膨胀近 9%，从而撑裂玻璃瓶，那么空隙里充满水的岩石在这种情况下是否也会被"撑裂"呢？答案是肯定的。自然界的岩石均存在着岩石空隙，外界水进入岩石空隙中后，结冰膨胀，促使岩石空隙扩大，冻结和融化反复进行，裂隙就会不断扩大，达到一定程度后岩石就会崩裂，这就是冰劈作用（见图 4 – 1）。

图 4 – 1　冰劈作用

冰劈作用的发生须具备下列条件：（1）有足够的水供应；（2）岩石有与外界联通的空隙；（3）温度常在冰点上下波动。

如果一个地区水量匮乏，则冰劈作用就失去了其先决条件；岩石必须要有与外界联通的空隙，也就是必须要有水进入岩石空隙的通道，水不能正常进入岩石空隙，冰劈作用即无从谈起；温度应在冰点上下反复波动，如果温度未在冰点上下波动，而是低于冰点波动，则水一直处于冰冻状态，冰劈作用不可能反复持续进行，如在北极、南极等寒冷地区，温度常年低于零度，冰劈作用非常微弱，乃至于无。有的地区昼夜温度常在 0℃ 上下波动，岩石空隙中的水忽而冰胀，忽而消融，冰劈作用反复进行，因而冰劈作用显著，可使巨大岩块破裂、崩塌，形成碎块。

（三）层裂

层裂又称卸载作用。地下的岩石长久以来一直处于上覆的岩石压力之下，上覆岩石一旦剥去，上覆岩层给予的压力就得到解除，原处于地下的岩石便发生向上或向外的膨胀，并形成一系列平行于地面的裂隙。这种现象亦可常见于基坑开挖等人类工程中。在基坑开挖以后，上覆地层的应力得到解除，坑底地层随即上隆膨胀，形成坑底隆起这种常见的现象。在自然界，卸载作用常见于花岗岩等块状岩石出露地区。上层岩石在外地质力作用下崩解垮落后，内部岩石应力缓慢向外释放，使岩石膨胀破裂，之后更深部的岩石继续向外释放应力，如此继而不绝，最终剥裂开来的岩石似洋葱片层层重叠，称为洋葱构造（见图 4 –2）。

图4-2　洋葱构造

（四）盐分结晶张力作用

夜间，温度下降，但由于岩石比热容较小，相对于空气而言，它的温度下降较快，就此形成岩石温度较低、空气温度较高的状态，此时空气中的水蒸气遇到温度相对较低的岩石，随即变成液态水附着于岩石之上。若一些岩石含有潮解性盐类（能够自发吸收空气中的水蒸气，形成饱和溶液），当这些盐类遇水即形成水溶液，随之渗入岩石空隙之中。在白天，因烈日照射，导致水分蒸发，盐类结晶，结晶时产生的张力作用于周围的岩石，如此反复，使得岩石缝隙扩大、破坏，若这种作用持续进行，可使岩石崩裂，在崩裂的岩石碎块上能见到盐类的小晶体。这种作用主要见于气候干旱地区。

二、化学风化

化学风化是地表岩石在水、氧及二氧化碳等作用下发生化学变化，使其成分分解，易溶解者流失，难溶解者残留原地，并形成新矿物。

（一）溶解作用

自然界的水含有一定数量的 O_2、CO_2 以及其他酸、碱物质，具有一定的溶解能力，是一种极性溶剂。岩石中的矿物大部分均为无机盐，在水中都会发生一定的程度的溶解。很多情况下，因大部分矿物溶解度相对较小，以至于很难观察到它的溶解。1kg 水在 25℃温度下可溶解 1/340g 云母、1/115g 滑石、1.5/100g 方解石、2.1g 硬石膏、32g 盐。

常见岩石矿物在水中的溶解度由大到小的顺序为：石盐、石膏、方解石、橄榄石、辉石、角闪石、滑石、蛇纹石、绿帘石、钾长石、黑云母、白云母、石英。

在水的溶解作用下，易溶物质不断随水流失，导致岩石空隙加大，坚实程度降低，直至完全解体，只残留一部分难溶解矿物。

水的溶解作用受多个因素影响，如水的流动性、岩石本身的破碎程度、水的 pH 值及外界环境等。

水的流动是岩石溶解的必要条件，如果水不流动，岩石矿物在水中溶解饱和，则溶解作用无法继续；水若不断流动，可将溶解的矿物不断带走，溶解作用就可持续进行。破碎的岩石与水的接触面积大，溶解速度快；而完整程度高的岩石溶解速度相对较低。

（二）水化作用

有些矿物能够吸收一定数量的水并加入到矿物晶格中，转变成含水分子的矿物，称为水化作用。如硬石膏经水化后变成石膏，其反应式如下：

$$CaSO_4（硬石膏）+ 2H_2O \longrightarrow CaSO_4 \cdot 2H_2O（石膏）$$

硬石膏转变成石膏后，体积膨胀约59%，从而对周围岩石产生压力，促使岩石破坏。此外，石膏较硬石膏的溶解度大、硬度低，能加快风化速度。

另外，我们常见的干燥剂 $CuSO_4$ 为白色粉末，遇水可形成五水硫酸铜（$CuSO_4 \cdot 5H_2O$），呈蓝色，即俗称的胆矾或蓝矾，五水硫酸铜遇热即可脱水，又逆反应为无水硫酸铜（$CuSO_4$）。

$$CuSO_4 + 5H_2O \longleftarrow CuSO_4 \cdot 5H_2O$$

自然界类似的现象非常多见，岩石矿物水化之后，物理化学性质发生改变，一定程度上又促进了其他的风化作用。

（三）水解作用

弱酸强碱或强酸弱碱盐遇水会解离成为带不同电荷的离子，这些离子分别与水中的 H^+ 和 OH^- 发生反应，形成含 OH^- 的新矿物，称为水解作用。换而言之就是水中呈解离状态的 H^+ 和 OH^- 离子与被风化矿物中的离子发生交换反应，即由水电离生成的 H^+ 置换矿物中金属离子。水解的结果引起矿物的分解，使一些金属离子与 OH^- 离子一起溶解于水被淋失，还有一部分金属离子被土壤胶体吸附。水解的另一部分产物是难溶解的新矿物及复杂的硅酸和铝硅酸的胶体。大部分造岩矿物属于硅酸盐或硅铝酸盐类，属弱酸强碱盐，易于发生水解。

如钾长石发生水解时，析出的 K^+ 离子与水中的 OH^- 离子结合，形成的 KOH 呈真溶液随水迁移，析出的 SiO_2 呈胶体状态流失，硅铝酸根与一部分 OH^- 结合形成高岭石残留原地。其反应式如下：

$$4K[AlSi_3O_4]（钾长石）+ 6H_2O \longrightarrow Al_4[Si_4O_{10}](OH)_8（高岭石）+ 8SiO_2 + 4KOH$$

在湿热气候条件下，高岭石将进一步水解，形成铝土矿。其反应式如下：

$$Al_4[Si_4O_{10}](OH)_8（高岭石）+ nH_2O \longrightarrow 2Al_2O_3 \cdot nH_2O（铝土矿）+ 4SiO_2 + 4H_2O$$

如 SiO_2 被水带走，铝土矿可以富集成矿。

（四）碳酸化作用

溶于水的 CO_2 形成 CO_3^{2-} 和 HCO_3^-，当水溶液中含碳酸时，对碳酸盐的溶解力较纯水可增加几十倍，其反应如下：

$$CaCO_3 + CO_2 + H_2O =\!\!=\!\!= Ca(HCO_3)_2$$

重碳酸钙的溶解度高，能随水流失，当其蒸发干燥时，可脱水并释放 CO_2，再变为碳酸钙沉淀，这种反应在石灰岩地区非常普遍。一般 CO_2 充足时，反应可一直向右进行。

在这个过程中，它们能夺取盐类矿物中的 K、Na、Ca 等金属离子，结合成易溶的碳酸盐而随水迁移，使原有矿物分解，这种变化称为碳酸化作用。

岩石中常见的硅酸盐矿物，几乎都因水中含有碳酸而进行水解，产生相对较简单的物质，如钾长石易于碳酸化，其反应式如下：

$$4K[AlSi_3O_8](钾长石) + 4H_2O + 2CO_2 \longrightarrow Al_4[Si_4O_{10}](OH)_8(高岭石) + 8SiO_2 + 2K_2CO_3$$

在这一反应式中，K_2CO_3 和 SiO_2 均被水带走，高岭石残留原地。

斜长石也能碳酸化。长石是火成岩中最主要的造岩矿物，容易被碳酸化和水解，从而转变成为黏土矿物。

（五）氧化作用

氧化作用表现在两个方面：一是矿物中的某种元素与氧结合，形成新矿物；另一种是许多变价元素在缺氧的成岩条件（还原环境）下是以低价形式出现在矿物中的，当地表处于富氧的条件（氧化环境）时，容易转变成高价元素的化合物，导致原有矿物的解体。

前一方面的典型实例是，黄铁矿经过氧化作用转变成褐铁矿，其反应式如下：

$$2FeS_2(黄铁矿) + 7O_2 + 2H_2O \longrightarrow 2FeSO_4(硫酸亚铁) + 2H_2SO_4$$

$$12FeSO_4 + 3O_2 + 6H_2O \longrightarrow 4Fe_2(SO_4)_3(硫酸铁) + 4Fe(OH)_3(褐铁矿)$$

$$Fe_2(SO_4)_3 + 6H_2O \longrightarrow 2Fe(OH)_3(褐铁矿) + 3H_2SO_4(硫酸)$$

后一方面的例子如含有低价铁的磁铁矿（Fe_3O_4）经氧化后转变成为褐铁矿。磁铁矿中所含的 31.03% 二价铁的氧化物均变成三价铁的氧化物。

由于氧化作用，很多硫化物矿床在近地表表现为氧化矿，在深部表现为硫化矿。比如我们在找矿当中经常说到的"铁帽"。

铁帽就是遭受强烈氧化、风化或分解的含铁锰岩石（矿石）。其易溶部分随水带走，残留下来的物质堆积起来，形如一顶顶各色各样的帽子，覆盖在未风化岩石或矿石之上。铁帽主要由铁锰氧化物和硅质组成，呈多孔蜂窝状构造。硅质和铁锰氧化物可保持被溶解消失了的矿物的形状或充填在孔洞里而呈原矿物假象。铁帽大多为红色、褐红色、褐黄色，有的也呈褐黑色，常常呈正地形突出于地表。铁帽可细分为铁帽、锰帽、硅帽、火烧皮、褐铁矿化带。如果铁帽本身含铁很高，可作为铁矿开采。在实际找矿当中，要注意的是铁帽也有真假之分，真铁帽系指原生硫化矿床、金（银）矿床、伴生金硫化矿床经表生风化淋蚀作用后，形成以 Fe、Mn、Si、Al 和 Ca 等为主的氧化物、含水氧化物、次生硫酸盐、各种矾类及黏土质混合物的堆积体。

三、生物风化

生物风化（biological weathering）是由生物活动所引起的岩石破裂分解。

（一）根劈作用

植根于岩石裂隙中的植物根须不断变粗、变长和增多，像楔子一样对裂隙两壁施加压力，破裂岩石，称为根劈作用（见图 4 - 3）。这是生物的机械破坏作用，极为常见。科学家曾做过一个实验：人的头盖骨用一般人类工具很难打开，但若在颅内种上一粒种子，生长的小植物就可将头盖骨顶开，植物的生长力量常常会让我们目瞪口呆。

图 4 - 3　根劈作用

（二）生物酸解

生物在新陈代谢过程中，从土壤和岩石中吸取养分，同时也分泌有机酸、碳酸、硝酸等酸类物质以分解矿物，促使矿物中一些活泼的金属阳离子游离出来。一部分供生物吸收，一部分随水流失。如山区基岩上生长的蓝绿藻、苔藓与地衣等均能够分泌有机酸与 CO_2；菌类能够利用空气中的氮制造硝酸；岩石和土壤中的微生物能够分泌大量的有机酸。土壤中的细菌数量巨大，每克有数百万个之多，对岩石的解离起很大作用。

在还原环境下聚积起来的生物遗体，逐渐发生腐烂分解，可形成暗色和黑色的胶状腐殖质。一方面，腐殖质富含钾盐、磷、氮及碳的化合物，这些成分可促进植物的生长；另一方面，腐殖质中的有机酸同样对矿物、岩石起着化学破坏作用。

第二节　影响岩石风化的因素

一、气候特征

气候是通过气温、降雨量以及生物活动而表现的，气温的高低对于岩石的机械破坏程度、各种化学反应速度、生物界的面貌以及新陈代谢速度有重大影响。降雨量多少关系到水在风化作用中的活跃程度，直接或间接影响岩石风化速度。生物的繁殖状况直接关系到生物风化作用的进行及其对其他风化作用的影响，所以气候是影响岩石风化的重要因素。

气候明显的受纬度、地势、距离海洋远近等因素控制，而且有分带性，在不同气候带，岩石风化的特征不同。在两极及低纬度的高山区，气候寒冷，水的活跃程度低，植被较少，化学风化缓慢而微弱，岩石易受冰蚀破碎为具有棱角状的粗大碎块，常形成崩解层，黏土很少；在干旱区，仍以物理风化为主导，化学风化较弱，岩石多因温度变化风化成为棱角状碎屑，由于遇水少，蒸发强烈，易溶矿物也难于溶解；在温热气候区，降水量大，植被发育，生物活动强烈，化学风化和生物风化占重要地位，温度变化造成的风化占次要地位；在热带湿润气候带，温度较高，雨量充沛，化学风化和生物风化进行特别强烈而迅速，往往深达数十米以下的岩石也受到破坏，易形成巨厚的风化层。

二、地形特征

地形特征主要包含三个方面：高度、起伏程度、山坡朝向。

地形高度不同，气候条件就有所区别。比如我们经常会觉得山顶风大、较冷，山脚风小、温暖。尤其是中低纬度的高山区具有明显的垂直气候分带，山麓气候炎热，而山顶气候寒冷甚至终年冰冻，如云南的玉龙雪山。

地形起伏程度对于风化的性质与特征具有重要的控制意义。在地势起伏大的山区，如巨大的悬崖陡壁上，各种风化产物均易被其他外力作用搬离，难以在原地残留，因而基岩多裸露，风化十分快速，物理风化极为活跃；相反，在起伏相对不大的地区，风化产物多残留原处，或经短距离运移便在低洼处堆积下来，形成覆盖层，从而减缓风化作用的速度。

山坡的朝向主要影响日照条件，山的向阳坡日照强，冰雪易消融；而山体的背阳坡日照短，冰雪可能常年不融。两者的岩石风化特点显然有别。此外，该处是否处于风口或是背风处，对风化的影响也极为重要。

三、岩石特征

（一）岩石成分及类型

岩石抗风化能力与它所含矿物的成分及含量有密切关系。主要造岩矿物抗风化能力由小到大的次序是：橄榄石、钙长石、辉石、角闪石、钠长石、黑云母、钾长石、白云母、黏土矿物、石英、铝和铁的氧化物。方解石也属于易风化矿物。

可见，矿物在风化过程中的稳定性与其在鲍温反应系列中晶出的顺序有关，结晶越早的越不稳定，结晶越晚的越稳定。因而就火成岩论，由铁、镁质矿物和基性斜长石组成的超镁铁质元素和镁铁质岩石最容易风化，酸性火成岩较难风化，中性火成岩则介于其中。

沉积岩是在近地表环境下形成的，性质相对稳定。如常见的石英岩和石英砂岩，其主要成分为石英，抗风化能力强，地形上常呈突出的地形。黏土岩的化学性质较稳定，以物理风化为主，但是因岩石的强度低，在剥蚀作用的参与下往往成为低地。石灰岩在干寒地区以机械风化为主，在湿热地区则化学风化突出。硅质岩除少数非晶质结构者外，一般难以化学风化。变质岩的风化性质也因其成分差异而有着差别。

通过以上分析，我们可以总结出一个规律：各种矿物的稳定性与它们生成的环境条件关系密切，生成环境与地表环境的差异越大，越容易风化，如在高温和含水量极低条件下形成的矿物，较之最后从较低温和含有更多水分的岩浆中结晶出的矿物更易于风化。

矿物的晶格构造与风化难易程度也有很大关系，如在岛状构造的硅酸盐矿物中，由于四面体间 Fe^{2+} 对氧具有很强的亲和力，在风化条件下，Fe^{2+} 离子极易氧化，导致晶格破坏，所以橄榄石虽硬度大，但化学性质极不稳定。而对于具有单键构造的辉石，每个硅氧四面体上有两个氧离子与其他四面体共用，而另外两个氧离子的剩余负电荷是由晶格间的盐基离子来中和的，并通过它们把四面体的晶链链接起来，在风化过程中，这些盐基离子被 H^+ 置换时，辉石晶格逐渐松散，容易风化破碎。由于角闪石属于双链结构，较单链结合更牢固些，所以较辉石稳定。

架状构造硅酸盐矿物的抗风化能力都较强，但不同矿物间也有差异。正长石的四面体中 1/4Si 为 Al 所代替，剩余的负电荷为 K^+ 所中和，虽然架状构造牢固，但晶格 K^+ 为其他离子置换时，也易引起瓦解。在石英结构中，无同晶类质替代现象，所以最为稳固。

矿物化学成分与抗风化能力也有一定的关系，凡易溶解的钙、镁、钾、钠等元素含量愈多，铁、铝、硅等元素含量相对减少时，则愈易风化；反之，则愈稳定。

（二）岩石的结构构造

岩石中矿物和碎屑物颗粒的粗细、分选程度及胶结程度等决定着岩石的致密程度和坚硬程度，从而影响岩石的风化。如松散多孔或粗粒多孔的岩石比细密而坚硬的岩石易于风化；矿物颗粒细小且等粒状结构的岩石，比粗粒状的和斑状的岩石抵抗物理风化的能力强。至于岩石成层的厚薄、层间原生缝隙的有无和多少，均影响岩石的可渗透性，对岩石风化的难易也产生影响。一般来说，较坚硬的砂岩、板岩与石英岩等，它们的风化作用是以物理崩解为主，具有层理或片理构造的岩石，水分和空气容易侵入层理和片理裂隙中而加速其风化。

（三）岩石的完整性

完整性差的岩石，渗透性强，且本身强度较低，岩石易于风化。岩石中节理密集之处往往风化强烈，尤其是在两组解理交汇的地方，风化速度快，有时几组方向的节理将岩石分割成众多多面体的小块。小岩块的边缘和偶角从多个方向受到温度及水溶液等因素的作用，最先被破坏且破坏深度较大，久而久之，其棱角逐渐圆化，变成球型或椭球形，称为球状风化。它是物理风化和化学风化联合作用的结果，但化学风化起主要作用。块状而均粒的花岗岩、闪长岩、辉长岩以及厚层砂岩等球状风化最普遍（见图 4 - 4）。

图 4 - 4　球状风化

球状风化是物理风化和化学风化共同作用的结果，其中以化学风化为主，在我国华南，气候炎热潮湿，化学风化强烈，常有球状风化现象，所以常可见到圆滑的山脊及夹有大小"石蛋"的地形。

（四）岩石的风化差异性

抗风化能力不一的岩石共生在一起，则抗风化能力强的岩石突出，抗风化能力弱的凹入，称为差异风化。差异风化可导致崩塌等地质灾害的形成，抗风化能力强的岩石突出后，因下伏支撑岩体风化崩解而支撑力减弱乃至消失，而使得突出的岩体在重力地质作用下，折断崩落形成崩塌。

实际上，风化作用的进行受多种因素的联合制约。在研究岩石的风化特征时，应注意对各种因素作全面分析。

第三节　主要矿物和岩石的风化特征

在自然界，各种影响风化作用的因素综合发挥着作用，矿物和岩石性质是控制风化作用进行的内在因素，而气候、地形条件等则是风化作用得以进行的外界条件，在相同的外界条件下，不同矿物和岩石的风化特征具有明显的差异，下面介绍一些矿物和岩石的风化特征。

一、主要矿物的风化特征

（1）长石类。长石类主要包括正长石和斜长石，在化学风化过程中，受各种酸，主要是碳酸的作用而分解，长石析出 K^+、Na^+、Ca^+ 等阳离子，同时发生水化逐渐转变为水云母，水云母在酸性介质条件下，进一步解离出部分 SiO_2 生成高岭石，在碱性介质中生成蒙脱石，在湿热气候条件下，高岭石还将继续分解，形成氢氧化铝和蛋白石等。

（2）铁镁矿物。这一类矿物包括橄榄石、辉石、角闪石等，主要为铁、镁、钙的硅酸盐，稳定性要比长石小得多，其中以橄榄石最易风化，其次是辉石，再次为角闪石，故此类矿物在沉积岩中含量很少。此类矿物在碳酸的作用下，首先解离出钙、镁等离子，形成蒙脱石，随着钙、镁的进一步淋出，介质转化为酸性时，可形成高岭石，最后二氧化硅全部游离出来，一部分呈胶体被运走，另一部分形成蛋白石、玉髓，游离出的亚铁离子被氧化为含水氧化铁堆积在原地，使风化产物呈棕色、褐色、红色等。

（3）云母类。黑云母和白云母是云母类矿物的代表，其中，黑云母的稳定性较低，风化时常经过水云母和绿泥石，最终变成氧化铁和氢氧化铁以及高岭石等黏土矿物。白云母稳定性较好，不易风化，在风化壳和土壤中比较常见，但是，在较强的化学作用下也能分解，游离出部分钾离子和二氧化硅，经过水化而变成水云母，进一步变成高岭石。

（4）金属硫化物。这类矿物的抗风化能力很低，很容易在水和氧的作用下变为硫酸盐，使风化产物呈酸性反应，在黄铜矿和方铅矿等金属硫化矿的矿山附近，由于受这类矿物尾矿的影响，常发生土壤酸污染和重金属污染事件。

二、主要岩石的风化特征

（1）花岗岩。在植被覆盖、物理风化为主的情况下，花岗岩最易发生崩解，这与它的粒状结构及矿物复杂有关，花岗岩内含有石英及长石等抗风化能力强的矿物多，所以风化后性状变化不很显著，只是崩解为散碎的砂砾。在湿热气候下，化学风化强烈，花岗岩中石英保留为粗的砂砾，而长石等则经化学风化成为黏粒。

花岗岩常有数组节理将岩体分割成块，在我国华南，气候炎热潮湿，化学风化较强烈，常有球状风化；但在北方化学风化较弱，故可形成险峻的山峰。

（2）玄武岩。组成玄武岩的矿物多富含铁、镁，没有石英，颜色较深，易于吸热，又有气孔构造，所以最易风化，其风化产物质地相对黏细。

在气候潮湿的热带，玄武岩常风化为富铁的硬壳，称为铁矿，或铁质随水流动沉积于地形较低处，成为土壤中影响作物生长的铁盘。玄武岩风化物上形成的土壤多呈暗棕或棕红色，含盐基丰富，矿质营养较多。

（3）页岩。页岩富含黏土矿物，固结程度差、页理薄、硬度低，吸水和脱水后胀缩差异较大，容易物理风化。但由于黏土矿物在地表较稳定，不容易进一步化学风化，所以风化产物中多页岩碎片。在湿热条件下，页岩的风化物较黏重，矿质营养较丰富，保水力强，易形成较肥沃的土壤，我国四川自古号称"天府之国"，物质丰富，就是与广泛分布的含矿质养分丰富的中生代紫色页岩有密切关系。

由于页岩容易破碎和遭受侵蚀，所以在页岩分布区往往形成低平的地形。

（4）砂岩。构成砂岩的矿物主要是石英，抗风化能力强，所以砂岩的风化物和母岩比较接近，含砂量高、松散、易于透水。砂岩的风化情况与胶结物的关系很大，泥质或碳酸钙胶结的砂岩，风化快，能生成较厚的风化层次，松散而无大块；由硅质或铁质胶结的岩石，抗风化能力相对较强，风化层薄，常有大岩块夹杂。含石英多的砂层，形成的土壤质地为砂、肥力低。有些砂岩含长石、云母或其他矿物较多，风化后仍可形成较肥沃的土壤。

（5）石灰岩。石灰岩的矿物成分是碳酸钙，杂质含量较少，在湿润气候条件下，风化作用以溶解为主，风化残留物少，质地细，富含钙质，酸性较弱，土层浅薄，并直接覆盖在基岩之上，经常使基岩裸露，容易发生水土流失。

第四节　风化作用的产物

一、不同风化作用下的产物

（1）碎屑物质。主要是物理风化形成的岩石碎屑和矿物碎屑，少数为化学风化过程中未完全分解的矿物碎屑。它们是碎屑沉积物的来源。

（2）溶解物质。是化学风化和生物风化的产物。主要包括两部分：一部分是以真溶液形式水搬运的 K、Na、Ca、Mg 等元素的碳酸盐、硫酸盐、氯化物以及少数较少的 Mn、P 的氧化物，它们是化学沉积物的主要来源；另一部分是以胶体溶液形式随水搬运的物质，代表性物质是 SiO_2。

（3）难溶物质。岩石中较为活泼的元素及其化合物被带走之后，相对不活泼的 Fe、Al 等元素在原地残留，形成褐铁矿、黏土矿物以及铝土矿等。

二、残积物

岩石风化后在原地残留的物质称为残积物。其中除碎屑物外尚有少量新形成的矿物。它们的结构松散，碎屑往往大小不均，棱角显著，无层理，残积物多分布在分水岭、山坡和低洼地带，其顶面较平坦，而底部起伏不平，与基岩呈过渡关系。残积物的厚度因地而异。

三、风化壳

风化壳（crust of weathering）指风化产物的覆盖层，包括残积物及其上覆的土壤。厚度一般为数厘米至数十米，展布不稳定。

被较新岩层覆盖而保存下来的风化壳，称为古风化壳。不整合面上常有古风化壳的存在，是区域规模构造活动的重要标志。

四、土壤

土壤（soil）是富含腐殖质的细粒、松散的多种风化作用的综合产物。土壤的组成包括腐殖质、矿物质、水分和空气。腐殖质是生物、微生物遗体在风化产物中不断聚集腐烂后形成的，它的存在是土壤区别于其他松散堆积物的主要标志。

土壤一般可分为三层（见图4－5）。

（1）表土层（overburden）。多呈黑色、浅灰色，由各种细粒矿物质组成，富含有机质，是农作物赖以生长的场所。

（2）沉积层（illuvium）。遇水将上层的氧化铁、氧化铝、腐殖质、石膏和碳酸钙等淋滤下来，在此沉淀。本层有机质含量低，很少受到田间作物的影响。

（3）母质层（mother bedding）。又称为母岩层，为轻微风化的基岩或沉积物，和沉淀层呈过渡关系。

五、风化地貌

由风化作用塑造而成的地貌，称为风化地貌。

常见的风化地貌有四种类型。

（1）在花岗岩发育区，以圆滑的石蛋地貌为特征（见图4－6），如安徽黄山、江西上饶三清山、厦门鼓浪屿等地所见。

图4－5　土壤分层

图4－6　石蛋地貌

（2）在垂直节理发育的红色砂岩区，丹霞地貌非常普遍，如广东丹霞山、江西龙虎山。丹霞地貌指层厚大、产状平缓、节理发育、铁钙质胶结不均的红色碎屑岩系，在差异风化下通过重力崩塌、侵蚀、溶蚀等作用，形成城堡状、宝塔状、柱状、棒状、方山状、圆山状、峰林状等美丽的地貌景观。该地貌在广东仁化县的丹霞山最经典，因此称为丹霞地貌。

（3）在垂直节理发育的杂色砂岩区，多形成壮观的峰林地貌，如湖南张家界。

（4）在发育 X 节理的砂岩区，则常出现摇摆石等地貌现象。

 复习思考题

4 - 1　炎热夏天的暴雨、森林火灾的高温，对岩石的破坏特别明显，这是为什么？

4 - 2　古代，人们在采石时，常先用火烘烤岩石，然后以水泼之；若在高寒地区则先在岩石上凿槽，并往槽中注水，待其冻结后采之，请问他们为什么这么做？

4 - 3　在过分寒冷的地区，其冰劈作用是否强烈？原因是什么？

4 - 4　若要在某一地区调查其风化情况，需要做哪些工作？

第五章 河流及其地质作用

　　陆地表面经常或间歇有水流动的凹槽，称为河流，其为流动的水和凹槽的总称。河流是水循环的一个重要组成部分，是地球上重要的水体之一，河流还是最活跃的地质外动力之一，它塑造陆地形态，改变地球外貌，并将大量由河流侵蚀而成的物质连同风化剥蚀产物一并输入湖泊和海洋。河流沉积物及其岩石是地表的重要组成部分，常常含有重要的矿产和油气资源。自古以来，河流和人类的关系就很密切，一方面，它是重要的自然资源，在灌溉、航运、发电、水产、供水等方面发挥着巨大的作用，很多文明都孕育于河流，如黄河文明、长江文明以及幼发拉底河、底格里斯河附近的美索不达米亚文明等；另一方面，河流泛滥引发的洪灾在全球自然灾害的破坏程度排序中位居前列，严重影响着人类的社会生活。因此要开发利用河流，变水害为水利，就必须深入研究河流。

第一节 河流概述

一、地表水流

　　地表水流分为坡面水流、沟谷水流、河流水流三类。

　　在降雨过程中，雨水沿自然斜坡流动，其流速小、水层薄，水流方向受地面起伏影响大，无固定流向，形成网状细流，称为片流。片流能比较均匀地洗刷山坡上的松散物质，并在山坡的凹入部位或山麓堆积起来，形成坡积物。坡积物在山脚地带常常联结成一种覆盖斜坡的裙状地形，称为坡积裙（见图 5 - 1）。

　　坡面水流总是趋向于沿着坡面最倾斜的地方进行流动，久而久之，坡面最倾斜的地段就会受雨水冲刷形成沟槽。沟槽形成后，坡面水流更多地向沟槽集中，并以其较大的能量刷深和扩大沟槽，沟槽就发展成为沟谷，片流也就转变成沟谷水流。沟谷水流具有固定流向，水源为大气降水补给。雨后水量大，无雨水量小，乃至干涸。沟谷由小到大，逐渐发展。短的不到数米，长的达数千米到数万米，谷深可达数米、数十米至数百米。切割较深规模较大的沟谷称为冲沟。它的上端叫沟头，下端叫沟口。大雨时，冲沟的水量增大，将大量碎屑物质搬运到山前或山坡的低平地带，迅速堆积，形成洪积物。

　　洪积物往往呈扇状分布，扇顶在沟口，扇形向山前低平地带展开，称为洪积扇（见图 5 - 2）。洪积物的分选性和磨圆度均较差，但从水平分布看，近沟口较粗，远沟口较细。一系列洪积扇相互联结，可形成洪积平原。其中埋藏着的丰富地下水，可成为城市建设的基地。内蒙古的呼和浩特至包头一带，即位于大青山山前的洪积平原上。

　　冲沟的发展有两种趋势：一是停止向下冲刷，表现出沟底宽阔平缓、沟坡缓缓上凸的特征，沟底堆积较细的砂土和黏土，它标志着冲沟的衰老；另一种是流水深切沟底达地下水面，冲沟流水逐步得到地下水源补充，暂时性的冲沟流水转变成具有经常流水的河流，冲沟发展成为河谷。

图 5-1　坡积裙

图 5-2　洪积扇

冲沟的发展受几方面的因素制约：汇水面积的大小、当地雨量的多寡、地形陡峭程度、地层的破碎程度等。

一般汇水面积大、当地雨量多、地形较陡、地层较破碎的地区，冲沟发育较快，常常容易形成规模较大的冲沟，并有形成潜在泥石流的趋势，应给予密切关注。

二、河谷的横剖面

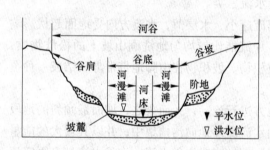

图 5-3　河谷示意图

河谷通常由以下几个要素组成（见图 5-3）：

（1）谷底。河谷底部较为平坦的部分。包括河床、河漫滩。经常有流水的部分，称为河床；河床两旁的平缓部分是当河水泛滥时才会淹没的谷底部分。谷底以上的斜坡，称为谷坡；谷坡与谷底的交接处，称为坡麓；谷坡上部的转折处称为谷缘。

河谷按横剖面形态分为三类：1）V 形谷。谷坡很陡，谷底狭窄，甚至无平坦的谷底，河床直接嵌在谷坡之间。峡谷中流水湍急，如玉龙雪山下的金沙江虎跳峡峡谷，谷深3000 多米，驰名中外。2）U 形谷，谷底较宽，谷坡较陡。3）碟形谷，谷底平坦而宽阔，其宽度可达数千米甚至数万米，谷坡较缓，没有明显的坡麓。

此外，关于河谷的横剖面，还应了解"湿周"、"过水断面"、"大断面"、"水力半径"等相关术语。

（2）过水断面。指某一时刻水面线和河底线包围的面积。

（3）湿周。过水断面上被水浸湿的河谷部分。

（4）大断面。指最大洪水时的水面线与河底线包围的面积。

（5）水力半径。过水断面面积与湿周之比。

三、河流的纵剖面

一条河流由较陡峻的山体流经宽缓的平原而入海，沿其中轴方向构成一条向海倾斜、中段略微下凹的曲线，是为河流的纵剖面。换而言之，河流纵剖面是指沿河流轴线的河底高程或水面高程的变化，故而河流纵断面可分为河底纵断面和水面纵断面两种，河流纵断面可以用比降来表示，即河段上下游高程差与河段长度的比值。

四、水系

一条河流的干支流构成了脉络相通的水道系统，这个水道系统便称为水系或河系。

水系特征主要包括河长、河网密度和河流的弯曲系数。

河长是从河口到河源沿河道的轴线所量得的长度。

河网密度是指流域内干支流的总长度和流域面积之比，即单位面积内河道的长度。

河网密度表示一个地区河网的疏密程度。河网的疏密程度能综合反映一个地区的自然地理条件，它常随气候、地质、地貌等条件不同而变化。一般来说，在降水量大、地形坡度陡、土壤不易透水的地区，河网密度较大；相反则较小。如我国东南沿海地区比西北地区河网密度大。

河流的弯曲系数是指某河段的实际长度与该河段直线距离之比值。河流的弯曲系数值越大，河段越弯曲，对航运和排洪就越不利。

根据干支流分布的形状，可进行水系分类，主要分为5类：

（1）扇状水系。干支流呈扇状分布，即来自不同方向的支流较集中地汇入干流，流域呈扇形或圆形。我国的海河水系就属此类。

（2）羽状水系。支流从左右两岸相间汇入干流，呈羽状。

（3）平行状水系。几条支流平行排列。如淮河左岸的洪河、颍河、西淝河等。

（4）树枝状水系。干支流的分布呈树枝状，大多数河流属此种类型。如珠江的主流西江水系。

（5）格状水系。干支流分布呈格子状，即支流多呈90°汇入干流。这是由于河流沿着互相垂直的两组构造线发育而成，如闽江水系。

一般较大的水系难以用一种类型概括，大多是由两种或两种以上的水系类型组成。

水系类型不同，对水情变化的影响不同，例如扇形水系，由于支流几乎同时汇入干流，当整个水系普降大雨时，就易造成干流特大洪水，海河历史上多水灾的原因之一即在于此。而羽状水系因支流洪水是先后汇入干流的，因此各支流汇入的水量分先后排出，故不易形成水灾。

五、流域

一条河流及其支流所构成的总区域称为该河流的流域，该区域内所有的地表水流均注入该河流水系之中。分隔不同流域的高地或山地称为分水岭（见图5-4），分水岭最高点的连线称为分水线或分水界。如秦岭是黄河和长江的分水岭，而秦岭的山脊线便为黄河和长江的分水线。其中，相邻的支流之间也有分水岭。这些较小的分水岭同样将不同支流的流域分隔开来。

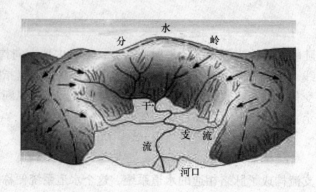

图 5 - 4　分水岭

　　分水线可分为地表分水线和地下分水线。地表分水线主要受地形影响，而地下分水线主要受地质构造和岩性控制。分水线不是一成不变的。河流的向源侵蚀、切割，下游的泛滥、改道等都能引起分水线的移动，不过这种移动过程一般进行得很缓慢。而上述的流域亦即分水线所包围的区域，由于分水线有地表及地下之分，故流域也可分为汇集地表水的区域和汇集地下水的区域。

　　流域可分为闭合流域和非闭合流域。地表分水线与地下分水线重合的流域称为闭合流域；相反，称为非闭合流域。

　　流域面积、流域形状、流域高度、流域坡度、流域的倾斜方向、干流流向等是流域的重要特征。这些特征对河川径流的影响是明显的，例如：流域面积大，河水量也大，洪水历时长，且涨落缓慢；流域形状圆形较狭长形的洪水集中，且洪峰流量大；流域高度越高，河水量越多。

六、河流水情要素

　　（1）水位。河流水位是指河流某处的水面高程。

　　（2）水位过程线。指水位随时间变化的曲线。

　　（3）水位历时曲线。指大于和等于某一数值的水位与其在研究时段中出现的累积天数所绘制而成的曲线。

　　（4）流速。河流中水质点在单位时间内移动的距离。

　　（5）流量。指单位时间内通过某过水断面的水的体积。

　　（6）流量过程线。是流量随时间变化过程的曲线。

第二节　河流的补给和径流

一、河流的补给

　　根据降水形式及其向河流运动的路径不同，河流补给可分为降雨补给、融水补给、湖泊和沼泽补给和地下水补给等类型。

（一）降雨补给

雨水补给是河流最主要的补给类型，大气降雨直接落入河槽的水量是十分有限的，它主要是通过在流域内形成的地表径流来补给河流的。降雨补给主要取决于降雨量和降雨特性。

降雨量的大小决定了补给水量的大小，降雨量大，补给量也大；由于降雨具有不连续性和集中性，使雨水补给也具有不连续性和集中性；流量过程线呈陡涨陡落的锯齿状，与降雨过程大体一致；由于降雨具有年内、年际变化大的特点，使雨水补给的年内、年际变化大；降雨强度的大小也决定了补给量的大小，降雨强度大，历时短，损耗量少，补给流量的水量较多；降雨补给的河流，由于雨水对地表的冲刷作用，所以河流的含沙量也大。

（二）融水补给

融水补给包括季节性积雪融水和永久积雪或冰川融水的补给，融水补给取决于冰雪量和气温变化。

冰雪量决定了补给量，冰雪量大，补给量大；由于气温变化具有连续性和变化缓和特点，使融水补给也具有连续性和较缓和特点，流量过程线与气温变化过程线一致，流量过程线较平缓和圆滑；由于气温的年际变化小，融水补给的年际变化也小；由于气温具有日周期变化和年周期变化，故使融水补给也具有明显的日周期变化和年周期变化。融水对地表冲刷作用小，河流含沙量也较小。

（三）湖泊、沼泽补给

由于湖泊面积广阔，深度较大，它接纳大气降水和地表水，并能暂时储存起来，然后再缓慢流出补给河流，对河流水量起着调节作用，可大大降低河流的洪峰流量，使河流水量年内变化趋于均匀。

（四）地下水补给

地下水是河流经常而又比较稳定的补给来源。我国冬季降雨稀少时，河流几乎全靠地下水补给。地下水补给的特点，总的来说，是稳定而变化小。埋藏较浅的地下水与河水有特殊的河岸调节关系。当河水涨水时，河水位高于地下水位，这时河水补给地下水，把部分河水暂时储存在地下；当河水位下降并低于地下水位时，则地下水补给河水。埋藏较深的地下水受当地气候条件影响较小，其补给量只有年际变化，季节变化不明显，故它是河流最稳定的补给来源。

二、径流及其特征值

径流是指大气降水到达陆地上，除掉蒸发而余存在地表上或地下，从高处向低处流动的水流。径流可分为地表径流和地下径流。

径流是水循环的基本环节，又是水量平衡的基本要素，是陆地重要的水文现象，其变化规律集中反映了一个地区的水文特征。

相关径流特征值如下：

（1）径流总量。指在一定时段内通过河流某一横断面的总水量。

（2）径流深度。指单位流域面积上的径流总量。

（3）径流模数。指单位流域面积上产生的流量。

（4）模比系数。指某一时段径流值与同期多年平均径流值之比。

（5）径流系数。指任一时段的径流深度与该时段的降水量之比。

第三节　河流的搬运作用

一、流水质点的运动方式

流水质点具有两种流动形式：一种是质点间相互平行进行流动，形成的流线不交错，称为层流；另一种是质点以复杂的流线形式交错，质点互相混合，称为紊流。河水流动的形式基本都是紊流，只有在流速非常缓慢，或水很浅、河床底部较平滑时才会发生层流（见图5－5）。

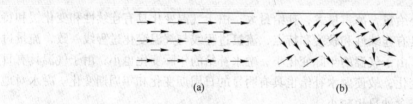

　　　　　（a）　　　　　　　　　　　　　（b）

图5－5　流水质点的运动方式

（a）层流；（b）紊流

二、物质搬运的方式

流水搬运物质的方式有底运、悬运和溶运三种。

（1）底运。又称牵引搬运，是指河床中的砂与砾等较粗物质以滚动、滑动、拖动等方式沿河床底部的搬运。若流水速度较小，只有相对较细的颗粒沿河床底部滚动和滑动；若流速较大，便有较多颗粒在河床底部移动，并互相碰撞。有的颗粒（主要是砂）会因互相碰撞而被瞬时性推举向上而向前运动，或因受到紊流的涡旋作用而短暂上浮，呈跳跃式前进。底运物是磨蚀河床的主要工具。

（2）悬运。黏土、粉砂等细小颗粒，由于流水的紊流作用而呈悬浮状态进行搬运。它是河流搬运物质的主体。洪水或暴雨后河水变得浑浊，即为悬运物骤增的结果。悬运物对河床没有直接明显的侵蚀作用，但悬运物可提高河水的密度，增加其搬运能力，由此增强对河床的侵蚀作用。

（3）溶运。易溶岩石及矿物溶解于河水中，以离子状态进行搬运。

三、河流的搬运能力和搬运量

河流能够搬运多大粒径碎屑的能力，称为河流的搬运能力，它受河流流速和流水密度的制约。在平坦的河床上，当流速小于18cm/s时，细小的微粒也难以移动；当流速达

70cm/s 时，直径数厘米的颗粒也能搬运。

河流能够搬运碎屑物质的最大量，称为搬运量。它受河流流速、流水密度和流量，尤其是流量的制约。长江中下游在一般的流速下携带的仅是黏土、粉砂和砂，但数量巨大；相反，一条快速的山间河流可以携带巨砾，但搬运量很小。

第四节　河流的侵蚀作用

河流侵蚀其流经的岩石与沉积物的过程，称为河流的侵蚀作用（erosion）。

一、侵蚀的方式

（1）溶蚀作用。河水将岩石中的易溶解矿物组分溶解，促使岩石被侵蚀，河道被破坏。主要见于由碳酸盐及其盐类岩石组成的地区。

（2）磨蚀作用。流速以其携带的砂泥和砾石为工具，磨蚀破坏河床。

二、侵蚀的方向

河流的侵蚀存在下蚀、旁蚀、溯源侵蚀三种趋势。

（一）下蚀

下蚀又称底蚀，指河水垂直向下侵蚀、加深河谷的作用。如流水中的急速旋转的涡流促使其携带的砾石像钻具一样作用于河底，河底被钻出一个个的窝穴（见图5-6）。

实际上，河流不可能无限制地下切侵蚀，往往受某一基面所控制。比如一条汇入湖泊的河流，当它下蚀至与湖面齐平时，河流坡度消失，流水失去动力，下蚀即无法进行，那么该湖泊即为这条河流的侵蚀基准面。侵蚀基准面的高度并非长期固定不变。地壳的抬升或下降，均可能改变侵蚀基准面的高度，强化或弱化河流下蚀的能力，并使侵蚀与沉积的关系发生转换。

河床坡度局部较大造成的急流以及河床局部地段呈阶梯状跌水形成的瀑布，可加剧河流的下蚀作用。

瀑布的下蚀作用极为强烈。在瀑布跌落处常形成深潭。由于水力的冲击和漩涡水流的掏蚀，掘掉瀑布陡壁下部的软岩层，使上面突出的硬岩层失去支撑而崩落，导致瀑布向上游方向后退。如美国纽约州西边的尼亚加拉河瀑布，落差达57m，每年后退约0.3m，3万年来共后退10.4km。我国黄河壶口瀑布平均每年后退5cm（见图5-7）。

（二）旁蚀

旁蚀又称侧蚀，指河水冲刷河道两侧以及谷坡，使河床左右迁徙、谷坡后退、河床及谷底加宽的作用。

（1）旁蚀的作用方式。旁蚀的作用方式主要有横向环流和科里奥利效应。

1）横向环流。流水通过弯道时，因惯性作用而产生的离心力，导致河流表面流水从

图 5-6　漩涡形成的窝穴

图 5-7　壶口瀑布

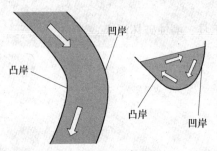

图 5-8　横向环流

凸岸涌向凹岸，使凹岸水面抬高，凸岸水面降低，而河流内部流水则从凹岸涌向凸岸，就此形成横向环流（见图 5-8）。在横向环流的作用下使凹岸侵蚀，侵蚀下来的物质向凸岸搬运沉积。

2）科里奥利效应：在科里奥利力（简称为科氏力，在这儿指地球自转导致的偏移力）的作用下，水体运动的方向在北半球恒偏向前进方向的右侧，在南半球偏向前进方向的左侧。在河流右弯处，离心力和科氏力方向一致，对凹岸的侵蚀力增强；在河道左弯处，则离心力与科氏力方向相反，抵消部分作用力，对凹岸的侵蚀力减弱。

（2）河床的变化。由于旁蚀作用，河床将发生下列变化：第一，弯道凹岸的河底加深扩展，尤其在弯道的下游前缘表现最为强烈；第二，凹岸因其下部被掏蚀，上部崩塌，形成悬崖，凸岸变成平缓的堆积滩，故弯道横剖面形态不对称；第三，由于凹岸不断加深扩展，并向下游方向移动，凸岸的堆积滩不断增大，也向下游方向移动。其结果是使河床呈弯曲状不断向下游方向迁移。

早期的河谷狭窄，横剖面呈 V 形，河谷两侧有连续的山嘴；中晚期，随着弯道的发展，谷坡不断后退，山嘴被削去，形成平坦而宽阔的槽状谷底，堆积体逐渐扩大并连成一片，河谷的横剖面变成 U 字形；晚期，河谷会演变成碟形。此时，谷底就转变为冲积平原。

（3）自由河曲。在平坦宽阔的冲积平原上流动的河流，其弯道的演化自由充分，这种河流弯道称为自由河曲。自由河曲中，河湾曲折的地带称为河曲带（见图 5-9）。随着河湾的演化，河曲带加宽，河道长度增大，河床坡度减小，流速减低。洪泛期，水流能冲破河湾颈部，取直道前进，造成河道的截弯取直；河道截弯取直以后，原来的河湾被废弃，堵塞成湖，称为牛轭湖。我国长江中下游自宜昌以下有发育很好的自由河曲和牛轭湖（见图 5-10）。

　　　　图 5 – 9　河曲带　　　　　　　　　　　　　　图 5 – 10　牛轭湖

（三）溯源侵蚀

溯源侵蚀是指河流向其源头方向侵蚀的作用（见图 5 – 11）。

图 5 – 11　溯源侵蚀

溯源侵蚀主要发生在河谷的沟头。因为沟头聚集了山坡上的诸多片流，其流量和流速较大，垂向侵蚀能力较强，沟头便向上坡方向延伸。此外，当侵蚀基准面因某种原因下降时，河口段也能发生显著的溯源侵蚀作用。不难理解，溯源侵蚀作用是和下蚀作用相伴而生的，溯源侵蚀是下蚀作用的必然结果。瀑布掏空侵蚀造成的后退属于一种局部性的溯源侵蚀作用。

溯源侵蚀使河流由小变大，由短变长。它使许多相互分隔、规模较小的流水联合起来。

随着河流向源头方向伸长，其分水岭逐渐变窄，高度随之降低。如果分水岭两侧河流的溯源侵蚀能力相同，则分水岭只发生高度的降低，其位置不发生移动；如果一侧河流的溯源侵蚀能力超过另一侧，则分水岭不仅高度降低，位置也会随着溯源侵蚀能力弱的河流一侧移动。

此外，一条河流向源头方向加长可导致它与另一条河流交切，截夺后者上游的河水，造成河流袭夺。在袭夺发生处易形成近90°的急转弯，称袭夺弯。袭夺它河的河流，称为袭夺河；被袭夺者，称为被夺河，被夺河的中下游称为截头河，截头河的上游与袭夺河之间的干涸谷底称为风口。

第五节　河流的沉积作用

　　河流的溶运物质及部分悬运物往往要待搬运入湖、海以后，通过湖、海水的作用才会发生沉淀。而河流底运物及部分悬运物可通过侵蚀、沉积的反复过程不断向河口方向移动，并在河谷的适当部位，如在河口，最终沉淀下来。

一、沉积发生的原因

　　（1）流速降低。在河道由狭窄突变为开阔的地段、河流弯道的凸岸、支流的交汇处、河流的泛滥平原上、河流的入湖、入海处，等等，均会发生流速明显降低的现象。

　　（2）流量减少。其原因很多，如遇枯水期、河流被袭夺、在干旱区河水遭受强烈蒸发等。

　　（3）河流超负。山崩、滑坡以及洪水等将大量碎屑物注入河床，或单纯由于流量减少，均可使河流超负，使较粗的碎屑物在河床中沉积下来。这种沉积过程称为加积作用。河床因加积作用而抬高，并朝宽而浅平的方向演化。河水在宽而浅的河床上流过，会频繁发生分散与汇集作用，形成辫状河。辫状河的多条岔道及岔道间的沙坪均不稳定，其位置和宽度易于改变。

　　（4）河床底部变平。河床底部在某些地段变得比较平坦，导致涡流减弱，容易发生沉积。

二、冲积物

　　河流沉积的物质，称为冲积物。它具有下列特征：

　　（1）由碎屑物组成。主要为砂、粉砂、黏土，有时（如山区河流沉积）可出现较多砾石。黄金、金刚石等重要矿物可局部富集，形成矿产。

　　（2）分选性较好。流水搬运能力的变化比较有规律。近源区者，河道较窄，冲积物大小混杂；远源区者，冲积物经过长距离搬运，其大小趋于一致，分选良好。

　　（3）磨圆度较好。较粗的碎屑物质在搬运过程中互相摩擦，碎屑物与河底之间不断摩擦，促使其外形变圆滑，如河床中的卵石。

　　（4）成层性明显。河流沉积作用具有规律性变化。如在河床侧向迁移过程中，河谷同一地点在不同时期所处的部位是不断发生变化的，接受沉积物的特征就不一样。就同一地点而言，洪水期沉积物粗且量大，枯水期沉积物细而量少；沉积物颜色夏季较淡、冬季较深，等等。因而在沉积物剖面上表现出明显的成层现象。

　　（5）韵律性清楚。两种或两种以上有某种关联性的沉积物在平面上有规律地交替重复，称为韵律性或旋回性。典型的河流沉积物韵律包括下部的河床沉积（砂砾、粗砂）、中部的河漫滩沉积（粉砂）、上部的牛轭湖沉积（泥质）。它们是河床在侧向摆动时逐次沉积的产物，如河床反复进行侧向摆动，则可以形成若干个韵律。

（6）具有波痕、交错层等原始沉积构造。其波痕多为非对称形态，交错层主要呈单向倾斜。构成交错的物质除以砂为常见者外，可出现砾石，即由扁平、长条状的砾石呈单向倾斜排列而显示交错层。这是动能较强的山区河流所具有的特征。

三、冲积物的地貌类型

（一）心滩

心滩是由河床中部的沉积物构成的形态，形成于河流从狭窄流入开阔段的部位。最初形成的是雏形心滩。雏形心滩可因后来的冲刷而消失，也可通过进一步沉积而发展加大。由于雏形心滩的存在，过水断面缩小，水流速度增大，并促使主流线偏向两岸，从而使两岸遭受冲刷，发生后退，产生环流。这种环流不同于前叙的横向环流。这时，表层水流从中部分别流向两岸，底层水流从两侧流向中间，形成两股环流，促进河床中部发生沉积作用。流水携带的碎屑沿雏形心滩周围不断淤积，使之不断扩大和堆高，转变成心滩。心滩在洪水期被淹没，在枯水期露出。如心滩因大量沉积物堆积而高出水面，则成为江心洲（见图 5－12）。江心洲仅在特大洪水时才被淹没。一般来说，洲头（朝向流水流来的一端）不断侵蚀，洲尾不断沉积，江心缓慢向下游移动扩展。在移动过程中，几个小洲可能合并成一个大洲；江心洲也可能向岸靠拢与河漫滩相联结。

图 5－12　江心洲

（二）边滩与河漫滩

（1）边滩。即点沙坝，是横向环流将凹岸掏蚀的物质带到凸岸沉积形成的小规模沉积体。

（2）河漫滩。是边滩变宽、加高且面积增大的结果。在洪水泛滥时可被淹没。在丘陵和平原区，因河床底部开阔，多形成宽阔的河漫滩，其宽度由数米到数万米以上，可以大大超过河流本身的宽度。我国黄河、长江下游有极宽阔的河漫滩。黄河下游常因洪水在河漫滩上漫溢成灾。洪水漫溢时，水流分散，流速降低，加上滩面生长的植物阻碍了洪水的流动，泥质和粉砂等较细物质便在河漫滩上沉积下来，形成河漫滩沉积物。

河漫滩沉积物的下面常常发育砂和砾石等早先在床底及河漫滩中沉积的碎屑物，是河床曾在谷底上迁移的痕迹。河漫滩沉积物和下面的河床沉积物一起，构成了河漫滩二元结构。这种结构是丘陵及平原地区河流沉积物具有的普遍特征。

由于河床往复摆动，河漫滩不断扩大，相邻的河漫滩最终将连成一片，从而形成广阔的冲积平原，即主要由冲积物组成的平原。沿河床两侧常出现堤状地形，称为自然堤。其形成是因为洪水溢出河岸时流速骤然减低，较粗物质立即在紧靠河床的边缘部位沉积下来。为预防洪水泛滥，人们常加筑人工堤于自然堤上。

（3）三角洲。由河口部位的沉积体构成的形态。河流入海时，河水和海水混合，流速骤减，遂发生沉积。最简单的情况是河流注入淡水湖形成的三角洲，因河水密度和湖水一样，河水与湖水充分混合并迅速减速，从而发生沉积。一般规律是，在近河口处沉积较粗物质，稍远为中粒物质，更远为细粒物质。

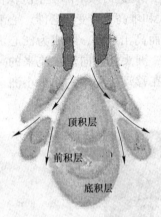

图 5 - 13　三层结构

在典型情况下，湖泊三角洲具有三层结构（见图 5 - 13）。其底部沉积于平坦的湖底，离河口较远，沉积物往往是黏土，产状水平，称为底积层；三角洲的中部离河口较近，沉积物较粗，具有向湖心倾斜的原生状，称为前积层；三角洲的上部沉积发生在湖面附近，主要由河流漫溢而成，沉积物比前两层粗，产状水平，称为顶积层。随着三角洲向前推进，顶积层可转变成三角洲平原。构成三角洲的这三部分在垂直方向上是上下关系，在横向上则是距河口远近的关系。

入海口形成的三角洲比湖成三角洲的结构复杂。入海口三角洲的前积层坡度比较平缓，仅仅是几度以内，但在水平范围上延伸很远。海成三角洲兼有海浪和潮汐所形成的物质，成分比较复杂。三角洲上常沉积大量饱含有机质的淤泥，它们经过长期地质作用，可形成石油和天然气。当今有不少三角洲已经成为石油和天然气的重要产地，如我国黄河三角洲和美国密西西比河三角洲等。

入海口三角洲的形成需要有以下条件：第一，河流的机械搬运量要大，形成三角洲的沉积物能够充分补给；第二，近河口处坡度要缓，海水要浅，可使三角洲得以扩大发展；第三，近河口处无强大的波浪和潮流冲刷，沉积物能得以充分保存。因此，三角洲不是在所有河口都能发育。如我国钱塘江口并未形成三角洲，因为这里的海湾和潮汐作用很强，大量的泥沙物质均被冲刷掉了。

三角洲的平面形态是多样的，有鸟嘴状、扇状等，如我国长江三角洲即为鸟嘴状。

第六节　影响河流侵蚀与沉积的因素

一、流速

流速指单位时间内水流流过的距离。河流的中等流速约为 5km/h，洪水期间的流速可增加到 25km/h。

从水流的横剖面观察，平直河道的最大流速位于中部，河道弯曲部位的最大流速位置偏于弯道凹岸。

流速是制约河流侵蚀、搬运与沉积的关键因素。高流速意味着河流侵蚀与搬运能力强，低流速则可导致其搬运物发生堆积。流速的轻微变化也会引起河流搬运的碎屑物发生变化。调查表明，最低流速所搬运的并非黏土和细粉砂，而是沙。原因是，前者颗粒细微而均匀，具有明显的分子引力，其物质质点之间能发生紧密的黏连，提高了抗侵蚀能力。

二、河床的坡度

山区河流的坡度约为 10~40m/km，平原区宽缓河流的坡度约为 0.1m/km 或更小。

坡度决定流速。坡度在河源头大，向河口方向逐渐减小，途中也可因岩性或构造等因素而局部性增大。

三、河床横剖面形态和河床的粗糙度

同样的河流截面积，越是宽浅的河床，河流与河床的接触面积越大，受到的河床摩擦阻力越大，流速越慢；而深窄的河床，河流与河床的接触面积较小，受到的河床阻力较小，流速越快。

河床的粗糙度即河床表面的粗糙程度，是由河床上的碎屑物颗粒粗细程度决定的。砾石质河床比粉砂、黏土质河床粗糙度大，对水流的摩擦阻力相应增大，流速必然要小。

四、流量

流量是单位时间内通过一定过水面积的水量。它取决于流域面积和降水量，并随季节而变化。在洪水期，河流的流量通过其支流水体的大量补给而急剧增加。持续的大暴雨可以使河流的流量增加数十倍。

洪水期增加的流量除用于加强河流的侵蚀和搬运能力，从而加深、加宽其河床外，必然会提高流速使其水体更快排泄。

在枯水期，流量及流速减低，致使大量的负荷物沉积下来。河流的流量向下游方向总是逐渐增加的。在干旱期，因河水被蒸发以及朝地下渗透，导致河流的流量向下游方向减少。

第七节　河流的均夷化与去均夷化

河流在其进行下蚀之初，纵剖面不规则，多急流与瀑布。随着沉积与侵蚀作用的进行，河床上的突起被削去，凹坑被填平，急流瀑布消失，纵剖面最终演变成为平滑的下凹曲线。达到这一状态的河流称为均夷河流。河流在外界条件保持稳定的状态下总是力图向均夷化方向发展。其标志是河流下蚀能力衰减。在外界条件发生变化，如地壳抬升的情况下，下蚀可再次发生，这种现象称为去均夷化，或河流的返老还童。它标志着河流由以旁蚀和沉积为主转为以下蚀为主。

引起河流发生去均夷化作用的因素主要有二：一是陆地上升或海平面下降，使河床抬高或侵蚀基准面降低；二是气候变化，如由干燥转为潮湿，结果流量增加，河流得以重新进行下蚀。

　　此外，人为因素也会改变河流的均夷化方向，如水坝的兴建，水坝将水面抬升后，下游因河流坡度增大，流速增快，侵蚀能力加强；水坝上游也因其侵蚀基准面被抬高（以水库的水面为局部侵蚀基准面），侵蚀能力减弱，沉积作用加强，侵蚀－沉积的平衡遭到破坏。

一、深切河曲

　　发育在宽阔平坦谷底上的自由河曲在去均夷化作用下，只要下蚀速度适当，原有河道可不受破坏而继承下来，致使河曲深切并嵌入基岩之中，这种河曲称为深切河曲（见图5-14）。深切河曲的弯道因旁蚀作用，使前后两弯之间的河湾颈部宽度逐渐变细，导致截弯取直。废弃的河道称为废弃河曲，被围绕的山嘴成为孤立残留的小丘，称为离堆山，或河曲核丘。

图5-14　深切河流及离堆山

二、河流阶地

　　已经形成河漫滩的河流因去均夷化而重新下蚀时，原来的谷底呈阶梯状残留在新的谷坡上，成为在河谷两坡的阶梯状地形，称为河流阶地（见图5-15）。阶地由一个平坦的表面和一个向河床方向急倾斜的陡坎组成，前者称为阶地面，后者称为阶地斜坡。阶地面上有河流沉积的黏土、粉砂、砂、砾石，阶地面高出河床数米到数十米，可对称地见于河谷两侧，也常单侧发育。阶地沿河流向可延展很长距离，而且洪水时不被淹没。因此，发育良好的阶地不仅是地壳抬升、去均夷化的标志，且通常是村落及交通线所在。

　　阶地面形成于河流旁蚀和沉积的阶段，阶地斜坡形成于去均夷化的阶段，均夷化与去均夷化的反复交替可形成多级阶地。阶地由低到高代表形成的时间由新到老，分别以一级、二级、三级等表示。

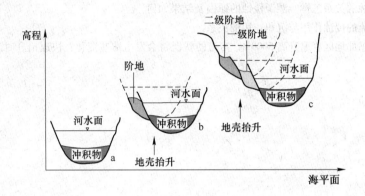

图 5 – 15　河流阶地

三、阶地类型

常见的阶地类型有如下几种：

（1）堆积阶地。距河床近，阶地面和阶地斜坡全由粗细不一的河流沉积物组成，无基岩暴露。

（2）基座阶地。阶地面上堆积有河流沉积物，阶地斜坡的下部可见基岩暴露。这表明早先河流曾切过冲积物而进入基岩之中。

（3）侵蚀阶地。距河床远，地势稍高，阶地面和阶地斜坡均见基岩裸露，阶地面上偶有零星河流沉积物分布。

需特别指出的是，在水平岩层地区，由于差异风化以及流水的差异侵蚀，在谷坡上可形成阶梯状，其平台由坚硬岩层组成，斜坡为松软的岩层组成。它不是河流去均夷化的产物，而是假阶地。

四、河流的演化

高地在遭受持续剥蚀的过程中，如果没有明显的构造运动发生，没有显著的海平面或气候变化，则河谷及有关地形的形成与发展将表现出连续而又有阶段性的特征。20 世纪早期，戴维斯（W. M. Davis）将这种连续而又有阶段性的河流地貌发展过程划分为幼年期、壮年期、老年期。

在幼年期，河流深切，河谷呈狭窄的 V 形，具有高山深谷地貌；在壮年期，河谷加宽，谷坡后退，河谷坡度变缓，分水岭的高度降低，且成浑圆状态；在老年期，地面变得平缓，仅有微弱的波状起伏，残存一些由抗风化剥蚀强的岩石构成的孤山，大部分地区被较薄的松散沉积物覆盖。这种老年期的地貌称为准平原，如江苏徐州地区的淮北准平原等。

 复习思考题

5 – 1　河流地质作用中哪些作用及其产物对探讨地质历史的事件最有意义，意义何在？

5－2　下蚀和旁蚀的关系怎样？溯源侵蚀的原因及结果如何？

5－3　试讨论河流的侵蚀作用与沉积作用的关系。

5－4　如果我国东部地区普遍升高5000m，河流的状况将会发生哪些变化？快速抬升时怎样？慢速抬升时怎样？

第六章 地下水及其地质作用

地下水广泛赋存于地面以下岩石空隙之中，其中的淡水量占全球淡水总量的 14%，在水资源中占有极为突出的地位，亦是改造地球外貌的重要外力因素。

第一节 地下水概述

一、地下水的赋存条件

（一）岩石的空隙

地下之所以能储存水是因为岩石或沉积物具有空隙，包括孔隙、裂隙和溶穴。岩石颗粒之间的空隙称为孔隙（见图 6-1）；岩石的裂缝即为裂隙（见图 6-2）；可溶性岩石受溶蚀后形成的孔洞称为溶穴（图 6-3）或溶洞。地下水皆赋存于岩石的空隙之中。

图 6-1 土壤的孔隙　　　图 6-2 岩石的裂隙　　　图 6-3 溶穴

孔隙的数量用孔隙度表示，是指单位体积岩石或沉积物（包括孔隙在内）中孔隙体积所占的比例。如以 n 表示孔隙度，V_n 表示孔隙体积，V 表示岩石或沉积物体积，其表示式为：

$$n = V_n \div V$$

决定孔隙度大小的主要因素包括：（1）颗粒的粗细。粗者（如砾石）孔隙度低，细者（如细砂）孔隙度高。（2）分选程度。分选好者高，分选差者低，如颗粒均匀的砂和砾石的孔隙度为 30%~35%，而砂与砾石混合物的孔隙度为 15%~20%。（3）颗粒的形状。近球形者高，不规则形状低。（4）胶结程度。胶结程度差者高，胶结程度好者低。此外，颗粒排列的疏密程度对孔隙度也有影响。如火成岩中岩石致密、气孔和裂隙均不发育者，其孔隙度极低。

岩石中裂隙的发育程度用裂隙率表示，它是岩石中裂隙的总体积和岩石总体积之比。岩石中洞穴的发育程度则以喀斯特率度量，它是溶洞总体积和岩石总体积之比。

（二）岩石的透水性

岩石的透水性是指岩石被水透过的能力，岩石透水性主要取决于岩石空隙的多寡以及空隙本身的连通性，空隙多且连通性好则岩石透水能力强，反之则弱。依据岩石透水性的强弱，可将岩层分为透水层和隔水层。如淤泥和黏土等不易透水，故称为隔水层；如果岩石空隙粗大并相互连通，水能自由透过，这种岩层称为透水层；透水层中如饱含地下水，则称其为含水层。

（三）地下水面

水井中的水会成一个自由水面。相邻水井的水面构成一个连续的面，即地下水面。此面以上的岩石其空隙被水和气体同时充填，称为包气带；地下水面以下的岩石空隙充满水，称为饱水带。地下水面就是饱水带的顶面。

二、地下水的化学成分

地下水通常无色无味，含有多种元素。含量较高的是克拉克值高且在水中有较大溶解度的 O、Ca、Mg、Na、K，以及克拉克值不高但溶解度大的元素，如 Cl 等。有些元素如 Si、Fe 等，虽然其克拉克高，但其溶于水的能力很弱，在地下水中含量一般不高。各种元素在地下水中主要以离子形式存在。如 Cl^-、Na^+、K^+、Ca^{2+}、Mg^{2+} 等，它们决定了地下水化学成分的基本类型。

地下水中各种元素的离子、分子和化合物的含量称为矿化度，常用单位为 g/L。根据其大小，可分为五种类型的水：矿化度小于 1g/L 的称淡水，1～3g/L 的称弱咸水，3～10g/L 的称咸水，10～50g/L 的称强咸水，大于 50g/L 的称卤水。矿化度的大小与水中所含离子成分有一定联系。矿化度低的以含 Ca^{2+}、Mg^{2+} 为主，矿化度高的以含 Cl^-、Na^+ 为主，矿化度中等的以含、Na^+、Ca^{2+} 为主。钙、镁盐类含量高的水称硬水，煮沸时会出现较多沉淀物。

三、地下水的补给和排泄

含水层从外界获得水，称为补给。大气降水是最重要的补给来源。此外，水位高于地下水面的河流与湖泊也是地下水的重要补给来源；相反，如果河流与湖泊的水位低于地下水面，地下水反而会向河湖排泄。土壤孔隙中水气冷凝形成的凝结水对干旱沙漠区的地下水有一定的补给意义。农田灌溉用水及来自其他含水层的水也能起补给作用。

含水层失水，称为排泄。排泄的渠道主要是泉、蒸发、泄流以及人工排泄与开采。

泉是地下水的天然露头，常见于山区及丘陵区的沟谷、山麓以及冲积扇的边缘。平原区泉就少得多。地下水受静水压力作用，上升并溢出地表所形成的泉称为上升泉，如喷泉；仅受重力驱使而向下自然流出的泉称为下降泉。

泉水的形成有多种途径，如含水层被侵蚀，地下水在流动中遇到透水性弱的岩石或隔水层的阻拦，断层充当隔水层阻挡地下水流，地下水沿断层上升等。济南是举世闻名的泉城，城内有 100 多个泉，大多数具有上升泉性质。原因是市区北侧地下水流经闪长岩及辉长岩体时遇阻，被迫上升而出露地表。

从补给区向排泄区流动的地下水称为地下径流。地下水在岩石的有限空隙中流动时，因摩擦阻力大以致流速缓慢。

第二节　地下水的类型

一、根据地下水埋藏条件的划分

（一）包气带水

包气带（见图 6-4）是介于地面与地下水面之间的地带。包气带中的水是以气体状态存在的气态水，或是因静电引起而吸附于颗粒、裂隙、溶穴表面的结合水，或是因毛细管作用而存在的毛细管水，以及"过路"重力水。过路重力水出现于雨后不久，这时下渗水的重力效应大于固体质点表面对水的引力，因而水向下运动。包气带水影响植物生长与土壤的物理性质，且不能被开采取用。

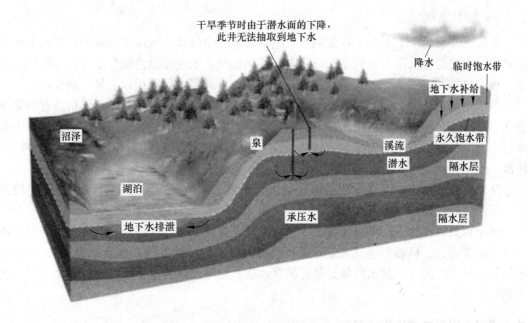

图 6-4　包气带、潜水、承压水示意

包气带中如有局部隔水层存在，隔水层以上的透水层便可局部蓄水。这种水称为上层滞水。它能自由流动，可以为人们所取用，但其水量不大，并有季节性变化；在补给充沛的季节水量大，在干旱季节水量少，甚至消失。在地形切割处，它能以泉的形式排泄。

（二）潜水

地面以下第一个稳定隔水层上面的饱和水称为潜水。它的上面没有稳定的隔水层，主要是通过包气带与大气相通。潜水层的顶面称为潜水面，即地下水面。

潜水面和下伏隔水层顶板之间的距离称为潜水层厚度；潜水面到地面的距离称为潜水的埋藏深度。

　　潜水面有高低起伏，水就顺着潜水面的倾斜方向从高处向低处流动，流动的速度很慢，每天仅数厘米或每年若干米。流速取决于潜水面的坡度和岩石空隙的大小。正是因为潜水运动的速度慢，具有一种堆积效应，以致潜水面的高度是在高地者高，低地者低。

　　深部的水因受上覆岩层的强大压力也可以运动，流向压力小的河、湖之中。

　　潜水存在于孔隙、裂隙或溶穴中，分布广泛。潜水的埋藏状况取决于自然地理环境和地质条件。山区由于地形强烈切割，潜水埋藏深度可达十余米、几十米或更深；平原区地形平坦，切割微弱，潜水埋藏一般在几米以内。同一地区潜水的埋藏深度具季节性变化，雨季或多雨年份补给充分，潜水面上升，埋藏深度变浅，且水量丰富；干旱季节或干旱年份则反之。与此相应的是：在雨量丰富及地形切割强烈的地区，潜水的循环和更新较快；在干旱气候地区潜水因蒸发而浓缩，其矿化度较高。潜水由于埋藏相对浅，分布范围广，是常用的水源。一般民用井都是取用潜水。

（三）承压水

　　承压水是充满于上下两个稳定隔水层间的含水层中的水。承压水因被围限在两个隔水层之间，承受着静水压力。当钻孔打穿隔水层顶板时，水便能沿着钻孔上升，甚至喷出地表，成为自流井。如地形条件不利，承压水只能上升到含水层顶板以上某一高度。

　　承压水是在岩性、地质构造、地形等条件相互配合下形成的，其中地质构造有决定性意义。最适宜的地质构造是向斜盆地或单斜盆地。如向斜盆地，含水层中心部分埋没于隔水层之下，两端出露于地表，含水层从高位一侧的补给区获得补给，向低位一侧的排泄区排泄，中间是承压区。

　　从总体看，承压水因含水层的面积较大、水量较丰富、排泄范围有限且动态比较稳定，因而是比较理想的地下水源。

　　承压水只有在含水层出露于地表，或在与地表连通处才能获得补给。如补给条件不佳且位于深部者，一旦被迅速且大量开采，就易出现水位持续下降，直至枯竭现象。因此，不能认为压力高的承压含水层就是最好的含水层，更不能认为这种水源可以取之不尽用之不竭。

二、根据含水层空隙性质的划分

　　（1）孔隙水。存在于孔隙之中，多呈均匀而连续的层状体分布，构成具有统一水力联系的含水层。主要见于第四纪松散沉积物及部分基岩的孔隙。

　　（2）裂隙水。存在于岩石裂隙中。裂隙的规模、密集程度、张开程度、连通程度各处不同，因此裂隙水的分布不均匀，且水力联系较差。此外，水的运动受裂隙方向及其连通程度的制约，并受补给条件的影响，因而裂隙水在不同部位的富水程度相差悬殊。有的部位裂隙发育密集、均匀且相互连通，则水的分布相对均匀，可彼此连接，有统一的水位，称为层状裂隙水；有的部位裂隙稀疏，分布不均匀，彼此隔绝或仅局部连通，水呈脉状分布，缺乏统一的水位，称为脉状裂隙水。

　　（3）岩溶水。存在于岩溶作用形成的溶隙、溶孔、溶穴中。该类水有含水量大，分布极不均匀的特点，同一标高范围内，或者同一地段，甚至相距几米，富水性可相差数十倍至数百倍。

第三节　地下热水

温度高的地下水称为地下热水，通常分为低温热水（20～40℃）和过热水（高于100℃）。地下热水出露地表的就是温泉（见图6-5）。富集有大量地下热水（包括水蒸气）并可供开采利用的地区称为地热田。地热田常集中分布在地温梯度高的地带。

图6-5　温泉

我国有丰富的地下热水资源，温泉有2000多个，近年来通过钻孔还不断发现新的高温热水。从温泉的分布来看，以东部大陆边缘和西南的云南贵州以及青藏高原最多，约占全国温泉的一半。其中，广东、福建、台湾已发现温泉500多处，水温大多在50～60℃以上，其中80～90℃以上的温泉有数十处。云南有温泉480处，水温在40～50℃以上的仅腾冲地区就有50多处，有的温度可达105～110℃。青藏高原有温泉200多处，许多还是高温间歇喷泉，泉水周期性喷发，水温在80℃以上，达到当地沸点。其中羊八井温泉为高温气泉，温度达92℃。四川也是温泉较多的省，有温泉280处。湖南、辽东半岛、太行山、吕梁山等地也有不少温泉分布。

第四节　地下水的运动

一、渗流

地下水主要在多孔介质（岩、土体）中运动，多孔介质由固体和空隙两部分组成，水受固体边界的约束，只能在空隙中运动。由于固体边界的几何形状十分复杂，使得空隙中地下水的运动要素分布变化无常，若从这个微观水平研究地下水的运动是不可能的，故此应从宏观水平来看地下水的运动。

为此设计一个假想的流场，这个流场不会将水约束在空隙中，而是让假想的水流充满整个多孔介质（空隙和固体部分），而且这种假想水流的阻力与实际水流在空隙中所受的阻力相同，这种假想水流便是宏观水平的地下水流，我们称之为"渗流"，它所占据的空间称之为"渗流场"。

二、相关运动要素

（一）流速

关于地下水的流速，涉及渗流流速和实际流速两个概念。渗流流速是在假想的流动状态下，假想地下水水流充满整个多孔介质（空隙和固体部分），故相对于实际情况，它的过水断面面积大，所以渗流流速要小于实际流速。它们之间的关系是：

$$v = nu$$

式中，v 为渗流流速；u 为实际流速；n 为孔隙率。

（二）水头和水力坡度

水头的广义定义是任意断面处单位重量水的能量，等于比能（单位质量水的能量）除以重力加速度。含位置水头、压力水头和速度水头。对于地下水，渗流场内任意点水头值的大小可以用从基准面到揭穿该点井孔水位处的垂直距离来表示。

地下水在空隙介质中流动会引起水头损失（机械能转化为热能）。渗流场内，沿着流线各点的水头值不等，若用铅直线段表示各点的水头值并将线段顶端连成线，则此线称为水头线。它沿着流向倾斜，说明地下水是由水头高处向低处运动。水头线的形状可能是下降的直线，也可能是下降的曲线。

渗流场内水头值相等的点连成的面或线称为等水头面或线，沿等水头面或线的法线方向水头变化率最大。沿法线方向的水头变化率称为水力坡度。

三、达西定律

法国水力工程师亨利·达西在装有均质沙土滤料的圆柱形筒中做了大量的渗流实验，于 1856 年得到渗流基本定律，后人称之为达西定律，其形式为：

$$Q = KA \frac{H_1 - H_2}{L} = KAJ$$

式中，Q 为渗透流量；A 为渗流断面面积；H_1、H_2 为 1 和 2 断面上的测压水头值；L 为 1 和 2 两断面间的距离；J 为水力坡度，圆筒中渗流属于均质一维流动，渗流段内各点的水力坡度均相等；K 为比例系数，称为砂土的渗透系数（也称水力传导系数）。达西定律的另一表达形式为：

$$v = Q/A = KJ$$

式中，v 为渗流速度，又称达西速度，渗流速度和水力坡度成正比，所以称它为线性渗透定律，说明此时地下水的流动状态为层流。K 是渗透系数，是一个极其重要的水文地质参数，它反映岩层的透水性能，是地下水计算中一个不可缺少的指标。那么渗透系数的大小取决于哪些因素呢？我们做一个实验：在同样大小的水头差作用下，用油和水分别去渗透同一块土，尽管它们水力坡度相等，然而，由于油的黏滞性大和重率小，使得两者的渗透速度不相等。这个事实说明，一块土的渗透系数大小不仅取决于介质的空隙性，而且还取决于渗流液体的物理性质。对于介质的空隙性而言，空隙的大小对渗透系数的大小起着主要作用,而空隙率起着次要作用。

第五节 地下水的地质作用

一、地下水的侵蚀

地下水的侵蚀主要表现为它的潜蚀作用,包括以下两种方式:

(1)冲刷。地下水流分散,流速缓慢,冲刷力微弱,但是,长时间的冲刷也可以造成大型孔洞并引起表层塌陷。洞穴规模增大的地下水流速较快,冲刷力增强。黄土主要由粉砂组成,颗粒细小、结构松散,且含有碳酸盐类矿物,因而最易被地下水冲刷和破坏。

(2)溶蚀。地下水含有 CO_2,对石灰岩及含碳酸盐类矿物的岩石能起溶蚀作用。其反应式如下:

$$CaCO_3 + CO_2 + H_2O \Longrightarrow Ca^{2+} + 2HCO_3^-$$

分解而成的 Ca^{2+} 和 HCO_3^- 随水流失。

由于地下水是在岩石空隙中运动,流速缓慢,水与岩石的接触面较大,因而其溶蚀作用显著。在湿热气候条件下,溶蚀是可溶性岩石遭受破坏的主要原因,并因此形成一种特殊的地貌——喀斯特(岩溶)。它是指由地下水(兼有部分地表水)对可溶性岩石进行以化学溶蚀为主、机械冲刷为辅的地质作用以及由这些作用形成的地貌。

二、喀斯特(岩溶)

喀斯特是前南斯拉夫西北部沿海一带石灰岩高原的地名,那里发育着各种奇特的石灰岩地形。19世纪末,前南斯拉夫学者斯威治(J. Cvijic)首先借用喀斯特一词来称呼石灰岩地区这种特殊的地质作用、地貌景观和水文现象。我国20世纪70年代曾用"岩溶"代替"喀斯特",后改为"岩溶"和"喀斯特"并用。

(一)喀斯特地貌

喀斯特作用形成的地貌奇特而优美。"桂林山水甲天下,阳朔山水甲桂林"是对这种地貌景观的美好赞颂。

(1)溶沟和石芽(见图6-6)。溶沟是石芽表面上的沟槽。沟槽的宽度和深度一般由数厘米到数米,形态各异。沟槽之间的脊称为石芽。其形成是由地表水流沿可溶性岩石表面进行溶蚀和冲刷所致。形体高大、沟坡近于直立且发育成群者,称为石林。常见于湿热带地区。我国云南路南县的石芽最高达30m以上,峭壁林立,十分壮观。

(2)落水洞(见图6-7)。地表水沿近垂直的裂隙向下溶蚀,形成直立或陡倾斜的洞穴,下接地下河或溶洞,是地表水转入地下河或溶洞的通道,这种洞穴称为落水洞。落水洞一般深10余米至数十米,最深达100m以上。

(3)溶斗。又称漏斗。平面呈圆形或椭圆形,直径一般由数十米到数百米,深度常为数米或数十米,最深达400多米。纵剖面形态有碟状、锥状和井状等。底部常有洞,引导地表水向下排泄。

　　图6-6　溶沟和石芽　　　　　　　　图6-7　落水洞和暗河

　　地表水流沿垂直裂隙向下渗漏、溶蚀时，先在松散沉积物之下的基岩形成隐伏的小洞，随后空洞发展扩大，导致上部堆积体和基岩崩落、塌陷，形成溶斗。溶斗被坍塌物堵塞后，可积水成湖，称为喀斯特湖。

　　（4）干谷和盲谷。发育在河床中的落水洞吸收河水使其转入地下，河流因之被截断。落水洞以上有水流的河谷段继续受河流侵蚀，河床降低，落水洞以下的河谷段因断水逐转变成干谷。干谷底相对高起。有水的河谷段与高起的干谷相接，河谷就好像进入了死胡同，这种向前没有通路的河谷称为盲谷。

　　（5）峰丛、峰林和孤峰。峰顶尖锐或呈圆锥状突出而基部相连，宏观上似丛状者称为峰丛，它是喀斯特发展较早阶地的地貌。峰体上部挺立高大，基部仅少许相连或未连，称为峰林。耸立于喀斯特平原上的孤立山峰称为孤峰。它是峰林进一步发展的结果。其相对高度一般为50~100m，较峰林为低，为喀斯特发育晚期的产物。

　　在喀斯特山地中，通常峰丛位于山地中部，峰林位于山地边缘，而孤峰则耸立于平原之上。

　　（6）溶洞。是地下水沿可溶性岩层的构造面（层面、断裂面等）活动，使其剥蚀、崩塌而形成的地下洞穴。初期，联系通道小，地下水运动缓慢，以溶蚀为主；随后，孔洞扩大，相互串通，以致水流量大，动能增大，引起冲刷。在陡立构造带发育的溶洞多为直立或陡倾斜狭长状；在平缓构造带发育者多呈水平状横向伸展。沿潜水发育的溶洞常表现为迂回曲折、时宽时窄、狭长规模较大的水平溶洞系统。美国肯塔基州的猛犸洞长达240km，为世界之冠。一些延伸较长的溶洞是地下暗河和暗湖的所在。

　　当地壳上升，潜水面下降时，因地下水而发育的溶洞可被抬高而成为干洞。随后，如地壳在较长时间内保持稳定状态，在新的潜水面附近可发育另一溶洞系统。如果地壳多次间歇性上升，就造成多级溶洞。各级溶洞的高度常与河流阶地高度一一对应。如江苏宜兴善卷洞有上、中、下三层，相互连通。

　　（7）溶蚀谷与天生桥（见图6-8）。溶洞或地下暗河因其洞顶塌陷而暴露于地表，成为两壁陡峭的谷底，称为溶蚀谷。地下河洞顶如有局部残留就构成天生桥。

图 6 - 8　天生桥

（8）喀斯特洼地与喀斯特平原。溶斗扩大，相邻溶斗连接合并，形成统一的盆状洼地，称为喀斯特洼地。面积常达数至数十平方千米。洼地内常有漏斗或落水洞，洼地底部较平坦，有残积或冲击土层。广西的喀斯特洼地很多，直径由数百米到 1～2km，底部尚有厚约 2～3m 的红土，表层为耕地。

如地壳长期保持稳定，侧向溶蚀作用就能充分进行，喀斯特洼地可进一步发展成为高程低、面积大（可达数百平方千米）的广阔平原，成为喀斯特平原。

我国南方喀斯特地貌面积广大，种类齐全，世界罕见，研究性很高。其形态优美，山水交融，是世界闻名的旅游胜地。

（二）影响喀斯特发育的因素

（1）气候。雨量及气温关系到水的冲刷以及溶蚀的速度和强度。气候潮湿、降雨量大以及常年气温较高是喀斯特发育的有利因素。因而，我国广西、云南、贵州、广东、四川等地喀斯特普遍发育；我国西部和北方由于气候干燥寒冷，喀斯特发育缓慢。

（2）岩石性质。喀斯特发育的物质基础是具有可溶性岩石，包括卤族盐类（如岩盐、钾盐）、硫酸盐类（如石膏、硬石膏和芒硝）、碳酸盐类（如石灰岩、白云岩及富含碳酸盐成分的碎屑沉积岩）。这三类岩石中，卤族盐类及硫酸盐最易溶解，但分布面积有限；碳酸盐类岩石虽然溶解度相对较小，但分布广泛，对于喀斯特发育最为重要。

在碳酸盐类岩石中，最有利于喀斯特发育的是较纯的石灰岩，而白云岩与含泥质、硅质等杂质的石灰岩，喀斯特发育程度减弱。

岩石结构对喀斯特发育也有影响。一般来说，粗、中粒晶质结构的岩石因其空隙较大，故比细微晶粒者更为有利。

（3）地质构造。断裂破碎带有利于喀斯特发育。如果断裂延伸远，且张裂程度大，则更有利。在两组断层相交的地段，溶斗、溶洞极易形成。向地下深处，裂隙逐渐消失，延伸透水性降低，喀斯特趋向于消失。

褶皱也影响喀斯特发育。背斜轴部及其倾伏端、向斜轴部及其翘起端，是喀斯特发育的有利部位。

岩层产状也有影响。岩层水平时，喀斯特可沿水平方向充分发展；岩层陡立时，喀斯特向下发展，但规模不大；岩层缓倾时，水的运动和扩展面较大，喀斯特发育较好。

同一地区、同一种岩石在其不同地段，由于受到不同的地质构造因素制约，其喀斯特地貌往往具有显著差别。对此必须洞察。

（4）水的作用。包括水的溶蚀能力和水的流动性。水的溶蚀能力主要取决于水中二氧化碳的含量；它因发育溶解作用而消耗，又通过大气的扩散而得到补充。但扩散补充的过程一般很慢，若气温高则可加速这一过程。热带石灰岩的溶解速度比寒带的快（估计要快4倍），除了因气温高、溶解反应速度较快以外，二氧化碳能得到较快补充也是一个重要原因。

地表水和地下水的流动性，涉及流速、流量和交替循环的强度等方面，它们都影响水对岩石的破坏能力。而水的流动性又受到岩石的透水性、排水条件、地下水的排泄和补给情况等因素的制约。

（5）构造运动。构造运动的稳定性决定着喀斯特地貌演化的进程。在地壳处于相对稳定的条件下，如果气候因素无重大变化，喀斯特地貌的形成和发展可按以下阶段进行：

1）早期。地表水沿岩层表面的裂隙向下流动，形成大量溶沟和石芽、少量落水洞和溶斗，出现地下河道。

2）中期。溶斗和落水洞扩大，地表密布着规模不等的喀斯特洼地、干谷，除主要河道外，地表水流大都进入地下河道，形成完整的地下水系。

3）晚期。溶洞进一步扩大，地下河及溶洞的顶部不断坍塌，地面破碎，许多地下河变成明流，形成溶蚀谷、天然桥、喀斯特洼地以及峰林。

4）末期。溶洞顶部进一步坍塌，地下河均转变为地表水系，地面高程降低，残留少数孤峰或残丘，出现喀斯特平原。

三、地下水的搬运作用和沉积作用

（一）搬运作用

除溶穴水能有较强的机械搬运能力外，其他地下水主要以真溶液及交替溶液两种方式进行搬运。搬运物以重碳酸盐为主，有时也有氧化物、硫酸盐、氢氧化物、二氧化硅、磷酸盐、氧化锰以及氧化铁等。

（二）沉积作用

（1）按沉积的方式可分为：

1）机械沉积。地下暗河流到开阔地段时，因流速降低，便将其携带的碎屑物如细砾、砂和黏土等堆积下来。它们略有分选和磨圆，总体量少，有时混有某些有用矿物。对这些矿物进行研究，可帮助确定地下水的补给源地，甚至指导寻找盲矿体。

2）化学沉积。以化学方式搬运的物质所发生的堆积作用称为化学沉积。引起化学沉积的主要原因有：①当地下水上升，流出地表，或者在开阔处，水中所含二氧化碳因压力降低而溢出，导致水中 $Ca(HCO_3)_2$ 分解成 $CaCO_3$ 而沉淀；②水温降低，尤其是温泉流出地表时，水温剧降，在泉口附近发生沉淀；③水分蒸发，使溶液的浓度增加而产生沉淀。此外，以胶溶体搬运的物质则是通过胶凝作用发生沉淀。

（2）按沉积发生的场所可分为：

1）孔隙沉积。松散沉积物孔隙中的沉积，如 $CaCO_3$、$Fe(OH)_3$、SiO_2 等，对松散沉积物起胶结作用。如果孔隙沉积围绕某一矿物颗粒发生，可形成结核。如黄土中的钙质结核与铁锰结核。

2）裂隙沉积。在岩石的裂隙中沉积，可形成脉状沉积体，如方解石脉、石英脉等。

3）溶穴（洞）沉积。富含 $Ca(HCO_3)_2$ 的地下水，沿着孔隙、裂隙渗入空旷的溶穴（洞），由于温度与压力改变，二氧化碳散出，加之蒸发作用加强，通过化学沉积方式沉淀出 $CaCO_3$。如泉水自洞顶下滴，边滴边沉淀，可形成自洞顶向下垂直生长的石钟乳。有一种细而长的石钟乳，形似下垂的一根根挂面，称为鹅管。石钟乳横切面具有同心环带，中心常是空的。渗水滴落洞底后，$CaCO_3$ 在洞底沉淀并向上生长，形成石笋。石笋的外形一般为岩锥状、塔状，横切面具有同心环带及细纹，是实心的。

如果水滴的饱和度大，跌落的高度小、滴水量小，石笋的顶端便呈浑圆状突起；如果水滴跌落的高差大，滴水量大，石笋的顶端便呈坑状内凹。由于石笋是从洞底向上长的，洞内的温度状况就在石笋的同心纹上留下敏感的记录。测定各自同心纹的 $CaCO_3$、所含的 ^{16}O 与 ^{18}O 的比值，可判定洞内气温的变化进程。这是研究第四纪全球气候变化的重要途径。

石钟乳与石笋长大后连成一体，称为石柱。石钟乳、石笋、石柱合称为钟乳石。此外，如果水沿着洞壁渗出，在洞壁上就形成石帘、石帷幕、石瀑布和石幔等形态各异的沉积层。

洞穴中常有呈脉状或囊状产出的磷灰石堆积体。其生成是由于穴居动物的骨骼、粪便聚积或磷质成分从围岩中淋滤而出，富集时可作为磷矿床开采。

目前有三种测定洞穴内钟乳石生长速度的方法：①对石钟乳、石笋等的长度进行定期测量。②用放射性同位素 ^{14}C 年龄测定法测定。如对桂林甑皮岩中的石钟乳、石笋和钙华板作 ^{14}C 年龄测定，石钟乳的横向增厚速度为 0.11mm/a；石笋的横向增厚速度为 0.05mm/a；钙华板的沉积速度为 0.133mm/a。③用历史的方法算。例如，桂林龙隐岩洞壁上有一处宋代张敏中等 13 人的题名石刻，石刻面上垂下一枝长约 1.6m 的石钟乳，借历史年代推算该石钟乳已有 800 多年，其生长速度约为 2mm/a。

4）泉口沉积。发生在泉出口处。沉积物疏松多孔，称为泉华。钙质的称为钙华或石灰华，硅质的称为硅华。我国云南、贵州一带碳酸盐岩发育，除喀斯特地貌外，钙华也非常发育。

 复习思考题

6-1　找寻地下水在某种程度上就是要找寻适宜的地质构造，应怎么样理解这一看法？

6-2　在你的家乡或你熟悉的地方，地下水属于哪种类型？有何特点？

6-3　调查一个井水水位的变化情况，分析引起水位变化的因素。

6-4　地下水的开发与利用应注意哪些问题？

6-5　根据桂林山水甲天下之说，分析桂林风景秀美的地质原因。

第七章 风的地质作用

风是运动的大气，风的地质作用包括对岩石的破坏、搬运、沉积，风可剥蚀和破坏基岩，并能搬运堆积砂和尘土。在气候潮湿、地面植被茂密的地区，风不易产生地质作用；在气候干旱、半干旱地区，风促使地表岩石破碎、物质迁移、地形改观，可产生显著的地质作用。因此，风是这些地区主要的地质作用之一。

第一节 风的剥蚀作用

一、风的剥蚀作用

风的剥蚀作用指风自身的力量和所携带的砂土对地表岩石进行破坏的地质作用。风的剥蚀作用简称为风蚀，包括吹扬和磨蚀两种方式。

（1）吹扬。风将地表砂砾和尘土扬起吹走。空气流动，在达到一定速度，或者速度发生某种改变的情况下都会出现紊流及涡流，产生上举力，从而引起吹扬。吹扬作用在风速大、地表干旱、植被稀少及松散物覆盖区尤为强烈。所以吹扬作用主要见于沙漠及海滩等地。

在广阔的戈壁滩或狭窄的风口地带，人们可以感受到风的巨大力量。

（2）磨蚀。风力扬起的碎屑物对地表发生冲击和摩擦，以及碎屑物颗粒相互冲撞和摩擦。风速大，则扬起的碎屑物颗粒大，磨蚀能力强。一般说来，在距离地面 $0.5 \sim 1.5\text{m}$ 高度范围内，由风力扬起的粗碎屑物最多，因为磨蚀最强烈。沙漠地区建筑物的墙角和电线杆基部磨蚀较重就是这一原因。

松软岩石最易遭受磨蚀。坚强的石块则可被磨蚀成具有多个磨光面、边角清晰圆滑的风棱石。其形成是因为强风对裸露石块的定向吹扬，使石块某个表面遭受磨蚀，形成光滑面，如此反复进行作用的结果。

二、风蚀地貌

（1）风蚀洼地。由松散物质组成的地面，因风蚀而形成的洼地（见图 7-1）。洼地的底面如达到地下水面，便成为沙漠中的绿洲。

（2）风蚀谷、风蚀残丘。由暴雨、洪流形成的经风蚀作用而扩大的谷地称为风蚀谷（见图 7-2）。风蚀谷常常蜿蜒曲折，宽窄不一，底部崎岖不平。随着风蚀谷不断扩大联结，地面仅残留许多孤立的高地，称为风蚀残丘（见图 7-3），高度

图 7-1　风蚀洼地

一般为 10~20m。层叠状的平顶残丘，犹如毁坏的古城堡，称为风蚀城。新疆东部吐鲁番盆地的库姆达格沙漠北部以及柴达木盆地都有由砂岩、页岩及泥岩构成的风蚀城。

图7-2 风蚀谷

图7-3 风蚀残丘

（3）岩漠。岩漠是基岩裸露、荒无人烟的地区。由于气候干旱、植被不发育、物理风化强烈，在长期的风蚀作用下，基岩裸露，常形成各种风蚀产物，如风蚀蘑菇、风蚀柱与蜂窝石等。一般分布于干旱气候区大山脉的前缘低山地带。我国岩漠主要分布在天山、昆仑山、祁连山的前山带，面积约有 $1.6 \times 10^5 \text{km}^2$。

1）风蚀蘑菇与风蚀柱。因气流在近地面部分所含砂粒较多，一些孤立突出的岩石近地面处被磨蚀较多，形成上大下小的蘑菇地形，称为风蚀蘑菇（见图7-4）。垂直节理发育的岩石经长期风蚀后，形成孤立的柱状岩石，称为风蚀柱（见图7-5）。

图7-4 风蚀蘑菇

图7-5 风蚀柱

2）蜂窝石（石窝或风蚀壁龛）。形成于陡峭石壁上的大小不等、现状各异、似蜂窝状的孔洞和凹坑（见图7-6）。

此外，还有风蚀"金字塔"（见图7-7）、风蚀寿桃、风蚀陡山（见图7-8）、风蚀桥（见图7-9）等地貌景观。

图 7 - 6　蜂窝石　　　　　　　　　　　　　图 7 - 7　风蚀"金字塔"

（4）砾漠。砾漠是地势起伏平缓、由砾石组成的荒无人烟的地区，蒙古语称为戈壁（图 7 - 10）。它们为原内陆山前冲积 - 洪积平原由于长期的风蚀作用改造而形成的。其中细小碎屑物被风搬运走，保留下较粗大碎屑。这些砾石常被磨蚀成风棱石。我国砾漠主要分布在河西走廊、柴达木盆地和塔里木等盆地边缘的山前，面积约有 $2.4 \times 10^5 km^2$。

图 7 - 8　风蚀陡山　　　　　　　　图 7 - 9　风蚀桥　　　　　　　图 7 - 10　戈壁

第二节　风的搬运作用

风把从地表吹起来的松散碎屑物质搬运到他处的过程，称为风的搬运作用。风的搬运能力极强，一般与风力的大小成正比；与碎屑物的粒度大小成反比。由于风力的强弱、被搬运物质的大小和密度不同，风的搬运方式也不同，通常有悬移、跃移和蠕移三种方式。

一、悬移

细而轻的砾粒在风力的吹扬下悬浮于气流中移动，简称悬移。颗粒越细搬运距离越远。当风速达 5m/s 时，就能使粒径小于 0.2mm 的砂粒悬移。而粒度小于 0.05mm 的粉砂粒可长期随风飘扬至很远的地方。如我国新疆、内蒙古的尘土可被风吹送至黄土高原，或者更远。

二、跃移

砂粒在风力的作用下以跳跃方式前移，简称跃移。是风力搬运作用中最主要的方式，其搬运量约为总搬运量的 70% ~ 80%。跃移物多是粒径为 0.2 ~ 0.5mm 的砂。

三、蠕移

当风蚀较小或者地面砂粒较大（粒径大于 0.5mm）时，砂粒沿地面滚动或滑动，称为蠕移。在风速较低时，它们时行时止，每次只能移动几厘米；随着风速增大，不仅移动距离增大，而且移动的砂粒增多，甚至整个地面的砂粒都向前移动。蠕移的搬运量占风力总搬运量的 20% 左右。

占搬运量 90% 的跃移和蠕移物质主要是 0.2 ~ 2mm 的砂，它们主要富集在离地面高度 30cm 以下，尤其是在 10cm 以下，紧贴着地面运行，其搬运距离一般较近。

第三节　风的堆积作用

被风搬运的物质由于风速的减弱发生沉降堆积，或因地面上各种障碍物（如山岳、石块、树木、草丛、建筑等）的阻拦而发生遇阻堆积，就形成风积物。

一、风积物的特点

（1）全为碎屑。主要是砂、粉砂以及少量黏土级的碎屑物，粒度在 2mm 以下。颜色多样，但主要为黄色、灰色、红色等。

（2）极好的分选性。是陆相沉积物中分选性最好的，这是由风搬运的高度选择性所决定的。

（3）极高的磨圆度。由于气流中砂粒的碰撞概率较大，即使是很细的粉砂也具有较高的圆度，砂粒常被磨成毛玻璃球状。这是其他类型沉积物中所没有的。

（4）碎屑中矿物成分以石英、长石等为主，还可见到一定数量的辉石、角闪石、黑云母等。

（5）常见有规模极大的斜层理和交错层理，其形成与风积物移动形式有关。

二、风积地貌

风积地貌主要有两类：一类是由风成砂堆积的地貌——沙漠；另一类为粉砂和尘土堆积的地貌——风成黄土。它们在空间分布上有严格的规律性：粗的碎屑物首先堆积下来形成沙漠，随后是细砂、粉砂，最后堆积的是黄土。

（一）沙漠

沙漠是气候干旱（年降雨量小于 250mm 或蒸发量大于降水量）、地势平缓、风成沙大片覆盖的地区。风成沙成片分布，在风力作用下形成沙堆，然后进一步发展演化成大小不等、形态各异的沙丘。常见的有以下类型：

（1）新月形沙丘（见图 7 - 11）。平面上呈新月形，沙丘两侧有顺风向延伸的近似对称、略向内弯曲的两个尖角。高几米到十几米，宽几十到几百米。两坡不对称，迎风坡平缓微凸，其坡度缓，约 10° ~ 20°；背风坡又称为落沙坡，坡形微凹，坡度陡，一般在 30° ~ 35°。新月形沙丘是在单向风的不断改造下形成的。风在搬运过程中，沙丘的迎风坡遭受侵蚀，沙粒从迎风坡向前运动到背风坡处向下滑落，形成稳定的坡面沉积下来。在沙粒供应有限的情况下，新月形沙丘常分散而孤立；在砂粒供应较丰富的情况下，它可以成群出现。当新月形沙丘不断扩大或因不同大小的沙丘移动速度有差别时，两个以上的新月形沙丘可以连结起来，构成新月形沙丘链。

图 7 - 11　新月形沙丘

（2）横向沙丘。是由规模巨大的新月形沙丘链复合而成，沙丘总的延长方向与盛行风向直交，故又称为横向沙垄。它形成于沙粒供应丰富且主风向基本固定的地区。横向沙丘覆盖面积往往很大，像是波涛汹涌的海洋，所以又称为沙海。

（3）纵向沙丘。顺着主风向延伸，互相平行的长条形垄岗。故又称为纵向沙垄。其高度约 10~50m，最大可达 100m，长度数百米至数万米，彼此间距几百米甚至几千米，较为开阔。纵向沙丘内部有交错层，交错层向两侧倾斜，其倾向与砂脊走向垂直，两坡近于对称。

（4）星状沙丘。又称为金字塔形沙丘，是由风力相差不大的几个方向气流造成的。它具有较高的顶，从顶点向四周呈放射状伸出三条或更多条沙脊，每条脊代表一种风向。沙体高度一般为 50~100m，由几个近似三角形的斜面包围而成，斜面坡度一般在 25°~30°之间。

沙丘在风的持续吹动下，能较快地向前移动，每年移动距离可达数米至数百米。它可以掩没田园、村庄和道路，给人们带来极大的危害。如甘肃勤县原有青松堡、沙山堡、南乐堡等 20 多个村庄和两万多亩土地，近 300 年来在风沙的不断侵袭下，几乎全被掩没了，仅剩下 3 个村庄和 3000 多亩土地。

（二）风成黄土

风成黄土是另一种风积地貌，是干旱、半干旱地区一种特殊的第四纪沉积物，是由风携带着悬移物质（粉砂和尘土）吹向远方，随着风力的减弱而沉降下来，并形成黄土。

风成黄土为棕黄色的疏松土状堆积物；层理不显但垂直节理发育；矿物主要为石英和长石，还有较多的黏土矿物和不稳定矿物，与下伏基岩无关。当风成黄土形成后，往往遭受其他地质作用，从而发生再剥蚀—搬运—再沉积，形成次生黄土。

黄土主要分布在沙漠的外围、半干旱气候区的草原地带。石阶上黄土分布面积占整个陆地面积的1/10。广泛见于我国黄土高原、乌克兰、阿根廷、美国中部、捷克、苏丹等地。我国是多黄土的国家，黄土的面积达 $6.0 \times 10^5 km^2$，约占我国陆地总面积的6.6%。主要分布在阴山以南、秦岭以北的辽阔地区，包括山东、河北、河南、山西、陕西、甘肃、青海、新疆等省区，主要围绕沙漠由西北到华北到东北，呈弧带状展布。一般厚度为30~80m，最大厚度为400m，西北厚，东南薄。最大厚度见于陕西、甘肃一带。

在黄河中游，黄土展布面积约有 $4.0 \times 10^5 km^2$，形成海拔在1000~1500m之间的黄土高原，黄土厚度多为50~80m，在陕西、甘肃一带，最大可达150~180m。其分布面积和厚度均居世界之冠。

在以流水侵蚀为主导的外力作用下，形成了具有特征性的各种黄土地貌，主要有塬、梁、峁。塬是流水下切形成的四边陡、顶上平的高地。梁是一种长条状的黄土高地。峁是具浑圆顶部的黄土小山包，俗称黄土高坡，是下伏地形的反映。

 复习思考题

7-1 风积物与冲击物有何不同？
7-2 请比较风力搬运与冲积物的异同。

第八章 海洋的地质作用

地球表面被各大陆地分隔为彼此相通的广大水域，称为海洋，其总面积约为 3.61 亿 km^2，约占地球表面积的 70.8%，约为大陆面积的 2.4 倍。在地质历史中，海陆变迁，沧海桑田，海洋的地质作用对地壳的演变起着极为重要的作用。

第一节 海洋概论

一、海洋的概念

海洋是地球上广大而连续分布的咸水体的总称，是地球水圈最重要的组成部分。地球上的水约有 97% 存在于海洋中；海洋占地球表面积的 70.8%，覆盖的面积达 $3.61 \times 10^8 km^2$。

海洋是由海和洋构成的。一般近陆为海，远陆为洋，水体相通。大洋约占海洋面积的89%，水深一般在 3000m 以上，最深处可达 1 万多米。洋底地貌可以分为大洋中脊和深海盆地两大类型。现今全球分布着四大洋：太平洋、印度洋、大西洋、北冰洋。海的面积约占海洋的 11%，水深比较浅，平均深度从几米到两三千米。海紧连大陆，受陆地、河流、气候的影响较大。被岛弧、半岛或其他水下高地隔开的水域称为边缘海，如南海、菲律宾海、加勒比海等；深入大陆内部，通过海峡与相邻的海洋、海湾进行有限沟通的水域称为内陆海（陆表海），如渤海、波罗的海等。

海洋一直以其宽阔的胸怀容纳百川及其携带的物质，调节全球环境系统，支撑着生命的繁衍，也是维系人类可持续发展的资源宝库。

二、海水的化学组成

海洋水（简称海水）是指含有多种溶解物质的水溶液，其中水约占96.5%，其他物质约占3.5%。海水中溶解的化学元素约有80余种。其中以 Cl^-、Na^+ 离子最多，所以海水是咸的。海水中溶解的气体主要有 O_2 和 CO_2。海水中尚含有 Au、Ag、Ni、Co、Mo、Cu 等数十种微量和稀有元素。如果把海水加以提炼，可得到 $4 \times 10^{16}t$ 盐，$5.50 \times 10^6 t$ 黄金，$4 \times 10^8 t$ 白银，海底铁矿储量是陆地的 30 倍。广泛分布的洋底锰结核是一种锰、铁、镍、钴、铜等多金属结核，总储量达 $2.74 \times 10^9 t$。洋底沉积物中 Mn、Co、Ni、Cu 的金属储量可供人类开采使用 1 万年以上。目前不少发达国家正在积极从事深水开采方法的研究，我国也在开展这方面的研究工作。

三、海水的物理性质

海水的密度一般为 $1.02 \sim 1.03 g/cm^3$，略大于蒸馏水。随各处温度、压力及含盐度的变化而改变。海水的压力随深度的增加而增加。海水深度每增加 10m，其压力增加 $1.013 \times$

10^7Pa，可以使木材的体积压缩 1/2 而下沉。水深 7600m 处的压力可以使空气获得水一样的密度。

海水的颜色取决于海水对阳光的吸收与散射状况。海水对阳光中红、橙、黄等色光吸收较强，而对蓝、紫等色光散射较强，所以海水多呈蔚蓝色。如果沿岸海水中泥沙颗粒较多或水生生物繁盛，则颜色呈黄或红、绿色。如红海海水富含红色藻类，海面呈红色；我国黄河则因黄河携带大量泥沙而呈黄色。

海水盐度是指海水中全部溶解固体与海水质量之比。全球海洋的平均盐度约为 35‰。一般来说，边缘海和陆表海，气候对海水盐度的影响非常明显，降水充沛及有江河注入的海域含盐度较低；降水稀少、蒸发量大的海区（如红海）含盐度高达 40‰以上。在开阔的大洋里，海水的不断运动、充分循环，使含盐度趋于均匀，为 35‰。

海水的温度主要来自太阳辐射。海洋表层温度分布不均，在赤道海区，为 25 ~ 28℃，最高可达 35℃；在中纬度海区为 10℃左右，在极地海区可降低到 0℃以下，最低可达 −10℃。全球海水平均水温为 17.4℃，比全球年平均气温 14.3℃高出 3.1℃。此外，海水温度随着海水深度增加而降低，但表层海水中热的传导仅限于 200 ~ 300m 以内，300m 以下海水温度变化很小，一般在 2 ~ 3℃之间。

值得指出的是，海水的温度变化不但可以驱动大洋环流，制约海洋生物系统运转的速率，而且还会出现定期表层水温异常升高，造成鱼类大量死亡的现象——"厄尔尼诺"现象，给人类带来巨大的灾难。"厄尔尼诺"现象已成为全球气候异常的"罪魁祸首"，是当今世界气候研究的主要课题之一。

四、海洋中的生物

浩瀚的海洋是孕育生命的摇篮，哺育着形形色色的海洋生物。地球的生物资源 80% 以上在海洋中，种类多达 20 万种以上。根据其生活方式分为三种类型：

（1）底栖生物。固定生活在海底上的生物，如珊瑚、腕足类、苔藓虫等。

（2）游泳生物。能在海洋中主动游泳的生物，如鱼类、乌贼等。

（3）浮游生物。在海水中没有行动能力，随水漂泊、随波逐流的海洋小生物，如藻类，海生动物有孔虫、放射虫等。

此外，海水及海底沉积物中还生活着数量巨大的细菌。1cm³ 海水中的细菌可达 50 万个以上，1 cm³ 的海底沉积物中细菌高达千万至数亿个。细菌不但具有极大的繁殖能力，而且大多数细菌有分解有机质的功能，可形成还原环境，能为某些矿产的形成提供有利的条件。

绝大部分海洋生物骨骼（介壳）的成分是 $CaCO_3$，硅藻、放射虫及硅质海绵等生物骨骼的成分为 SiO_2。海洋生物的遗体是海洋沉积物质的重要来源之一。

第二节 海水的运动

海洋是个"天然永动机"，永无休止地在运动。引起海水运动的动力包括风、引潮力、海水温度差和密度差，以及地震、火山等诸多因素。海水运动主要有波浪、潮汐和洋流三种方式。

一、波浪及其地质特征

波浪是海洋上有规律的周期性的波状起伏的水面。海水的波浪主要由风摩擦海水而引起，也可因潮汐、海底地震、大气压剧变而产生，其促使它离开原来的平衡位置，而发生向上、向下、向前和向后方向运动。海浪在不同的深度的海水中有着不同的特点。

（1）深水波。海浪在深海中传播速度每小时达数十千米，但是，海水质点并没有发生显著的水平运动。波的传播只是海水质点在平衡位置上作有规律的往返圆周运动的结果，这种波是摆动波，如图8-1所示。

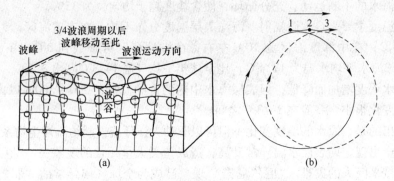

图8-1　波浪中水质点的实际运动情况（据柳承志，2005）
1～3—依次通过的最高点箭头所示水质点总体移动方向

当相邻水质点依次运动到波峰时，波峰随之向前移动，发生波的传播。在风不断吹动下，波浪中的水质点每完成一个圆周运动之后波峰便前进一段距离，产生往复螺旋式的前进运动。由于水的内摩擦力，水质点的圆周运动半径随水深增加而减小，当达到一定深度后，水质点即处于静止状态。水质点开始处于静止状态的临界面称为波及面，即波浪作用下限。一般情况下，波基面深度为波长的1/2。

海浪的大小主要与风力、风的持续时间、海面的开阔程度有关。风暴引起的大浪波长可达数百米至千米，波高达30～40m。海底大地震和火山爆发可以引起非常大的巨浪——海啸。

（2）浅水波。当波浪向海岸方向传播，到达水深小于波长的1/2的浅水区时，睡眠波形的对称性会遭受破坏，表层水质点运动轨迹变成椭圆形，从水面向下随着深度的增大扁平率也逐渐增大，在水底则变成水平的往复运动（见图8-2）。随着海水深度的减小，椭圆的压扁程度也越高。由于海底的摩擦阻力，表面水质点向岸移动速度大于底层水质点，结果导致波长缩短，多余能量使波高加大及周期变小。

海水继续移向海岸，在深度明显小于波长的1/2的浅滩区波浪越加挤在一起，摩擦阻力增大，当波峰水质点速度超过波速时，波峰破碎出现白色的浪花。波浪再往前，波峰的超前力使它高高卷起，形成汹涌的波浪或激浪（见图8-3）。激浪拍打在礁石海岸上，击声悦耳，浪花飞溅，气势壮观，称拍岸浪。激浪涌上平缓的沙滩，形成激波冲洗带，能量逐渐消失，在重力作用下，顺着海底斜坡退回海中。

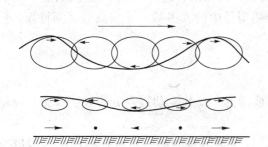

图 8 - 2　浅水波中水质点运动的椭圆形轨迹
（据柳承志，2005）

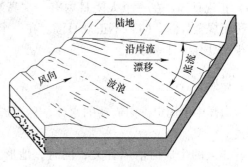

图 8 - 3　斜向冲击海岸的波浪
（据柳承志，2005）

海岸外侧浅水区，表层海水不断向海岸扑来，涌在岸边的海水从底部返回，称底流。如果海水以斜向到达海岸，一部分海水成为底流，另一部分则沿岸流动，称沿岸流。

二、潮汐

潮汐是地球水体表面周期性升高和降低的一种自然现象，主要表现为海洋水位的升降。潮汐是由天体引力变化引起的，海洋水位的高低主要取决于地球、月亮和太阳相对位置的变化。因为与太阳和月亮的距离不同，地球表面各点受到的引力不同。这引起地球表面的水平运动，形成了一种周期和波长超长的潮波系统（即潮汐流），潮波的波峰即形成该地的高潮，而波谷则为低潮。其中，从低水位到高水位的过程叫涨潮；反之，从高水位到低水位的过程称为落潮。

太阳对地球的引力是月球对地球引力的 0.46 倍。当地、月、日三者在一条直线上时（地球位于太阳和月球之间或月球位于地球和太阳之间），日、月对地球的引力叠加而使地球水质点受到的引力最大。这时地球上的高潮最高、低潮最低，潮差最大，称为大潮。当地、月、日三者构成三角形时（地球处于直角顶点），地球上水质点受到的引力最小，这时的高潮位最低、低潮位最高，两者垂直距离最小，称为小潮（见图 8 - 4）。我国农历的月初和月中为大潮，称为"朔""望"，大潮的中间为小潮。理论上，农历的初一和十五发生大潮，初八和二十三出现小潮，但是由于水体的流动性具有"滞后效应"，实际上潮位的变化过程要晚 2 ~ 3d。

潮汐涨、落以及潮高、潮差等都呈周期性变化，根据潮汐涨落周期可以把潮汐大体划分为 4 种类型：（1）正规半日潮。在一个太阴日（约 24 时 50 分）内，有两次高潮和两次低潮，从高潮到低潮和从低潮到高潮的潮差几乎相等。（2）不正规半潮日。在一个朔望月中的大多数日子里，每个太阴日内一般可有两次高潮和两次低潮，但有少数日子第二次高潮很小，半日潮特征不显著。

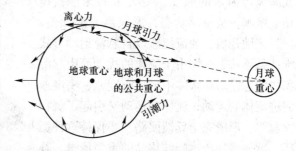

图 8 - 4　引潮力的分布
（据同济大学海洋地质教研室，1981）

（3）正规日潮。在一个太阴日内有一次高潮和一次低潮，这样的潮汐就叫做正规日潮，或称正规全日潮。（4）不正规日潮。在一个朔望月中的大多数日子里具有日潮特征，但有少数具有半日潮特征。

三、洋流

海洋中沿固定方向流动的水体，称海流或洋流。按其流动特点分为表层海流和深部海流。

洋流的生成与信风有关，同时，地形、气候等因素的影响也可在局部地区形成特殊的流向。从全球看来，在太平洋和大西洋的北部都有顺时针方向的巨型流环，在两个大洋的南部又分别具有反时针方向的巨型流环。另外，在北半球由于受北美大陆西岸及北欧大陆西岸的阻挡分别形成两个小的反时针流环，在南极周围海域中，由于没有大陆阻挡，在强劲的西风带作用下形成了一股强大的绕南极流环。当环流经过赤道附近，海水被加温后形成向两极流动的暖流，到达北方后，热量被吸收变成寒流向下流回赤道。

除上述表层洋流外，大洋中还有深层洋流。这是由盐度和温度的差异导致密度不同而引起的。沿洋底流动的称大洋底流，作垂向运动的称上升流（涌升）或下降流。在两极地区、海水凝结成冰时，只能结合30%的盐分，70%盐分排除留在海水中，因而增大了极地海水的盐度和密度。重的水团受重力驱使沉入洋底，并以积累扩散的方式形成向赤道流动的深层洋流。

部分半封闭的海区（地中海、红海等）由于蒸发量大也可形成高密度的深部洋流。

表层海流按水温分为暖流和寒流两类。当海流的水温比周围海水的温度高时称暖流，它一般由低纬度流向高纬度或只在低纬度流动；当水温比周围低时称为寒流，它通常源自高纬度。

四、浊流

浊流是一种富含悬浮固体颗粒的高密度水流，其密度大于周围海水，在重力驱动下顺坡向下流动（见图8-5）。在湖泊及海洋中均能产生浊流，由河流携带的泥沙流入湖泊或大陆架上的沉积受到强烈地震、构造运动或海啸等因素的触发，使大量的泥沙被搅动、掀起，呈悬浮状态，形成巨大的浊流。一旦流动开始，浊流能够以自悬浮运动形式维持悬浮状态，即由于流体的扰动而引起沉积物的悬浮。在水体中形成密度差，密度差促进流体的运动，流体的运动又引起了沉积物悬浮，形成完全反馈回路。要保持这种循环，就要增加流体顺坡移动的重力能量，补偿摩擦而损失的能量，只要坡度保持不变，浊流可作远距离的搬运。按沉积物扩散的密

图8-5　海底浊流示意图

度不同，高密度浊流为 50～250g/L 和低密度浊流为 0.025～25g/L，扩散沉积物粒度大于 0.05mm（粉砂级）的浊流常是高密度浊流。浊流中的悬浮物质是沙、粉沙、泥质物，有时还带有砾石。浊流发源在大陆架之上或大河流的河口前缘。

第三节　海洋的剥蚀作用

海水通过自身的动力对海岸线和海底的破坏作用，称为海水的剥蚀作用，简称海蚀作用。海蚀作用盛行于滨海带，它以冲蚀和磨蚀作用这两种机械动力作用方式，塑造出特殊的海岸地貌，并对大陆架以及大陆坡产生影响。另外，在海洋中还有一种剥蚀作用是以海水的化学溶解作用方式进行的，称为溶蚀作用。

一、海水的冲蚀作用

海浪对海岸冲击，并使得海岸岩石遭受破坏的作用称为冲蚀作用。一般发生在海岸带，形成特有的海蚀地貌，如海蚀崖、海蚀穴、海蚀柱、海蚀洞、穴海蚀拱桥、海蚀阶地（图 8-6）。海蚀崖多见于岸坡较陡、波浪作用较强烈的岸段，尤其是在岬角和岛屿处最为广泛。海蚀柱有的是由于海蚀洞上部被侵蚀坍落逐渐形成的；有的是原海岛被侵蚀而成的；有的是原岬角，其后侧被侵蚀掉成为孤岛，最后继续遭侵蚀而形成海蚀柱。拍岸浪的猛烈冲击可使得在海岸斜坡与海面相交处，即波浪能达到的高度上形成凹槽，称为海蚀凹槽。海蚀洞穴又称海蚀槽。一般在海蚀崖、海蚀柱、岬角和海岸岩石的构造裂隙部位通常发育着海蚀洞穴等地貌形态。海蚀岩岸与海面（高潮海面）接触处受海蚀作用形成的断续凹槽，深度大于宽度的称为海蚀洞，深度小于宽度者称为海蚀龛或海蚀壁龛，多位于海蚀崖和浪蚀台前缘陡坎基脚处。中国北方的基岩海岸带有不同高程的海蚀穴，是海岸抬升的重要标志之一。

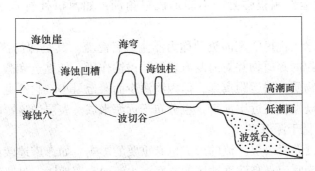

图 8-6　岩岸海蚀地形（据 K. M. Butxer, 1976）

二、海水的磨蚀作用

海水的磨蚀作用主要发生在海水几米至几十米深的地方。拍岸浪破坏的岩块随着退流带到滨海底部来回滚动，对海底进行磨蚀，其本身相互间摩擦磨圆，成为磨圆度很好的砾石和砂粒。

三、浊流的地质作用

浊流是一种含有大量碎屑物质因而密度大并以较高速度向下流动的水体。

浊流发源于大陆坡或大河流河口的前缘，大陆坡上普遍发育的"V"字形峡谷既是浊流侵蚀的产物，又是浊流运行的通道，那里堆积的松散沉积物厚度较大。在强大的波浪搅动、地震震动、河水的冲击以及海底滑坡等因素的激发下，这些松散沉积物沿斜坡向下滑动并扩散于海水中，形成浊流。

第四节　海洋的搬运作用

（1）动力类型。波浪、潮流和洋流是主要动力，在滨海及浅海的近岸区域，通常以波浪为主，潮流为次；在近海有狭窄海道区域的地区潮流搬运作用明显；半深海及深海则以洋流为主。

（2）波浪。主要在浅水区，进流、退流和沿岸使碎屑物向岸、向海或沿岸呈"之"字形运动，碎屑物多为颗粒较粗的沙砾，细小颗粒也可悬浮在海水中被波浪搬运。

（3）潮汐。在日月引力的作用下，海平面发生的周期性的升降现象称为潮汐。海水（含地球上的一切物体）恒受月地引力及月地系统围绕其质量中心旋转而产生的离心力的共同作用（日地引力较弱）。在地球的向月端引力大于离心力，合力指向月球，海水鼓起，发生涨潮；在地球的背月端因离心力大于引力，合力背向月球，海水也鼓起，也发生涨潮。

由潮汐引起的海面高度变化迫使海水做大规模水平运动，形成潮汐流。涨潮时，潮水涌向陆地；落潮时，潮水退回海中。在平坦海岸带，潮水的涨落会影响相当宽阔的方位，对海岸及其岩石反复侵蚀、搬运和再沉积，影响的性质和特征。在河口地带，河道狭窄，则潮流的侵蚀与搬运作用很强烈，不能形成三角洲；如河口处有水下沙堤，则可抬升浪高。

（4）洋流。海水大规模的定向流动称为洋流或者海流。其是深海区的主要搬运动力，流速慢，仅搬运悬浮的碎屑物并对海底有轻微的侵蚀作用，如黏土和微小生物的遗体及溶解于海水中的化学物质，搬运距离远，但因物源少而搬运量小。它既见于海水表层，也能形成于海水深部；既发生在近岸地带，也分布于远海水域。表层洋流影响深度一般不超过100m，深部洋流可见于深海底。

不同水域的温度差对表层洋流的形成也有重要的影响。如赤道地区温度较高的海水流向高纬度地区，是为暖流；高纬度地区的寒冷海水流向赤道地区，是寒流。两者构成表层海水的循环。

第五节　海洋的沉积作用

一、海底沉积物来源

（1）陆源碎屑物质。由河流、冰川、风、地下水等搬运入海的物质以及海岸受侵蚀形成的物质。按其性质可分为陆源碎屑物与陆源化学物。前者是机械搬运的砂、粉砂、泥等较细碎屑及少数砾石，后者是以真溶液或胶体溶液搬运的粒子和化合物。

（2）生物物质。由海水中生物提供的 $CaCO_3$、SiO_2 以及磷酸盐类物质，它们呈溶解状态或者以介壳或骨骼的碎屑出现。如海洋生物的遗体，海绿石、磷酸盐、二氧化锰等自生矿物及某些黏土等。

（3）岩浆作用活动有关的物质。主要为火山作用形成的火山碎屑，大洋裂谷等处溢出的来自地幔的物质。

（4）海底岩石溶滤的物质。海水沿海底岩石裂隙向下渗透而被加温，被加温的海水从岩石中溶解并淋滤出某些物质，如 SiO_2、金属硫化物等，再沿裂隙向上运动，以海底热泉的方式溢出海底。

（5）宇宙物质。主要是各种陨石和宇宙尘，如陨石爆炸后的残留物或漂浮在宇宙中的尘埃质点。这种物质一般数量很少。

二、滨海沉积

（一）滨海的分类

滨海是波浪和潮汐运动强烈的近岸水域，其下界为浪基面。在基岩海岸区较窄，低平海岸区很宽，可达数千米以上。根据海水运动的特点滨海可分为 3 个带：外滨带、前滨带、后滨带（见图 8 - 7）。

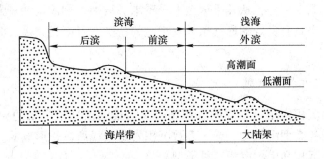

图 8 - 7 滨海环境的分区（据柳承志，2005）

（1）外滨带（即潮下带）。其上界为低潮线，下界为波基面。宽度由数十米至数百米不等。这里的波浪能搅动水下沉积物并有沿岸流。

（2）前滨带（即潮间带）。介于高潮线与低潮线之间，构成海滩的下部或主体。在平坦的海岸区可达数千米，在基岩海岸区狭窄。由于潮汐的作用，这里时而暴露，时而淹没，加上波浪作用强烈，沉积物受到强烈搅动。

（3）后滨带（即潮上带）。它是潮间带超出高潮线以上的平坦地带。只有特大高潮和风暴浪才能将其淹没，构成海滩的上部。

滨海以机械沉积为主，只有在泻湖环境下才有较好的化学沉积。

（二）滨海的沉积特征

（1）基岩海岸的机械碎屑特征：1）沉积物以砂、砾为主，形成砾石滩或砂滩，磨圆度和分选性较好。2）砾石的长轴大致与海岸平行，砾石扁平面向着大海倾斜，显示出定向排列特点。3）砂质成分较单一，通常以石英砂为主，还有少量贝壳砂。有些化学性质稳定、密度较大的矿物可富集形成滨海砂矿，如钛铁矿、金、金刚石等。4）砂质沉积物中常见的交错层理和不对称波痕等。

（2）低平海岸的机械碎屑沉积特征：1）以泥质和碳酸盐沉积为主，形成泥滩，常见砂质透镜体，也有以砂质为主的砂滩。2）具有水平纹层结构，常见交错层理。3）可发展成为滨海沼泽，并形成大规模的煤田。我国华北 C－P 大型煤矿多属于此类。

（3）泻湖沉积。滨海的潮下带形成砂坝，在适宜的条件下，砂坝不断加宽、加高，使海的边缘或海湾与外海隔离或半隔离，则形成了泻湖。泻湖沉积特点：1）以泥砂质沉积为主，水平层理发育；2）干旱地区的泻湖常形成盐类沉积夹在其中。

（4）潮坪沉积。潮坪是指以潮汐为主要水动力条件的滨海环境，在坡度极缓的海岸带形成平坦宽阔的坪地，其主体界于高潮线与低潮线之间，宽达数千米，常与泻湖相伴出现。潮坪沉积若以砂质为主称为砂坪，若以泥质为主称为泥坪。

三、浅海沉积

（一）浅海环境

浅海位于大陆架之上，是低潮线以下至 200m 水深的海区。在此范围的沉积称为浅海沉积，又称大陆架沉积。

各地浅海带的宽度不等，从几千米至上千千米。波浪、潮汐运动较强烈，有时能直接影响到海底，使浅海具有良好的通气条件及稳定的盐度，且阳光充足、海水温暖，有利于生物大量繁殖。

（二）浅海的沉积特征识别

浅海区是海洋沉积作用最主要的沉积场所，它接纳由陆地带来的大量碎屑和溶解物质，常形成巨厚的各类型沉积物，绝大多数沉积岩是因浅海沉积形成的。按其沉积方式分为机械沉积、化学沉积和生物沉积三种类型。

（1）浅海机械沉积特征：1）碎屑物质主要来源于陆地，部分来自海蚀作用产物。2）沉积物颗粒比滨海沉积细，砾石极少见。由近岸到浅海处，沉积物由粗到细：粗砂→中砂→细砂→粉砂（粉砂质黏土）。3）具有良好的水平层理，常含有较完整的动物遗体、贝壳等。

（2）浅海化学沉积特征。1）化学沉积物来自海水溶蚀物质以及河流地下水带来的溶解物质和胶体物质。2）上述物质在不同的环境下形成不同的化学沉淀物：①呈胶体状态的 Fe、Al、Mn 的氧化物首先沉积下来，可形成鲕状、豆状、肾状赤铁矿、铝铁矿、锰质矿等。②其次是低价铁硅酸盐和铁的碳酸盐沉淀，形成海缘石和菱铁矿等。③最后是碳酸盐类沉积，形成石灰岩、白云岩等。

浅海生物沉积特征：浅海中生物大量繁殖和死亡，其骨骼和外壳就在适宜的环境下沉淀下来，形成生物沉积岩。主要有贝壳灰岩、有孔虫灰岩、硅藻岩等，最常见的是珊瑚礁灰岩。

四、半深海－深海沉积

半深海是水深 200~3000m 的海域，是浅海至深海海底过渡的斜坡地带。大陆坡并非平坦的斜坡，它的地形崎岖，常发育有海底峡谷。波浪已不能影响其海底，海流底流是其主要的地质营力。在海深 400~500m 以上阳光能及的地带有大型软体动物存在，更深处则以放射虫、有孔虫、海百合为主，这些生物为半深海沉积作用提供了物质来源。

半深海离大陆较远，一般粗粒的碎屑物较难搬运到这里，故其沉积物通常以陆源泥质成分为主，也可有少量化学沉积和生物沉积。在浊流和海底发育区，浊流等可将浅海的粗碎屑物及部分碳酸盐运进本区；局部有冰川碎屑和火山碎屑的沉积。

半深海分布最广的沉积物是软泥，有蓝色软泥、红色软泥和绿色软泥三类，其他有珊瑚及生物碎屑、火山碎屑、冰川碎屑和浊积物。

（1）蓝色软泥。这种沉积物广布于大陆坡，呈蓝黑、深蓝或浅蓝色，有硫化氢味，成分以黏土和粉砂为主，生物成因的碳酸盐约占 10%，常见黄铁矿。蓝色软泥以其特有的颜色、气味和矿物，表明它是在还原环境中形成的，通常形成于弱海流或无海流的半深海海域。

（2）红色软泥。它的分布局限于热带、亚热带的海岸以外，如南美亚马逊河口外，中非一些大河口外，我国长江口外等。大陆上的红色风化产物被搬入半深海，使这里的软泥成为红色。

（3）绿色软泥。它主要形成和分布在大陆架和大陆坡的接壤地带，其特征是含有较多的海绿石矿物，致使软泥呈绿色。软泥中除海绿石外，还有少量石英、云母和碳酸盐矿物。

（4）其他沉积物。珊瑚碎屑沉积广布在低纬度区的大陆坡上部，由珊瑚砂和珊瑚泥组成。珊瑚碎屑多来自大陆架边缘的堡礁。火山碎屑堆积多发育在火山作用强烈地区附近的海域。冰碳物主要在高纬度海区由冰山带入半深海中沉积。浊积物发育于海底峡谷，因该地段地形陡峻，沉积物受重力流的影响，常发生滑坍作用，形成具有各种扭曲、揉皱的砂层和泥层交互的堆积层，有时含有一些形态不规整的大小石块，因而常被称为滑坍浊积物。

五、深海沉积

深海水域辽阔（是指水深 3000m 以下的海域），是海洋的主体部分（约占海洋面积的3/4）。深海海底地形复杂，海水运动一般不强烈，以缓慢流动的洋流为主，不仅机械作用微弱，化学作用也很缓慢。由于离大陆远，通常陆源物质稀少，浮游生物遗体的堆积占重要的地位，成为深海堆积的重要特征。整个海区的沉积速度缓慢，深海沉积物分深海陆源沉积物、深海生物源沉积物和深海黏土（褐色黏土）三大类，近年还发现有大量锰结核和多金属软泥等，其分布如图 8-8 所示。

深海陆源沉积物：深海陆源沉积物包括浊积物、冰川沉积物和风运物等。

（1）浊积物。主要由具有浅水沉积特征的深海砂组成。大量浊积物以深海扇的形式堆积在大陆架上，少量进入深海平原，深海扇的沉积物厚度大，深海平原的沉积物一般厚度小。

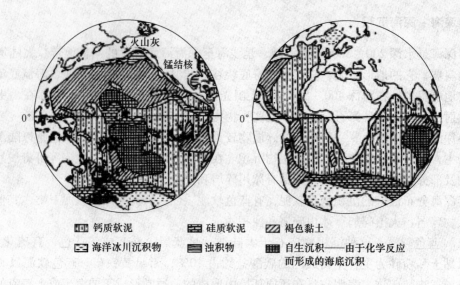

图 8 - 8　全世界深海沉积物的分布（据谢帕德，1973）

（2）冰川沉积物。高纬度海上的冰川和海冰一旦融化，即可将冰运物散布在海底。量多时可形成海洋冰川沉积物。它多环绕两极分布，以南极附近的分布面积最大。其特征与大陆上的冰碛物基本相同，但混有海洋生物（如硅藻等）的遗体。其堆积量随离大陆距离增大而减小，但硅藻体的数量相对增多。

（3）风运物。以泥质为主，其组成成分主要为石英、长石。风运物的分布与气候带有关，一般量小，多与其他类型沉积物混杂，但局部地区含量可高达 30% 以上。深海沉积的碎屑物中尚有宇宙来源的物质，如陨石等，但数量极少。

 复习思考题

8 - 1　海洋的地貌有哪些？
8 - 2　海水的运动方式有哪些？
8 - 3　请论述海洋的侵蚀作用及侵蚀地貌。
8 - 4　论述海洋的沉积作用及沉积特征。

第九章 湖泊和沼泽的地质作用

湖泊和沼泽是大陆上重要的沉积场所，其中往往堆积有众多的矿产资源。在地质历史中，湖泊、沼泽的地质作用影响广泛，并留下了丰富的地史记录，因此，对湖泊和沼泽的地质作用进行研究具有重要意义。

第一节 湖泊概述

湖泊是陆地上的储集水洼地，它由水和容纳水的盆地组成。世界湖泊的面积由原来占陆地总面积的 1.8% 下降为现今的 1%。湖泊的规模不等，世界最大的湖泊是里海，世界最深的湖泊是贝加尔湖。世界上湖泊最多的国家是北欧的芬兰，共有湖泊 5.5 万多个，占该国面积的 8%，有湖国之称。我国湖泊众多，总计 2 万多个，主要分布在青藏高原和东部平原，面积最大的湖是青海湖，面积最大的淡水湖是鄱阳湖。

湖泊虽然面积不大，但却是陆地上重要的沉积盆地，可形成许多重要的沉积矿产，如煤、石油、食盐等。

湖泊可依据湖盆成因和湖水特点分类。

一、按湖盆成因分类

湖盆是地质作用的产物，因此其成因首先可以分为内力地质作用和外力地质作用两大类。

图 9-1 东非大裂谷湖泊卫星影像图

（一）内力地质作用形成的湖泊

1. 构造湖

主要由地壳运动造成。它又可分为两种：一种是由地壳长期局部下降的凹地构成的。这类湖盆一般面积大。如世界上最大的湖泊——里海，以及我国最大的淡水湖——鄱阳湖，均属此类；另一种是断陷湖，由地壳断裂形成的长条状凹地积水而成。如俄罗斯的贝加尔湖深 1620m，是世界上最深的湖泊。另外沿东非裂谷（见图 9-1）形成的维多利亚湖（深 1470m）、我国云南的滇池等也属此类。

2. 火山湖

火山喷发后，喷火口内因大量浮石被喷出来和挥发性物质的散失，引起颈部塌陷形成漏斗状洼地，即火山口。后来，由于降雨、积雪融化或者地下水使火山口逐渐储存大量的水，从而形成火山湖。包括火山口湖、火口原湖和火山堰塞湖。

　　中朝边境的长白山火山喷出的物质堆积在火山口周围，使长白山山体高耸成峰，形成同心圆状的火山锥体，火山口积水而成湖，即著名的长白山天池，是我国最大、最深的火山口湖。黑龙江省的镜泊湖是数万年前火山爆发后锁住牡丹江水形成的火山堰塞湖，是国内最大的高山堰塞湖，亦是仅次于瑞士日内瓦湖的世界第二大火山堰塞湖。黑龙江省五大连池是由当地 14 座火山两次喷发堰塞纳谟尔河支流白河河谷形成的 5 个串珠状排列湖泊。

　　（二）外力地质作用形成的湖泊

几乎所有的外力地质作用都可造就湖泊。

1. 堰塞湖（见图 9 – 2（a））

　　物理风化形成的岩块在重力作用下崩落，或者因各种原因造成滑坡，堵塞河道形成堰塞湖。2008 年四川汶川特大地震形成了 34 个堰塞湖。

(a)　　　　　　　　　　　　(b)

(c)

图 9 – 2　外力地质作用形成的湖泊

(a) 堰塞湖；(b) 牛轭湖；(c) 月牙湖

2. 牛轭湖（见图 9 – 2（b））

以侧方侵蚀作用为主的河段，当蛇曲曲颈被洪水裁弯取直，残留的弯曲河道两端被沉积物堵塞，可以形成牛轭湖。中国湖北省境内的长江两岸牛轭湖众多，就是因为这个地区的地势低平，水流缓慢所致。

3. 冰川湖

由冰川剥蚀形成的凹地积水形成冰蚀湖；冰川前端终碛堤堵截冰川谷流出的水流形成冰碛湖。这类湖泊大多分布在高山、高原及高纬度地区。美国与加拿大交界地带有著名的伊利湖、苏必利尔湖、安大略湖、密歇根湖和休伦湖等五大湖泊，为世界上第一大淡水湖群，其形成皆与第四纪冰川的剥蚀作用有关。芬兰的湖泊以及我国西藏、新疆的湖泊多数也是由于第四纪冰川剥蚀形成，如新疆天山的天池。

4. 岩溶湖

岩溶发育区地下溶洞中和地面因溶蚀崩塌出现的凹地都可形成湖泊。我国云南东南部、贵州西部、广西西部均有密集分布的岩溶湖，如云南的异龙洞、八仙洞。

5. 月牙湖（见图 9 - 2（c））

新月形沙丘背风侧由风蚀作用使地面下凹，并切到地下潜水面而成，或者是位于新月形沙丘背风侧，由河流残留河道等原因积水而成。这类湖泊水浅易干，一般面积较小，多见于干燥地区。如敦煌的月牙泉。

6. 泻湖

海岸带沙坝、沙嘴相连，或是环礁使一部分海域与大海半隔绝而成。涨潮时海水由潮流带入。泻湖与其他外力地质作用形成的湖泊不同的是湖水主要由海水供给。但在潮湿气候区入泻湖的淡水量多时，泻湖中的水含盐度减小，称为淡化泻湖；干旱气候区入湖淡水少，且蒸发量大，往往含盐度比海水高，此时称为咸化泻湖。无论是哪一种泻湖，其地质作用大体上与其他湖泊相似。

外力地质作用形成的湖泊一般规模小，水的深度也不大。

地球表面由于陨石撞击形成的圆形坑在积水后亦可形成湖泊。一般只有几十到上百米，最大的亚利桑那陨石坑直径为1200m。

二、按湖水来源及排泄情况分类

（一）湖水的来源

湖水主要来自大气降水、地面流水和地下水，其次是冰川融水和残留海水。

（二）湖水的排泄

湖水通过蒸发、流泄和向地下渗透三种方式而排泄。

干旱气候区多数湖泊无出口（称为不泄水湖或内流湖），湖水主要以蒸发方式排泄。

潮湿气候区多数湖泊有出口（称为泄水湖或外流湖），湖水主要以流泄方式排泄。

三、按湖水的含盐度分类

湖水含盐度的概念与海水相似。即湖水中溶解盐与纯水的比率。通常用重量的千分之几表示（即‰表示）。按含盐度，湖泊分为：淡水湖（含盐度小于1‰）、微（半）咸水湖（含盐度1‰~10‰）、咸水湖（含盐度10‰~35‰）、盐湖（含盐度大于35‰）。湖水中的盐类是 Ca、Na、K、Mg 的氯化物和硫酸盐类。其含盐度随气候变化明显。世界上含盐度最大的湖泊——死海，含盐度 230‰～250‰，总含盐量约为 130 亿吨，其中可提取出大量 Br、I、Cl 等元素和磷酸盐等化合物。近些年来还有人利用死海中含硫化物的泥进行美容。

湖泊还可根据沉积物、自然地理位置等特点分类。

第二节　湖泊的地质作用

湖泊地质作用主要包括湖泊的剥蚀作用和沉积作用。湖泊地质作用特点取决于影响因素和动力。

一、影响湖泊地质作用的因素

影响湖泊地质作用的主要因素包括湖泊的规模、地理环境和地质环境等。

首先由于湖泊成因不同，湖泊的规模（面积和水深）有着极大的差异。规模大的湖如里海、贝加尔湖等湖水运动等特点与海洋相近；其次是湖泊所处的地理和地质环境。地理环境指的是湖泊所处气候特征和周围的地形，气候对湖泊地质作用的影响是非常显著的，不同气候区湖泊地质作用特别是化学和生物作用明显不同，湖泊周围地形即湖泊是处于山区还是平原之中，决定着湖泊沉积物的种类、多少和大小，等等。地质环境主要指湖泊所处地壳运动状况、地质构造和岩性。如断裂带、火山构造等影响湖泊的成因、规模等，岩性影响湖泊供给的物质成分。

湖泊地质作用是在上述诸多因素的共同影响下发挥的。这些影响在湖泊的沉积物中会有所反映。其中沉积物对气候的反映尤为明显。2003 年 10 月中国环境科考队为揭示新疆罗布泊地区气候变干旱的过程、时间和原因，以及与西部干旱化的关系，到罗布泊进行考察，并首选新疆若羌县境内罗布泊最早的中心台特玛湖开钻，要求 100% 提取罗布泊形成以来的沉积物岩芯。据中央电视台新闻频道的报道，在地下 60～70m 有近 6m 的石膏细砂层，形成于 80 万年前；地下 160m 发现有含螺壳的青灰色淤泥，形成时间约为 180 万～250 万年。可见 180 万～250 万年罗布泊为淡水湖；到 80 万年前已干旱化。罗布泊变化的原因最早是由青藏高原地壳抬升造成的。青藏高原崛起一是使罗布泊地区地壳也随之由南向北抬升，罗布泊范围缩小，并分为三个湖；二是青藏高原阻挡了南来的潮湿气流，使其北部地区气候变干旱。近几十年来气候干旱加上人为因素（如入湖河流沿途筑坝、拦截水流等），入湖河流水量大减，自然与人为因素终于使罗布泊在 1972 年完全干涸，图 9-3 所示为罗布泊干涸的过程。

二、湖水的动力

与海洋有着许多相似之处，湖水的机械动力有湖浪、潮汐、湖流，在特殊情况下也有浊流和风暴流，只是湖泊规模比海洋小。这些动力作用的强弱程度以及对湖泊（主要是湖岸）的剥蚀作用都比不上海洋。湖泊水动力有其自身的特点：由于湖泊规模小，湖水温差、盐度差造成的密度差在湖水上下对流后易被消除，从而使湖泊底部常处于还原环境。泻湖虽有其特殊之处，淡化泻湖因河流流入及大气降水多，使表面淡化且水位高；海水从

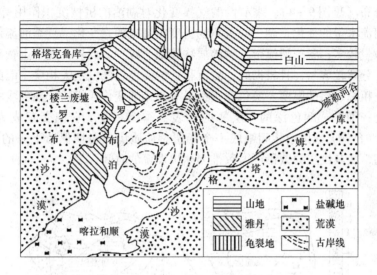

图 9-3 罗布泊古岸线退缩遗迹略图

下部注入，导致下部盐度高。咸化泻湖由于表层蒸发量大、盐度高，会产生上下对流，但因规模小，垂向循环使盐度差异减小。最终结果是无论哪种泻湖上下对流都不发育，使湖底常处于还原环境之中。

湖水的化学动力主要发育在干旱气候区含盐度高的咸水湖中。而生物动力主要发育在湖湿气候的淡水湖中。它们的作用在湖泊的沉积作用中明显显示。

湖泊上述特点决定了湖泊地质作用以沉积作用为主。碎屑、化学和生物沉积作用都有发育，但因受众多因素控制，发育不均衡。

三、湖泊的剥蚀作用

湖泊的剥蚀（湖蚀）作用包括机械冲蚀、磨蚀和化学溶蚀等方式，其中以机械剥蚀为主。湖蚀主要是由波浪运动引起，波浪越大，湖蚀作用越强，它主要发生在湖岸带。大湖的湖岸在湖浪的冲击和磨蚀下可形成湖蚀洞穴、湖蚀凹槽、湖蚀崖等地形。湖蚀崖逐渐后退可形成湖蚀平台。

湖蚀的产物以及由入湖河流等各种外力带来的物质（主要是碎屑物）被湖流、岸流、退流、浊流等动力向湖心方向搬运，在适当部位沉积下来。

四、湖泊沉积作用

湖泊可以接纳由地表流水、地下水、风、冰川和火山等外动力地质作用带来的各种物质，是大陆上重要的沉积场所。主要沉积方式包括碎屑沉积作用、化学沉积作用和生物沉积作用。

（一）碎屑沉积作用

碎屑沉积作用又称为机械沉积作用。湖泊的碎屑沉积物主要由入湖河流及湖泊周围片流与洪流带入。它们在湖滨沉积形成三角洲及湖滩地形。由湖滨向中心碎屑物颗粒由粗变细呈环带状分布（见图9-4）。季节性的气候变化对湖泊的机械沉积作用有很大的影响。由于冬、夏河流水量的变化，湖中心沉积物粒度粗细也随之变化，夏季河流带入的碎屑物粒径较粗、数量较多；冬季河流带入的碎屑物较细、较少。此外，夏季生物新陈代谢和有机质的腐烂、分解较容易，且较彻底，故沉积物的颜色较浅；冬天相反。因此一年内湖泊沉积物的颗粒粗细、层的厚薄、颜色深浅都呈有规律的变化。粗的、颜色浅的、层厚的代表夏季沉积物；细的、颜色深的、层薄的代表冬季沉积物。它们交互成为纹层，一粗（色浅）一细（色深）或黑白相间组成一个年层。地质历史时期保留下来的湖泊沉积物，尤其是冰川湖，从其纹层的数量可大致推测冰川发育的时间。

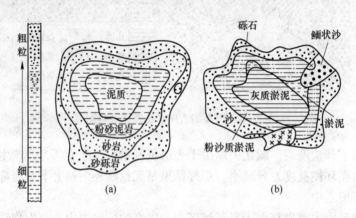

图9-4　湖泊碎屑沉积物的分布
(a) 理想的湖泊；(b) 青海湖

在潮湿气候区，入湖河流多、水量大，如果入湖河流挟砂量高，在湖滨可形成三角洲。三角洲扩大后，湖泊淤小、淤浅以至消灭，出现湖积—三角洲平原或沼泽。

干旱地区因入湖的河流少且水量小，入湖碎屑物有限，因而湖中机械沉积物数量少，三角洲增长缓慢。但因湖水蒸发快，含盐量不断增高，湖泊可演变成盐湖，最后可变成盐沼或泥沼。

一般说，湖泊所在区域是地壳下降区。沉积速率与地壳下降速度相当。当地壳下降速度小于沉积速率（或地壳下降速度不一定变化，而是入湖碎屑物含量增多），那么湖泊可被碎屑物淤塞，面积缩小，甚至渐趋消亡。典型的例子是我国的洞庭湖，1835 年洞庭湖面积为 6300km²；由于湖区地壳下降速度减缓，至 1949 年面积缩小为 4350km²；近 50 余年来，长江上游森林面积大大减少，水土流失严重，长江带入洞庭湖的泥沙量增多，自1951 年开始，每年长江带入洞庭湖的泥沙量达近亿吨。现在洞庭湖面积仅为 2700km²。这类实例较多，又如我国最大的淡水湖——鄱阳湖，有 5 条河流入湖，每年输入湖泊的泥沙量达 0.7 亿吨。20 世纪 50 年代湖水面积为 5050km²，1998 年为 3900km²，枯水期最低仅为 356km²（见图9-5）。1998～2003 年采取退耕还湖等措施后现面积为 5100km²。

（二）化学沉积作用

湖泊的化学沉积作用明显受气候的控制。潮湿气候区泄水的淡水湖和干旱气候区不泄水的盐湖（广义上的盐湖包括咸水湖、咸水湖和盐湖等有盐类沉积的湖泊）有着完全不同

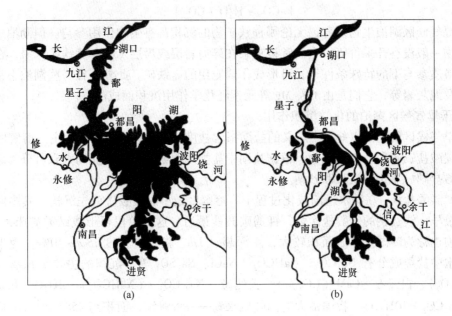

图9-5　鄱阳湖洪、枯水期的水域形态比较（黑色区为水域）

(a) 洪水期；(b) 枯水期

类型的沉积物。其中以干旱气候区的盐类沉积最为重要。

1. 潮湿气候区的化学沉积作用

潮湿气候区的湖泊是淡水湖，水源主要来自大气降水、河流及地下水。潮湿气候区水量充足，生物繁盛，化学风化和生物风化作用强烈，地面上易溶的 K、Na 成分最早流失，由 Ca、Mg 等组成的较易溶解的盐类和由 Fe、Mg、Al、Si、P 等组成的难溶盐类随后也呈离子或胶体溶液搬运入湖，并在一定条件下相继发生沉积。

因含盐度小，湖泊溶解的盐类少，河流带入的胶体物质大部分又被带走，因此化学沉积作用不太发育。主要有一些 $CaCO_3$ 和铁质沉积物。由于水中 $CaCO_3$ 含量少，难以达到过饱和沉积，主要靠一些生物和微生物如绿藻、轮藻等生物浓集，与湖泥一起形成泥灰质沉积物，成岩后为泥灰岩，湖相碳酸盐可成为良好的油气层，如大庆油田等我国一些湖泊成因的油气田与湖泊生物成因碳酸盐沉积有关。另外，湖泊中的铁以胶体和 $Fe(HCO_3)_2$ 溶液形式存在，胶体状态的铁（$Fe(OH)_3$）被河流带入湖泊后可以胶体凝聚方式形成褐铁矿。$Fe(HCO_3)_2$ 在湖滨氧化环境中受到湖中植物的生物化学作用，可发生分解、氧化，产生氢氧化铁沉淀，其反应式为：

$$2Fe(HCO_3)_2 + O_2 + 2H_2O \longrightarrow 4Fe(OH)_3 + 8CO_2 \uparrow$$

在生物繁盛地区，湖底的有机质腐烂分解后可析出 CO_2 及 H_2S，形成强还原环境。这种环境可使得 $Fe(HCO_3)_2$ 或 $FeSO_4$ 转变成黄铁矿（FeS_2）。

$$Fe(HCO_3)_2 + 2H_2S \longrightarrow FeS_2 + 3H_2O + CO_2 \uparrow + CO \uparrow$$

或　　　　　　　　$$Fe(SO_4)_2 + 2H_2S \longrightarrow FeS_2 + 2H_2O + SO_2 \uparrow$$

在较寒冷的潮湿气候带在氧化作用较弱的环境中 $Fe(HCO_3)_2$ 在细菌参与下可形成菱铁矿（$FeCO_3)_2$。

$$FeCO_3 + H_2O + CO_2 \uparrow$$

潮湿气候区湖泊生物发育，无论哪种铁矿物的沉积都有生物作用参与。但湖泊中的铁质沉积物一般没有开采价值，它们常被夹杂在碎屑岩层或煤层（可含黄铁矿）中，在有较丰富的磷质参与下的特殊条件下，可形成作磷肥用的蓝铁矿。此外，在一些湖泊中常见到石灰岩及泥灰岩等，它们是由 Ca、Mg 等元素经化学作用沉积而成的。

2. 干旱气候区湖泊的化学沉积作用

干旱气候区的湖泊以盐湖（广义的盐湖指含盐度大于1‰的湖泊）为主。溶解的盐类主要有碳酸盐、硫酸盐和氯化物。根据盐湖中盐类沉积物的种类，盐湖大致可分为碳酸盐湖、硫酸盐湖、氯化物湖和硼砂湖。

（1）碳酸盐湖。在湖水逐渐咸化过程中，溶解度最小的碳酸盐首先沉积。其中以钙的碳酸盐最早，镁、钠的碳酸盐次之，钾的碳酸盐最后。这一阶段可形成碱类矿床，因此，这类湖泊也称为碱湖。湖泊面积较大，水深超过1m，湖水含盐度1‰~10‰，为半咸水湖。湖水中盐类成分有 Na_2CO_3、$NaHCO_3$、$NaCl$、Na_2SO_4 等。沉积的主要沉积物有方解石（$CaCO_3$）、白云石（$CaMg(CO_3)_2$）、天然碱（$Na_2CO_3 \cdot NaHCO_3 \cdot 2H_2O$）和碱（苏打）（$Na_2CO_3 \cdot 10H_2O$）。我国最大的内陆咸水湖——青海湖，面积约 $4583km^2$，平均水深17.9m，最深处27m，有40余条河流注入，湖泊的大部分沉积碳酸盐，可归为碳酸盐湖，但局部有硫酸盐沉积。一个大型湖泊由于不同部位水深、含盐度和物质来源等因素的差异，可出现不同类型的盐类沉积物。

因冬夏气候差异，盐湖析出的成分也会有所不同。例如西藏班戈错碳酸盐湖，夏季沉积石盐、天然碱和芒硝等，冬季沉积碱和芒硝。在已开采的盐类矿床中，发现盐湖沉积往往以某一种盐类为主形成矿床。其中碳酸盐湖，如天然碱矿床在世界各地许多国家均有分布，有现代的，也有古代的。我国现代天然碱矿床多分布在内蒙古湖区。如内蒙古的查干诺尔盐湖，天然碱矿达9层之多（见图9-6）。矿层多呈透镜体状，横向变化为黏土。矿层物质成分以苏打（碱）和天然碱为主，其次为芒硝和石盐。这种也可称为碱湖。

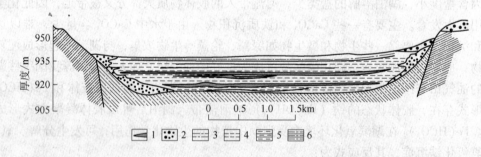

图9-6　内蒙古湖区查干诺尔天然碱矿床剖面图
1—天然碱；2—砂砾；3—砂质黏土；4—黏土淤泥；5—泥岩；6—砂质泥岩

（2）硫酸盐湖。当湖水深度小于0.5m，含盐度为10‰~35‰时为咸水湖，湖中主要成分为 $MgCl_2$、Na_2SO_4、$MgSO_4$、$Ca(HCO_3)_2$、$Mg(HCO_3)_2$ 等。析出的盐类沉积物以石膏（$CaSO_4 \cdot 2H_2O$）、芒硝（$Na_2SO_4 \cdot 10H_2O$）、无水芒硝（Na_2SO_4）等为主。芒硝大多在冬季析出。芒硝矿床中芒硝砂层有一至十数层不等。

它们也与泥沙相伴而生。如图9-7内蒙古湖区巴扬查岗芒硝矿。芒硝矿矿层主要与黑

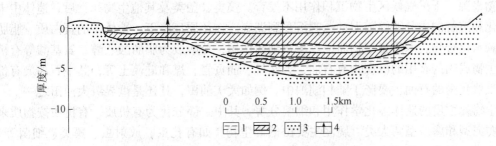

图9-7 内蒙古湖区巴扬查岗芒硝矿横剖面图

1—黑色淤泥黏土；2—芒硝矿层；3—灰白色细砂；4—钻孔位置

色淤泥黏土互层。世界上最大的芒硝矿床位于黑海东部卡拉博加兹湾，储量约10亿吨。

硫酸盐湖普遍有石膏产出。但现代盐湖中石膏常与泥沙混杂，一般达不到工业开采要求。在美国据说有17个州曾从事过石膏矿床的开采，其中密歇根州有美国最大的石膏储量，该州石膏与页岩和石灰岩互层产出，矿带宽16～32km，长约240km；我国新疆、甘肃、青海、西藏、四川、湖北、山西等省区也都有石膏矿床分布，估计石膏储量达50亿吨以上。但这些石膏矿床均非现代盐湖沉积。

（3）氯化物湖。沉积氯化物的盐湖已基本干涸，局部残留有天然卤水，含盐度大于50‰（天然卤水可作为液体盐类矿床开采利用），主要成分有 $MgCl_2$、$CaCl_2$、$CaSO_4$、$Mg(HCO_3)_2$、$Ca(HCO_3)_2$ 等。沉积的盐类矿物是石盐（$NaCl$）、钾盐（KCl）等。我国有世界上最大的盐湖——察尔汗盐湖（位于青海省柴达木盆地）。面积5856km^2。是一个较典型的氯化物湖，或说是一个真正意义（狭义）的盐湖。察尔汗盐湖有3个主要盐层组合，其中最厚的盐层达30余米。各组盐层间夹1～7m的薄层砂质黏土层。蕴藏着426亿吨石盐，足够全世界人民食用2000a；有1.5亿吨钾盐，仅次于世界钾盐储量最高的死海。这些盐类矿物中还含 B、I、Br、Li 等可利用元素。察尔汗盐湖表面大多被黄沙与石盐凝结在一起的褐色盐层所覆盖，在一片盐的世界中，盐被当作建筑材料使用。察尔汗盐湖有一条32km长的公路，路基用盐砌成，路面用盐铺就，有人将之称为"万丈盐桥"。

（4）硼砂湖。各类盐湖中只要有 B_2O_3，都可有硼酸盐矿物析出。主要的硼酸盐矿物有钠硼钙石（$NaCaB_5O_9 \cdot 8H_2O$）和硼砂（$Na_2B_4O_7 \cdot 10H_2O$）。当以硼酸盐矿物为主要产物时，即将此类盐湖称为硼砂湖。我国西藏有不少硼砂湖。需要强调两点，一点是盐湖在漫长的发展过程中，若气候、湖水水量与含盐度、地壳运动等因素发生变化，则盐湖的类型也随之转化，因此常可发现同一盐湖由下到上出现不同类型盐湖沉积物组合。如柴达木盆地中的某些盐湖形成于200万年前，在2万年前基本可归为硫酸盐湖。后由于第四纪冰期到来，盐湖淡化，转为碳酸盐湖。现代气候连续干旱又转化为氯化物湖。另一点是无论哪种类型的盐湖，在盐类沉积的同时都伴有泥沙沉积。泥沙的覆盖是盐类矿物得以保存的条件。

五、生物沉积作用

湖湿气候区的湖泊中生长着大量生物，如在湖岸边浅水地带生长大量沼泽植物，在较深水地带可生长浮水植物，低等的菌类和藻类繁殖尤其快速，为生物沉积作用提供了丰富的生物来源。干旱气候区生物沉积作用不发育。藻类、菌类及其他生物死亡后，遗体中未被氧化和溶解的成分能够随泥沙一起沉积到湖底。在还原环境下，遗体中的蛋白质、脂肪以及碳水化合物、木质素等物质，经厌氧细菌作用，分解成为脂肪酸、醇、氨基酸等有机物。生物成因的有用的沉积物有石油、天然气、油页岩、煤和硅藻土等，其中石油最有价值。虽然我国的石油主要产于陆相湖泊中。例如大庆油田，其还是世界级大油田之一。

　　生物死亡后的遗体经化学作用和细菌分解，其中一部分化为有机质，有机质按物质来源分腐泥型和腐殖型两大类。腐泥主要由低等生物（如有孔虫、放射虫、藻类、细菌等）转化而来，且产量很可观，总量可占90%以上；腐泥型有机质是生成石油的主要物质，在不同条件下也可形成天然气、油页岩，偶尔也成煤（腐泥煤）。腐殖型有机质主要来自高等植物，它在一定条件下可转化为煤和天然气（煤型气约占整个天然气储量的1/3）。近些年来在澳大利亚的吉普斯盆地、加拿大的斯舍盆地、我国的吐哈盆地都在煤系地层中找到石油。

　　故形成石油的原始物质（母质）以浮游生物转化而成的有机质为主，也不排除在一定条件下，其他有机质也可成油。

　　石油是一种液体矿产，它的主要组成元素是碳和氢。碳和氢总量一般占96%～99%，其中碳占83%～87%，氢占11%～14%。其次是氧、氮和硫等，仅占0.5%～5%。石油由腐泥转化而来。腐泥是以有机质为主和泥的混合物质。其中有机质又可分为两种：一种是可溶有机质——沥青；另一种是不溶有机质——干酪根，它是石油生成的主要物质来源，干酪根在一定温度、压力以及细菌作用下，经一定时间复杂的生物化学、物理化学作用后可转化为石油和天然气。

第三节　沼泽的地质作用

一、沼泽的概念和成因

　　当今广义的沼泽概念是湿地。湿地是陆地和水域的过渡地带。据《国际湿地公约》，湿地是指天然或人工长久或暂时性的沼泽地、湿源、泥炭地，或水域地带（水深小于2m），带有或静止或流动或为淡水、半咸水者，包括低潮时不超过6m的水域。湿地与海洋、森林同是地球三大生态系统，是人类及生物生存不可缺少的环境，其在保护生物多样性，维持生态平衡，减少自然灾害（如洪灾、沙尘暴等），控制水质，净化空气等等方面起着重要的、不可缺少的作用，因此有"地球之肾"之称。世界湿地面积约占地球总面积的1.1%；占陆地表面积的3.8%。我国湿地面积约为$65.9 \times 10^4 km^2$，约为世界的13%左右。地质学上沼泽的概念（是狭义的）是指地表异常湿润，有大量嗜湿性植物生长，并有大量泥炭堆积的地方。泥炭是成煤的主要物质来源。

　　沼泽的成因有以下几种：

　　（1）湖泊的沼泽化。湖泊可因机械沉积作用，不断被泥沙淤塞、填高，湖水变浅，湖水面缩小，湖岸植物不断向湖心发展，最终整个湖泊形成沼泽。

　　（2）河流泛滥地的沼泽化。河漫滩、阶地面或在冲积平原三角洲上，由于洪水泛滥在低洼处，积水难以排除而形成沼泽。如黄河口至天津一带由黄河三角洲沼泽化形成的渤海海滨沼泽。

（3）海岸带的沼泽化。潮湿气候区的低平海岸带、海湾地区的潮向带也可能形成沼泽。

（4）还有潜水面靠近地表，在低平的地方、泉水涌出的地方以及森林、草地，因排水不良形成沼泽。

我国沼泽分布很广，面积较大且分布较集中的地区有东北的三江平原、西北的柴达木盆地、四川的松潘草地及藏北羌塘内陆河区。仅四川松潘草地的沼泽面积便可达2700km²。

二、沼泽的地质作用

沼泽中只有处于相对静止状态的小规模水体，因此沼泽的地质作用实质上只有沉积作用，而且主要是生物沉积作用。沼泽中以碎屑沉积和生物沉积作用为主。生物沉积作用主要是植物死亡后遗体堆积形成煤的过程。煤主要由植物，特别是高等木本植物形成。下面介绍腐植煤的形成过程。

煤的形成过程分为两个阶段：泥炭化阶段和煤化阶段。

（一）泥炭化阶段

生长在沼泽中的木本植物死亡后，遗体堆积并被掩埋（泥沙或新的生物遗体覆盖其上），在还原环境中有微生物参与，经生物化学、物理化学作用形成腐殖质；腐殖质进一步分解、化合，氢、氧含量减少，含碳量增加即形成泥炭。泥炭呈黄褐色或黑褐色，含碳量达59%，还含有水和矿物质。世界泥炭储量最多的国家是俄罗斯，储量约占世界总量的3/4。

（二）煤化阶段

泥炭在上覆沉积物压力之下被压实硬结形成褐煤。褐煤的含碳量比泥炭高，为67%～68%。褐煤在一定的压力和温度作用下变质形成烟煤。烟煤含碳量达75%～97%，腐殖质已完全转变为煤。烟煤用途广，可作为动力煤、民用煤和化工原料、炼焦等。烟煤进一步变质后成为无烟煤。无烟煤一般只作民用煤。

煤的形成与植物的生长状况、气候以及构造运动等有密切关系，因而成煤作用只能发生在特定的地质时期和适宜地区。我国是世界上煤藏量极其丰富的国家，已探明的储量占世界第三位。河北开滦、山西大同、河南平顶山、安徽淮南、辽宁抚顺都是我国著名的大煤田。其主要成煤时期是石炭纪（C）至二叠纪（P）；侏罗纪（J）和白垩纪（K）；第三纪（E-R），分别与孢子植物、裸子植物和被子植物的极盛时期相对应。煤和石油一样不仅是重要的能源，而且还是许多工业的原料。此外，煤中含有的稀有元素往往比一般岩石中的含量多几十倍甚至几千倍，具有重要的经济意义和战略意义。

 复习思考题

9-1　试比较湖泊沉积和海洋沉积的异同。

9-2　湖泊面积缩小的原因有哪些？它对环境产生什么影响。

9-3　查阅资料分析鄱阳湖、太湖等我国主要大湖的成因。

9-4　湖泊在不同气候条件下形成的沉积物有什么不同？

9-5　何谓沼泽？它与人类生存有什么关系？

第十章 冰川的地质作用

冰川是在重力作用下由雪源向外缓慢移动的冰体。它是水圈的组成部分,总体积约为 $2.40 \times 10^7 km^3$,占地球上淡水量的85%。它是许多名川大江的发源地,有"固体水库"之美称。

现代冰川覆盖着全球陆地面积的10%,其中南极约有 $1.35 \times 10^7 km^2$,北极约有 $2.08 \times 10^6 km^2$。少部分冰川分布在高纬度地区和中低纬度的高山区。冰川的地质作用是改变高纬度地区和高山区表面形貌,对气候和海平面升降影响极大。

我国西部拥有世界上最高的山地与高原,气温低,在3500m以上的山区,如天山、祁连山、念青唐古拉山、贡嘎山、昆仑山、木孜塔格山、阿尼玛卿山和喜马拉雅山等,都有现代冰川分布。据不完全统计,我国冰川和永久积雪区的总面积约为 $4.4 \times 10^4 km^2$;其中山岳冰川广泛发育、闻名于世。

第一节 冰川的形成与运动

一、冰川的形成

(一)雪线

常年积雪区范围的下界,称为雪线。雪线以上年降雪量大于年消融量,不断积雪,能形成冰川;雪线以下降雪量小于年消融量,只能季节性积雪。雪线高度各地不一,主要受下列因素的影响。

(1)气温。雪线高度与气温成正比,其高度随着气温由赤道向两极降低而降低。如雪线高度在赤道附近的非洲为5700~6000m,在阿尔卑斯山为2400~3200m,在挪威为1540m,至极地降低到接近海平面(见图10-1)。

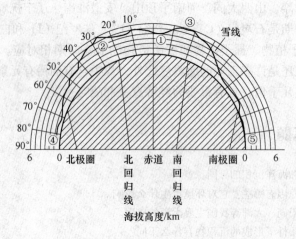

图10-1 雪线在地球上的分布

（2）降雪量。雪线高度与降雪量成反比。对于冰川的形成，丰富的降雪量比严寒的气候更为重要。阿拉斯加州的东南海岸，是该州最温暖的地区，但这里具有丰富的降雪量，故冰川极为发育。北冰洋周围的陆地虽然气候非常寒冷，但因降雪不足，冰川并不是很发育。此外，雪线位置最高的地方是在南纬和北纬的20°～30°地带，而不在赤道（见图10-1）。这是因为这一地带气候干燥，降雪量少。我国喜马拉雅山的北坡位于北纬28°～30°地带，降雪量很少，雪线位置也极高；其中东绒布冰川的雪线高达6200m，为全球之冠。

（3）地形。雪在陡坡上较之在缓坡与平坦地带更难积累和保存，故雪线位置是陡坡处高，缓坡与平坦处低。而且在不同坡向气温和降雪量不同，也影响雪线位置。一般说来，山的南坡与东坡日照较强，其雪线位置较北坡和西坡为高。然而，珠穆朗玛峰北坡雪线位置反而较南坡高，北坡平均为6000m，南坡为5500m左右，相差500m；这是由于高大的山脉起了屏障作用，使南坡接受较多的印度洋水气，降雪量大于北坡。

（二）冰川的形成

在雪线以上的常年积雪区积雪不断转变成冰，降落的雪花呈典型的六边形；当降雪积累到一定厚度时，上部雪层的压力使得下部雪层中松散的六边形雪花从尖部开始融化，在融雪水的参与下，再结晶成椭圆形的小冰粒，称为粒雪（见图10-2）；粒雪呈白色，颗粒间有空气存在，其相对密度常常在0.2～0.4之间。随着积雪增厚，压力增大，部分空气被排出，粒雪逐渐被压实；与此同时，上层的融雪水会部分渗透到粒雪颗粒之间的孔隙中，使之发生冻结，加强冰的重结晶作用，使冰晶长大，充填在粒雪孔隙中的气体进一步被排挤出来，粒雪便转变成粒状冰；粒状冰进一步重结晶、增粗、变致密，最后成为冰川（见图10-2）。

冰川作用显著改变了地表形态，形成特殊的冰川地貌，在大多数人眼里，冰川是一种自然景观，这种特殊的冰川地貌可以占据广阔的区域，视野里一片白雪茫茫，如冰川覆盖的南极；这样特殊的冰川风貌也可以并存于高山上，显示出独有的风貌特征，如云南丽江的玉龙雪山。

在地理学上，冰川被定义为寒冷地区多年降雪积聚密实、经过变质作用后形成的具有一定形状并能自行运动的天然冰体。而在地质学上，冰川是这样定义的：在高山和高纬度地区（两极），长期存在的并且缓慢移动的冰体。

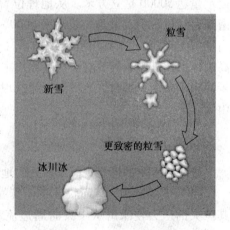

图10-2　雪片、粒雪和粒状冰

（三）冰川作用的影响

陆地上的水分成液体和固体，所有河流、湖泊以及地下水的总量仅占陆地淡水资源的15%，余下85%的水为冰体。

如果所有冰川融化，海平面将上升65m，地球将会是什么样？2013年，美国《国家地理》杂志就模拟了一旦全球冰层全部融化的"新世界版图"。尽管有科学家认为地球上所有冰雪消融还需要至少 5000 年的时间，但假如碳排放继续增加，地球表面平均气温上升 12℃，可能让地球再次出现一个没有冰雪的世界。

冰雪全部消融，这仿佛是电影里的情景，但我们不得不意识到：冰川，一方面是气候变化的结果；另一方面，又影响着气候的变化。可以毫不客气地说，冰川的变化对水资源、生态环境、冰雪灾害以及旅游资源等有重大的影响。近几十年来来自世界各地的资料表明，全球冰川正在以有记录以来最大的速率在世界越来越多的地区融化着，冰川融化和退缩的速度不断加快，意味着数以百万的人口将面临着洪水、干旱以及饮用水减少的威胁。

那么，冰川是如何形成的，在哪里形成，什么时候形成的，它们是如何影响着地容地貌、全球气候或者是水资源的呢？

二 、冰川的类型及分布

（一）冰川的分布

冰川主要分布在高纬度（两极）地区和中、低纬度高山地区。其中大部分分布在南极和格陵兰岛，小部分零星分布在中、低纬度的高山和高原且气温终年在零度以下的地带。

我国虽地处中、低纬度，却是世界上中低纬度冰川最发育的国家，在我国西部有巨大的高山和高原，由于特殊的地势条件和气候条件，所以广泛发育了现代高山冰川。

据粗略计算，我国西部现代冰川总面积约为 44000km^2，占亚洲冰川总面积的 40%，储水量达 50000 亿立方米。从地理位置来看，北起阿尔泰山（雪线高度 3000 ~ 3400m），南至喜马拉雅山（北坡雪线高度 6000 ~ 6200m，南坡为 5000m），西自帕米尔高原（雪线高度约 5000m），东到川滇横断山系（雪线高度 4600 ~ 4700m），分布着各种类型的现代高山冰川及其塑造的地貌。现代冰川主要形成于第四纪冰期，古雪线较现代雪线要低数百米甚至千余米，那时，冰川规模超过现代冰川许多倍，冰川侵蚀和堆积地貌遍及我国西部山区。

（二）冰川的类型

按冰川发生的形态规模及所处的地球条件分为大陆冰川和山岳冰川。

（1）大陆冰川。呈面状展布，其面积达百万到千万平方千米之巨。冰层厚数千米，其巨大的压力使冰川从中央向周边流动，甚至翻越山体。现在的大陆冰川大面积分布在两极（高纬度地区）。其中南极（见图 10 - 3）和格陵兰岛（见图 10 - 4）的冰体占 97%。

其特点：1）面积大。可达几百万平方千米。2）冰层厚，中部地区厚度达千米以上，四周相对薄呈盾形。格陵兰冰盾 170 万平方千米，厚 3.2km；南极冰盾 1250 万平方千米，最厚处达 4km。3）运动不受地形影响，由于压力使中心向四周缓慢运动。

（2）山岳冰川。山岳冰川又称阿尔卑斯式冰川，主要分布在中、低纬度的高山和高原上，并且气温在零度以下的山谷之中；冰川长度不等，长者可达数万米。我国现代冰川均属于这种类型。

图 10 – 3　南极冰川　　　　　　　　　　　图 10 – 4　格陵兰冰盖

山岳冰川按其发育规模及形态可分为下列几种：

（1）冰斗冰川。分布在雪线附近、呈围椅状的半圆形凹地称为冰斗。主体位于冰斗之内，仅有一短小舌状体（冰舌）溢出的冰川称为冰斗冰川（见图 10 – 5）。

（2）山谷冰川。冰斗冰川进一步扩大，注入山谷，即成为山谷冰川。其长度一般为 20～30km。如绒布山谷冰川长 26km，冰体厚度平均为 120m。山谷冰川分为单式和复式两类（见图 10 – 6）。

图 10 – 5　冰斗冰川　　　　　　　　　　　图 10 – 6　复式山谷冰川

（3）平顶冰川。又称高原冰川或冰帽。分布在高山地区的边缘山地，或高纬度地区的高原处。基本上呈现面状，其规模比大陆冰川小得多。冰川自中心流向四周，形成悬冰川和山谷冰川。

（4）山麓冰川。指山谷冰川流出山口到达山麓地带的冰川。若干山麓冰川可汇成一个面积广阔的冰源（见图 10 – 7）。

其特点有：1）规模小；2）冰层薄；3）形成和运动主要受地形影响和限制。

三、冰川的运动

大陆冰川和山岳冰川一直处于缓慢运动中。这两种类型冰川运动的原因不同。大陆冰

图 10 – 7　山麓冰川

川主要受侧向压力的作用，使其从冰层厚的地方（中心）向冰层薄的地方（边缘）流动；而山岳冰川主要受重力作用，从冰床高处向低处运动，但是，运动速度一般极其缓慢。每年一般数米至数十米，日平均移动范围不过几厘米，肉眼基本观察不到。例如，珠穆朗玛峰北坡绒布冰川最大年流速为 64m，东绒布冰川为 164m；南极冰体流经 200km 的距离用了 8000 年；从南极大陆中部运移到海岸的冰川年龄已达 10 万年。冰川及其运动所带来的冰川作用是高纬度地区和中、低纬度高山地区地表变化的主要营力。

　　运动中的冰川其变形具有垂向差异性，就厚度超过 50m 的冰川而言，50m 以下的部分具有可塑性，50m 以上的部分缺乏可塑性，其最上层则表现为脆性。冰川流经参差起伏的地面时，托在下部冰体之上而作被动运移的上部冰体便会受到张力而破裂，形成冰裂隙（见图 10 – 8），其最大深度可达 50m。

　　由于冰川是固体流，在表面会产生许多冰裂隙，当气温回暖时，具冰裂隙的冰体会发生差异融化，即在裂隙处融化快，容易形成冰塔（见图 10 – 9）、冰蘑菇等奇特现象，但随着气温进一步转暖这些现象逐步消失。

图 10 – 8　冰裂隙（图片摘自《国家地理》）

图 10 – 9　冰塔（图片摘自《国家地理》）

　　由图 11 – 11 可以看出，山岳冰川表面平整，但是暗藏了许多冰裂缝和冰井。雪后，这些冰裂缝、冰井充满了危险。

　　由图 10 – 9 可以看出，冰面差别消融产生的许多壮丽的自然景象。珠穆朗玛峰和希夏邦马峰地区的很多大冰川前缘发生融崩，发育了世界上罕见的冰塔林。

第二节　冰川的剥蚀作用及冰蚀地貌

冰川是塑造地表形态的一种外力作用，在高山和高纬地区这种作用尤为显著。

一、冰的剥蚀作用

冰川的剥蚀作用又称刨蚀作用，包括挖掘作用和磨蚀两大类。

（1）挖掘作用。指冰川在流动时将冰床底部及两侧岩石拔起带走的过程。冰川运动时，在冰川底部的冰部分融化，冰水渗入到基岩的裂隙中重新结冰，使基岩发生机械破裂，岩石裂隙进一步扩大。伴随着冰川的运动，这些岩石碎块被冰川携带走。挖掘作用的结果是冰床加深。

（2）磨蚀。指冰川在流动时以冻结在冰川内的岩屑为工具，对冰床底部及两侧岩石进行锉磨。这就如同用锉子对金属表面进行磨光一样。

磨蚀的结果常常产生磨光面（冰溜面）和冰擦痕（见图 10 - 10）。冰擦痕可指示冰川的运动方向。

图 10 - 10　冰擦痕

二、冰蚀地貌

冰蚀地貌是指第四纪冰川作用遗留下来的地貌。第四纪冰种形成的地貌分为侵蚀地貌和堆积地貌。

各种冰蚀地貌分布在不同部位。雪线附近及其雪线以上发育有冰斗、角峰、刃脊；雪线以下形成冰川谷，在冰川谷内常常发育羊背石和串珠状的冰蚀湖。

（一）冰斗

冰斗（见图 10 - 11）指分布在高山雪线附近或以上的，能储存冰雪的洼地。在冰川发育前，大部分洼地是集水盆地或地势平缓的地形。当气候转冷开始发育冰川时，这里首先积累了大量的冰雪，达到一定厚度后，在自身的压力和重力作用下发生运动形成冰川，冰川的刨蚀作用使洼地不断加深、拓宽，最终形成冰斗。

冰斗的轮廓近似卵圆形或三角形，表面微凹，向粒雪盆（雪线以上积累冰雪的洼地）

图 10 - 11　冰斗

出口方向缓缓倾斜，而其他 3 个方向都由陡峭山坡环绕。

（二）刃脊和角峰

相邻两个冰斗或冰蚀谷，因刨蚀作用而后退，使得相邻的冰斗或冰蚀谷之间的山脊变得越来越窄，形成陡峭的山脊，称为刃脊（见图 10 - 12）。同样的刨蚀作用，使 3 个或 3 个以上的冰斗同时扩展，中间形成陡峭的锥状山峰，称为角峰（见图 10 - 13）。角峰往往呈金字塔形尖峰，山坡呈凹形陡坡，顶峰突出成尖角。如我国的珠穆朗玛峰和欧洲的勃朗峰都是角峰。

图 10 - 12　刃脊

图 10 - 13　角峰

（三）U 形谷

U 形谷也称为冰蚀谷。当冰川占据以前的河谷或山谷后，由冰川过量下蚀和展宽形成冰川谷，两侧一般有平坦谷肩，使原来的谷地被改造成横剖面呈抛物线形状，这样可更有效地排泄冰体。同时两岸山坡岩石经寒冻风化作用不断破碎，并崩落后退，因此冰蚀谷一般发育在雪线之下，并且谷中常常发育有串珠状的湖以及羊背石。

（四）羊背石

前面提到，冰川的挖掘和磨蚀作用是同时进行的，只是在冰床的不同部位作用强度略有不同。当冰川底部有凸起的基岩时，迎冰面磨蚀作用相对较强，使凸起的岩石表面变光滑，坡度变缓；而背冰面以挖掘作用为主，表面变得凹凸不平，坡度变陡，有被拔蚀形成的阶梯。当冰川消融后这些基岩如果保留下来，则称为羊背石（见图 10-14）。

图 10-14　羊背石（冰川的运动方向是从左到右）

羊背石主要发育在 U 形谷中。此外，比较坚硬的岩石表面常常显示出磨光面。这是由于在冰川运动过程中被冰体所携带的砾石摩擦，因此表面布满平行擦痕。

（五）鲸背石

在冰河时期，冰川从山体向下运动，遇到坚硬的基岩无法搬运，但会发生磨蚀作用，因此形成中间高两端低且表面光滑的鲸背石。

鲸背石是一种和羊背石形态规模相似的冰蚀地貌。它与羊背石的不同点在于它的迎冰面与背冰面坡度相近，说明在形成过程中冰川以磨蚀作用为主，少有挖掘作用的结果。因此，鲸背石形似长椭圆形，且长径与流水方向一致为其典型特征。

第三节　冰川的搬运、沉积作用及其地貌

一、冰川的搬运作用

冰川一直在缓慢运动中，在这缓慢的运动过程中将冰川内部及冰川前缘的碎屑物搬运到别处，称为冰川的搬运作用。冰川的搬运物大都是一些碎屑物，在冰川中呈固着状态。除因冰体不同部分的运动速度有所差异，使得某些粗大的碎屑物之间发生局部摩擦外，这种纯机械搬运的能力是巨大的，而且搬运的碎屑物因大多冻结在冰川内，大小混杂，且彼

此间不发生摩擦、碰撞，多呈棱角状，因此，在搬动过程中不会发生形态的改造。这是冰川搬运的一个重要特征。

冰川搬运的方式主要为载运和推运。"载运就如同传送带送货物；而推运就如同推土机推土一样。"其中，载运是冰川搬运的主要方式。冰川的托载能力很强，能够把大到几百立方米或是上万吨的石块搬运到很远的地方，甚至是从陆地搬到海洋中。

被冰川带到别处的大小不一的石块统称漂砾，漂砾常常是识别冰川活动的标志。漂砾的大小极其悬殊，有的只有拳头那么大，有的则有房子那么大。例如，喜马拉雅山巅有的漂砾直径达28m，质量可达万吨以上。

需要注意的是：冰漂砾的岩石成分常常与所在地附近的基岩不同。

二、冰川的沉积作用及地貌

（1）冰碛物。山岳冰川从高处往雪线以下运动，或者是大陆冰川从高纬度向低纬度区域运动时，随着气温的逐渐升高，冰川冰逐渐消融。原本冻结在冰川内部的碎屑物就会在冰川的末端或者边缘堆积起来，这些堆积物则称为冰碛物。

冰碛物是常年结冰产生的残留物。冰渍多生成于高海拔寒冷地区，冰川融化后大量冰渍物会顺谷地流动。

（2）冰碛岩。冰碛岩是一类由冰川作用形成的碎屑岩。在气候严寒的条件下，冰雪使山上的岩石碎裂，碎裂的岩石夹带在冰雪之中，固结紧压，顺坡而下，徐徐滑动至雪线以下，当融冰时，这些岩块碎石就在冰川的前缘地带堆积下来，称为冰碛岩。

冰碛物具有以下特点：

（1）皆为碎屑物。碎屑矿物中可以有容易风化的铁镁质矿物。

（2）大小混杂，缺乏分选。经常是巨大的岩块、粉砂和泥质物的混合体。

（3）碎屑物无定向排列。扁平或长条状岩块可以呈直立状态。

（4）无成层现象。

（5）大部分碎屑棱角鲜明。

（6）有的岩块表面具有磨光面和（或）冰川擦痕。擦痕长短不一，大的长数十厘米以上，小的细似头发丝。冰川擦痕形状多样，有的呈钉子形，一端粗而深，另一端细而浅。具有擦痕的冰碛砾石，称为条痕石。有的砾石因长期受冰川压力作用而弯曲，称为"猴子脸"。如岩块表面既有磨光面又有冰川擦痕，则是冰川沉积的极佳证据。

（7）根据扫描电镜观察，冰碛物中的石英砂粒形态不规则，棱角尖锐；其表面具有碟形洼坑，坑内有贝壳状断口及平行阶坎。

（8）含有适应寒冷气候的生物化石，如寒冷型的植物孢子等。

三、冰川地貌

冰川到达温暖的地方就融化，这时，它把所携带的物质原地沉积下来。另外，部分冰川也可能入海裂为冰山，冰山中的岩屑随之漂移，随着冰块的溶解而逐渐下沉为冰川海洋沉积。冰碛物可分为4类：含于冰川底部的底碛，含于冰川内部的内碛，含于冰川表层的表碛，含于冰川体两侧的侧碛。

冰碛地貌（见图10-15）主要有以下类型：

（1）冰碛丘陵。在冰川退却过程中，由于冰体融化，原来的表碛、内碛和中碛都沉落在底碛之上，它们合称为基碛。由基碛形成的波状起伏的丘陵称为冰碛丘陵。

（2）终碛堤。存在于冰川的前沿部分，由冰碛物堆积形成的弧形堤坝。如图 10 – 15 所示。终碛堤常常有许多条，这与冰川暂时性的后退是有关系的。一般来说，最外一条的终碛堤是推挤终碛堤，其余的多为冰退终碛堤。

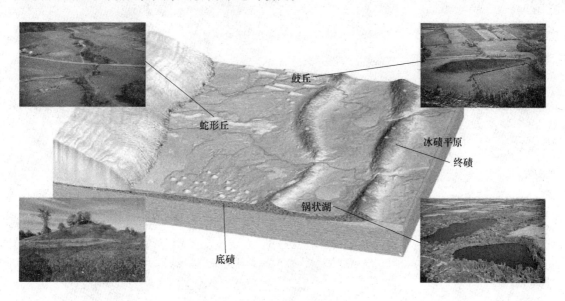

图 10 – 15　冰碛地貌示意图

（3）侧碛堤。山谷冰川运载的冰碛物多集中于两侧。当冰川消融后，冰碛物会在谷壁两侧堆积下来，形成长条状的地形，称为侧碛堤。

（4）鼓丘。指平行分布的菱形冰碛丘。其反映了冰川边缘地带冰川搬运能力减弱，当冰川负载量超过搬运能力，或冰流受阻时，冰川携带的部分底碛停积，或越过障碍物把泥砾堆积于背冰面。也就是说，鼓丘的迎冰面是陡的；而背冰面是缓的，主要为冰碛物。这种情况正好与羊背石相反。

鼓丘主要分布在大陆冰川终碛堤以内的几千米到几十千米范围内，常常成群分布。相对而言，山谷冰川内分布的鼓丘数量较少。

（5）冰碛湖。冰碛湖是冰川在末端消融后退时，挟带的砾石在地面堆积成四周高、中间低的洼地，或堵塞部分河床、积水形成的湖泊。它们一般海拔较高，因此湖体较小。它与冰蚀湖都为冰川作用形成的地貌，但成因有所不同。冰蚀湖是冰川侵蚀地表形成洼地，后积水形成。例如新疆的喀拉斯湖。在岛屿冰盖或山谷冰川入海处，因冰川蚀低，冰川消亡后将变成湖。

冰川融水具有一定的侵蚀搬运能力。例如冰川融水汇聚于冰下形成冰下河，冰下河会改造冰碛物，将冰碛物再次搬运堆积，即在冰川边缘形成由冰水堆积物组成的冰水地貌。

前文提到的冰川层状沉积就与冰水沉积有关。

冰水沉积与冰川沉积略有不同。冰水沉积是冰川中的杂质随冰川融水被带到另一个地方；而冰川沉积是冰川中的一些杂质在冰川融化后留在了原地。

复习思考题

10-1　比较河流与冰川在成因和搬运作用方面的异同。

10-2　比较冲积物与冰碛物的异同。

第十一章 成岩作用与沉积岩

在自然界中，岩石的风化剥蚀产物、火山物质、有机物质以及宇宙物质等经过搬运、沉积而形成松散的沉积物，这些松散的沉积物必须经过一定的物理、化学以及其他的变化和改造，才能固结形成坚硬的沉积岩。这种使各种松散沉积物转变为坚固岩石的作用称为成岩作用。沉积岩成岩作用又称为沉积期后变化。这一作用可持续到沉积岩遭受变质或再风化之前。

沉积岩占地壳岩石总体积的7.9%，主要分布在地壳表层，在地表出露的三大类岩石中，其面积占75%，是最常见的岩石。沉积岩中蕴藏着丰富的金属、非金属矿产（铁、锰、铝、铜、金、磷）和可燃性矿产（石油、天然气、煤、油页岩）。沉积岩记录着地壳发展与演化的历史。年龄最老的沉积岩约6亿年（苏联科拉半岛），最早有生命记载的沉积岩年龄为31亿年（南非）。因此对沉积岩的研究既具有理论意义又具有经济价值。

第一节 成 岩 作 用

沉积岩成岩作用不仅表现为松散沉积物固结成岩，而且结构、构造均发生了变化，同时，还伴随着新矿物（自生矿物）的生成（见图11-1）。

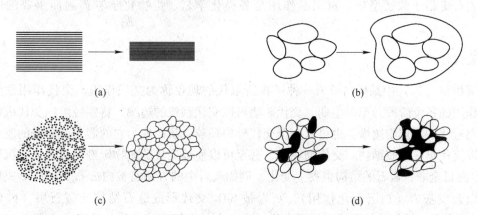

图 11-1　固结成岩作用的几种途径
(a) 压实作用；(b) 胶结作用；(c) 重结晶作用；(d) 新矿物生长

一、压实作用

在沉积物不断增厚的情况下，下伏沉积物受到上覆沉积物巨大压力，使沉积物孔隙度减少，体积缩小，密度增大，水分排出，从而加强颗粒之间的联系力，使沉积物固结变硬。压实作用不仅可以排出沉积物颗粒之间的附着水，而且还使胶体矿物和某些含水矿物产生脱水作用而变为新矿物，例如蛋白石（$SiO_2 \cdot nH_2O$）变成玉髓（SiO_2），褐铁矿（$Fe_2O_3 \cdot nH_2O$）变为赤铁矿（Fe_2O_3），石膏（$CaSO_4 \cdot 2H_2O$）变为硬石膏（$CaSO_4$）等。矿物脱水后，一方面使沉积物体积缩小，另一方面使其硬度增大。

压实脱水是泥质沉积物成岩过程的主要作用，其孔隙度可以由 80% 减少到 20%。同时，上覆岩石的压力使细小黏土矿物形成定向排列，从而常使黏土岩具有清晰的薄层层理（页理构造）。

二、胶结作用

碎屑沉积物中有大量的孔隙，在沉积过程中或在固结成岩后，孔隙被矿物质所填充，从而将分散的颗粒黏结在一起，称为胶结作用。常见的胶结物有硅质（SiO_2）、钙质（$CaCO_3$）、铁质（$Fe_2O_3 \cdot nH_2O$）、黏土质、火山灰等。这些胶结物既可以来自沉积物本身，也可以是由地下水带来的。砾岩和砂岩就是砾石和砂粒经胶结作用形成的，所以胶结作用是碎屑岩的主要成岩方式。

三、重结晶作用

沉积物在压力和温度逐渐增大的情况下，产生压溶和固体扩散等作用，导致物质质点重新排列组合，使非晶质转变为晶质，细小的晶粒变成粗大的晶粒，这种作用称重结晶作用。例如蛋白石（$SiO_2 \cdot nH_2O$）脱水结晶变成隐晶质的玉髓（SiO_2），玉髓进一步结晶成显晶质的石英；石灰岩中隐晶质方解石重结晶为粗晶方解石。重结晶的晶体内常具有原岩成分的包裹物或残留物，这是鉴别重结晶的重要标志。重结晶后的岩石孔隙减少、密度增大，岩石更趋于致密坚硬。重结晶作用是各类化学岩、生物化学岩普遍而重要的成岩方式。

四、交代作用

沉积物（岩）中某矿物被另一种矿物所取代的现象称为交代作用。交代作用发生于成岩作用的各个阶段乃至表生期。交代矿物可以交代颗粒的边缘，将颗粒溶蚀交代成锯齿状或鸡冠状的不规则边缘，也可以完全交代碎屑颗粒，从而成为它的假象。后来的胶结物还可以交代早成的胶结物。交代彻底时，甚至可以使被交代的矿物影迹完全消失，沉积物（岩）面目全非，岩石的结构也发生变化。例如灰岩中的方解石被白云石交代而形成白云岩或白云质灰岩（白云石化作用），灰岩被 SiO_2 交代形成燧石结核或燧石层（硅化作用），砂岩中二氧化硅与方解石相互交代，含有大量方解石胶结物的砂岩中方解石交代长石，含黏土杂基的砂岩中黏土矿物常被方解石交代，黏土矿物交代不稳定的长石，黏土矿物相互交代。

五、新矿物的生长

新矿物的生长指沉积物（岩）中不稳定矿物发生溶解或发生其他化学变化，导致若干化学成分在成岩过程中重新组合变成新矿物的作用。如硅质（SiO_2）由生石英形成，磷质形成磷灰石，硅、铝质则由生长石等形成。

第二节 沉积岩的特征

一、沉积岩的化学成分

沉积岩与岩浆岩的平均化学成分十分接近。这是因为沉积岩基本上由岩浆岩的风化产物所组成。尽管如此,两者之间还是存在着许多重要的差别(表11-1)。

表11-1 沉积岩和岩浆岩的平均化学成分 (质量分数/%)

氧化物	沉积岩	岩浆岩
SiO_2	57.95	59.12
TiO_2	0.57	1.05
Al_2O_3	13.39	15.34
Fe_2O	23.47	3.08
FeO	2.08	3.80
MnO	—	0.12
MgO	2.65	3.49
CaO	5.89	5.08
Na_2O	1.13	3.84
K_2O	0.13	0.30
ZrO_2		0.039
Cr_2O_3	—	0.055
CO_2	5.38	0.102
H_2O	3.23	1.15
其他		0.304

(1)岩浆岩中 FeO 略高于 Fe_2O_3,而沉积岩中 Fe_2O_3 高于 FeO。这是因为沉积岩的形成环境(地表)富含自由氧。介质为氧化还原反应提供条件,而岩浆岩的形成环境(地下深处)为还原反应提供条件。

(2)岩浆岩中 Na_2O 略高于 K_2O,而沉积岩中 K_2O 高于 Na_2O。这是由于 Na 在地表易从岩浆岩中风化析出,被河流带至海洋,以 Na^+ 的形式富集于海水中,很难发生沉淀,而 K^+ 从岩浆岩中风化析出后,相当一部分形成水云母等含 K 矿物或被其他黏土矿物吸附,从而保留在沉积岩中。

(3)沉积岩中富含 CO_2 和 H_2O,而岩浆岩中极少。

(4)沉积岩中富含有机质,岩浆岩中含量甚微。

沉积岩的化学成分随岩石类型的不同而相差极大:一些石英砂岩或者硅质岩可含90%以上的 SiO_2;石灰岩则高度富集 CaO;Al_2O_3、Fe_2O_3 和 MgO 明显富集在某些沉积岩中。这显然是地球物质循环到表生环境后因背景条件不同而发生分异的结果。

二、沉积岩的矿物成分

沉积岩中已发现的矿物达160种以上,但常见的只有20余种。而且在一种类型的沉积岩中，造岩矿物只有 1~3 种，一般不超过 5~6 种，沉积岩对岩浆岩的矿物成分而言，既存在着继承性，又有差异性。

（1）橄榄石、普通辉石和普通角闪石等暗色铁镁矿物在岩浆岩中大量存在，但在沉积岩中含量极少。因为这些矿物是在高温高压条件下由岩浆结晶而成，在地表环境则不稳定，易被风化分解。

（2）石英、钾长石、酸性斜长石和白云母等浅色矿物在岩浆岩和沉积岩中均广泛存在，由于它们形成于岩浆结晶的晚期，在地表环境中比较稳定。风化作用使这些矿物在沉积岩中相对富集，其含量甚至超过在岩浆岩中的含量。

（3）在沉积作用过程中新生成的自生矿物，如某些氧化物和氢氧化物、黏土矿物、盐类矿物、碳酸盐矿物，它们是沉积岩的主要矿物成分，但在岩浆岩中极少或缺乏。

三、沉积岩的颜色

颜色是沉积岩的重要宏观特征之一，对沉积岩的成因具有重要的指示性意义。

（一）颜色的成因类型

因为决定岩石颜色的主要因素是它的物质成分，所以沉积岩的颜色也可按主要致色成分划分成两大成因类型，即继承色和自生色。

主要由陆源碎屑矿物显现出来的颜色称为继承色，是某种颜色的碎屑较为富集的反映，只出现在陆源碎屑岩中，如较纯净石英砂岩呈灰白色，含大量钾长石的长石砂岩呈浅肉红色，含大量隐晶质岩屑的岩屑砂岩呈暗灰色等。

主要由自生矿物（包括有机质）表现出来的颜色称为自生色，可出现在任何沉积岩中。按致色自生成分的成因，自生色可分为原生色和次生色两类。原生色是由原生矿物或有机质显现的颜色，通常分布比较均匀稳定，如海绿石石英砂岩呈绿色、碳质页岩呈黑色等；次生色是由次生矿物显现的颜色，常常呈斑块状、脉状或其他不规则状分布，如海绿石石英砂岩顺裂隙氧化、部分海绿石变成褐铁矿而呈现暗褐色等。无论是原生色还是次生色，其致色成分的含量开不一定很高，只是致色效果较强罢了。原生色常常是在沉积环境中或在较浅埋藏条件下形成的，对当时的环境条件具有直接的指示性意义；次生色除特殊情况外，多是在沉积物固结以后才出现的，只与固结以后的条件有关。

（二）典型自生色的致色成分及其成因意义

（1）白色或浅灰白色。当岩石不含有机质，构成矿物（不论其成因）基本上是无色透明时常为这种颜色。如纯净的高岭石、蒙脱石黏土岩、钙质石英砂岩、结晶灰岩等。

（2）红、紫红、褐或黄色。当岩石含高铁氧化物或氢氧化物时可表现出这些颜色，其含量低至百分之几即有很强的致色效果，通常高铁氧化物为主时呈偏红或紫红，高铁氢氧化物为主时呈偏黄或褐黄。由于自生矿物中的高铁氧化物或氢氧化物只能通过氧化才能生成，故这种颜色又称氧化色，可准确地指示氧化条件（但并非一定是暴露条件）。陆源碎屑岩的氧化色多由高价铁质胶结物造成，泥质岩、灰岩、硅质岩的氧化色常由弥散状高铁微粒造成。由具有氧化色的砂岩、粉砂岩和泥质岩稳定共生形成的一套岩石称为红层或红色岩系，地球上已知最古老的红层产于中元古代，据此推测，地球富氧大气的形成不会晚于这个时间。

（3）灰、深灰或黑色。这通常是因为岩石含有机质或弥散状低铁硫化物（如黄铁矿、白铁矿）微粒的缘故，它们的含量愈高，岩石愈趋近黑色。有机质和低铁硫化物均可氧化，故这种颜色只能形成或保存于还原条件下，也因此而称为还原色。陆源碎屑岩、石灰岩、硅质岩等的还原色大多与有机质有关，泥质岩的还原色既与有机质有关，也与低铁硫化物有关。

（4）绿色。一般由海绿石、绿泥石等矿物造成。这类矿物中的铁离子有 Fe^{2+} 和 Fe^{3+} 两种价态，可代表弱氧化或弱还原条件。砂岩的绿色常与海绿石颗粒或胶结物有关，泥质岩的绿色常是绿泥石造成的。此外，岩石中若含孔雀石也可显绿色，但相对少见。

除上述典型颜色以外，岩石还可呈现各种过渡性颜色，如灰黄色、黄绿色等，尤其在泥质岩中更是这样。泥质沉积物常含不等量的有机质，在成岩作用中，有机质会因降解而减少，高锰氧化物或氢氧化物（致灰黑成分）常呈泥级质共存其中，一些有色的微细陆源碎屑也常混入，这是泥质岩常常具有过渡颜色的主要原因，而砂岩、粉砂岩、灰岩等的过渡色则主要取决于所含泥质的多少和这些泥质的颜色。

影响颜色的其他因素还有岩石的粒度和干湿度，但它们一般不会改变颜色的基本色调，只会影响颜色的深浅或亮暗，在其他条件相同的情况下，岩石粒度愈细或愈潮湿，其色愈深愈暗。

沉积岩颜色的观察与描述可采用矿物学中的二名法、类比法等原则。

四、沉积岩的结构

沉积岩的结构指沉积岩颗粒的性质、大小、形态及其相互关系。主要有碎屑结构、泥状结构、自生颗粒结构、化学结构和生物骨架结构。这些结构是划分沉积岩的重要依据。

（一）碎屑结构

碎屑结构主要由较粗的陆源碎屑（或它生矿物颗粒）机械堆积形成。其物质组成分为碎屑物和胶结物两部分。碎屑物可以是岩石碎屑、矿物碎屑、生物碎屑以及火山碎屑等。胶结物质指填充于碎屑孔隙之间的物质，如钙质、硅质、铁质以及石膏、海绿石和有机质等，系在沉积作用中由孔隙水沉淀出来的矿物晶体。此外，在粗碎屑孔隙间填充了细碎屑物质（细砂、粉砂、泥等），这种细碎屑填充物质又称为杂基或基质（见图 11-2）。

碎屑物有不同的大小、形状及组成，是碎屑岩进一步分类命名、描述鉴定的依据。

粒度碎屑颗粒的大小称为粒度。按碎屑粒径大小可分为：

砾状结构　　　　　粒径大于2mm；

砂状结构　　　　　粒径2~0.05mm；

粉砂状结构　　　　粒径0.05~0.005mm

碎屑颗粒粗细的均匀程度称为分选性。大小均匀者为分选良好；大小混杂者为分选差（见图 11-3）。碎屑颗粒棱角的磨损程度称为磨圆度或圆度。棱角全部磨损者称为圆形；棱角大部分磨损者称为次圆形；棱角部分磨损者称为次棱角形；棱角完全未磨损者称为棱角形（见图 11-4）。

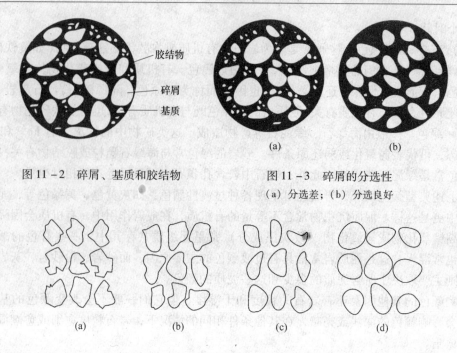

图 11 - 2　碎屑、基质和胶结物

图 11 - 3　碎屑的分选性
（a）分选差；（b）分选良好

图 11 - 4　碎屑的磨圆度
（a）棱角形；（b）次棱角形；（c）次圆形；（d）圆形

（二）泥状结构

泥状结构主要由极细小（泥级）（粒径小于 0.005mm）的固态质点机械堆积形成（见图 11 - 5（a）），这些质点通常不是单一成因，既可由母岩或其他物体机械破碎产生，也可以在风化或沉积作用中由化学或生物作用产生。沉积时，不同成因的质点常常会混杂在一起而同时参与结构的形成。当它们出现在碎屑结构中时就成了碎屑结构中的基质。

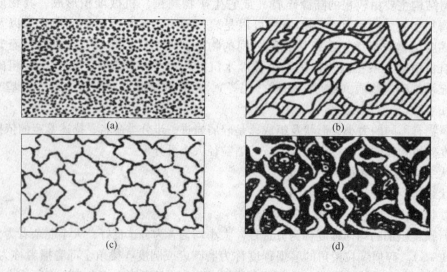

图 11 - 5　沉积岩结构示意图
（a）泥状结构；（b）自生颗粒结构；（c）晶粒结构；（d）生物骨架结构

（三）自生颗粒结构

自生颗粒结构常被简称为颗粒结构,主要由一些特殊的颗粒,如生物碎屑、鲕粒等机械堆积形成,颗粒之间的填隙物也有基质和胶结物的不同,在这些方面,它与碎屑结构极为相似,但结构中的颗粒却不同于陆源碎屑,它主要是由自生矿物构成的(见图11－5(b))。

（四）化学结构（晶粒结构）

化学结构主要由原地化学沉淀的矿物晶体形成,所谓"原地"是指晶体的大小、形态和相对位置都是在矿物沉淀时形成的。就结构面貌而言,结晶结构与岩浆岩或变质岩的某些结构很相似,但结构中的矿物却是从低温低压的水溶液中沉淀的,而且大多都是同一种矿物。它们显然都是自生矿物（见图11－5（c））。这种结构可以在沉积时形成,也可在沉积以后由其他结构改造形成。

（五）生物骨架结构

某些岩石由呈生长状态的生物骨骼构成格架（如珊瑚等）而形成,在生物骨架之间的空隙中常有自生颗粒、泥级质点或胶结物充填,这种结构称为生物骨架结构（见图11－5（d））。

五、沉积岩的构造

沉积岩的构造是指沉积物沉积时或沉积后,由于物理、化学和生物作用形成,显示岩石各组成部分分布和排列方式的各种宏观特征。在沉积物沉积过程中及沉积物固结成岩前形成的构造为原生构造;固结成岩之后形成的构造为次生构造。根据原生沉积构造可以确定沉积介质的营力及水动力状态,有助于分析沉积环境。有些沉积岩构造还可以用于确定地层顶底和层序。

（一）层理构造

层理构造是沉积岩在搬运和沉积过程中,由于介质（流水、风等）的流动,在沉积岩内部形成的成层构造。层理由沉积物的成分、结构、颜色、层的厚度以及形态沿垂向上的变化显示出来。层理构造是沉积岩中最重要的一种构造。

层理构造由纹层、层系和层系组构成（见图11－6）。纹层是构成层理的最小单位,厚度小（一般为数毫米）,同一纹层往往具有均一的成分和结构,是在同一水动力条件下在较短的时间内形成的。层系由许多结构、成分、厚度和产状相似的纹层组成,是在相同的水动力条件下不同的时间内形成的。层系组是由两个或两个以上相似的层系叠覆构成的,其间无明显的沉积间断,是

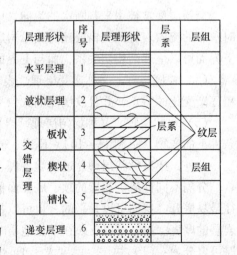

图11－6 层理构造的构成

在同一环境、相似的水动力条件下形成的。

层理按细层的形态及其与层系界面的关系可分为水平层理、平行层理、波状层理、交错层理等;按层内粒度递变特征可分为块状层理、粒序层理等。

（1）水平层理。纹层彼此平行并与岩层面平行，纹层薄（1~2mm），这种层理常出现在细粒沉积岩，如粉砂岩和黏土岩中，是在较稳定的水动力条件下以悬浮方式缓慢沉积形成的，如湖泊深水区、泻湖以及深海环境。

（2）平行层理。由彼此平行并与岩层面平行的纹层组成。平行层理中的碎屑粒度比水平层理粗大，纹层较厚（可达数厘米）。平行层理是在水流较快的浅水环境中形成的，如河道、湖岸和海滩。平行层理常与大型交错层理共生。

（3）波状层理。纹层呈对称或不对称的波状起伏（见图11-7）。

（4）交错层理。指纹层与层面呈斜交关系，相互平行叠置成单个的层系再组合成层系组（见图11-8），单个纹层的厚度可随纹层构成粒度的增大而变厚，从小于1mm到数厘米不等。根据纹层的形态可分成板状交错层理、楔状交错层理、槽状交错层理。

图11-7　波状层理（blog.163.com）　　　图11-8　交错层理（blog.163.com）

交错层理常被用来判断水的流向，即同一层系内纹层的倾斜方向就代表了形成该层系时水流的流向。有些交错层还可指示岩层顶面，即当纹层为下凹的曲面状时，它与层系的下界面可以呈逐渐相切关系，而与上界面为角度交截关系。

（5）粒序层理。又称递变层理，表现为每个纹层内碎屑颗粒粒径由粗到细或由细到粗逐渐变化的特点，并且纹层之间大致平行（见图11-9）。

（6）块状层理。又称均匀层理，岩层内部物质均匀，不显层理性，通常是快速堆积条件下的产物（见图11-10）。砾岩、砂岩、黏土岩中均可出现块状层理。

此外，还有脉状层理、透镜状层理、韵律层理等。

分隔不同性质沉积层的顶、底界面称为层面。该沉积层就称为岩层。沿岩层的层面往往最易劈开。层面可以是平的，也可以是波状起伏的。岩层的顶面和底面的垂直距离称为岩层的厚度。厚度可以反映在单位地质时间内沉积的速率及沉积环境的变化频率。根据层厚可以分为：（1）块层：厚度大于1m；（2）厚层：厚度1~0.5m；（3）中厚层：厚度0.5~0.1m；（4）薄层：厚度0.1~0.01m；（5）微层：厚度小于0.01m。

图 11 - 9　浊积岩中的粒序层理
(hanyu. iciba. com)

图 11 - 10　块状冰碛砾岩
(南极，birds. chinare. org. cn)

对大多数为岩性基本均一，中间有少量其他岩性的岩层，称为夹层（见图 11 - 11），如砂岩夹页岩、炭质页岩夹煤层等；如果岩层由两种以上不同岩性的岩层交互组成则称为互层（见图 11 - 12），如砂、页岩互层，页岩、灰岩互层等。夹层和互层反映构造运动或气候变化所导致的沉积环境的变化。

图 11 - 11　页岩夹粉砂岩
(昆明筇竹寺，程涌摄)

图 11 - 12　砂岩泥岩互层
(济源承留，李明龙摄)

（二）波痕

波痕是沉积物或沉积岩层面上有规律的起伏现象（见图 11 - 13），是在水或风的作用下，沉积物表层砂质在迁移过程中形成的沙波在层面上的遗迹。按成因波痕可分为 3 种类型：

（1）风成波痕。呈不对称状，波谷宽阔，波峰圆滑，陡坡倾向与风向一致（见图 11 - 14）。

（2）流水波痕。呈不对称状，波谷与波峰均较圆滑，陡坡倾向与流向一致（见图 11 - 15）。

（3）浪成波痕。对称的浪成波痕，波峰尖，波谷圆滑；不对称的浪成波痕同流水波痕相似（见图 11 - 16）。

图 11 – 13 沉积岩层面上的波痕

图 11 – 14 风成波痕

图 11 – 15 流水波痕

图 11 – 16 浪成波痕

风成波痕的细碎屑集中在波谷，粗碎屑集中在波峰，而流水波痕和不对称浪成波痕的粗碎屑集中在波谷内。

（三）泥裂和雨痕/冰雹痕

未固结的沉积物露出水面，受暴晒发生收缩而裂开形成的裂缝称为泥裂（见图 11 – 17）。泥裂在平面上多呈网格状，在断面上多呈 V 字形。常见于粉砂质泥岩和黏土岩的层面。

未固结的沉积物露出水面，雨滴或冰雹落在湿润而松软的泥质或砂质沉积物表面形成的椭圆形凹坑，称为雨痕或冰雹痕（见图 11 – 18）。

泥裂与雨痕或冰雹痕常共生在一起，它们的形成反映了沉积物曾经露出水面，因而具有指示沉积环境及古气候的意义。

（四）槽模

槽模是一种底面构造，一端呈浑圆状突起，指向上游；另一端向下游方向张开（见图 11 – 19）。槽模的成因是泥质沉积物表面被水流冲刷出槽穴后，又被后来的砂质沉积物充填，因而保留在砂岩的底面上。

图 11 - 17　泥裂　　　　　　　　　　　图 11 - 18　雨痕

（五）缝合线

指岩石剖面中呈锯齿状起伏的曲线（见图 11 - 20）。沿缝合线岩层易劈开，参差起伏的劈开面称为缝合面；突起的柱体称为缝合柱。缝合线的形态多样，起伏幅度一般是数毫米到数十厘米。缝合线是在成岩作用期形成的，在上覆岩层压力下，物质发生压溶作用，方解石、白云石被酸性溶液，石英被碱性溶液沿层面两侧溶解并带走，伴随一些成分沿垂直压力方向的不均匀带进，形成锯齿状起伏的缝合线。溶解的残余物质如黏土矿物常分布于缝合面上。多数情况下其展布方向与层面平行，可借此判断层面。缝合线主要见于灰岩及白云岩中，也可出现在砂岩中。

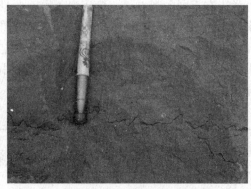

图 11 - 19　槽模　　　　　　　　　　　图 11 - 20　缝合线（灰岩）

（六）结核

指沉积岩中由某种成分的物质聚积而成的团块。团块的形状多种多样，常为圆球形、椭球形、透镜状及不规则形。石灰岩、白云岩中常见燧石结核（见图 11 - 21），主要是 SiO_2 在沉积物沉积的同时以胶体凝聚方式形成的。一部分燧石结核是在成岩过程中由沉积物中的 SiO_2 在局部酸性环境下缓慢自行聚积形成的。含煤沉积物中的黄铁矿结核是成岩过程中沉积物中的 FeS_2 自行聚积形成的，一般为球形。洋底的锰结核则是沉积期形成的（见图 11 – 22）。黄土中常见钙质结核或锰结核，是地下水溶解沉积物中的 $CaCO_3$ 或 Fe、Mn 的氧化物迁移在适当的地点再沉淀而形成的，其形状多不规则。

　　　图 11 – 21　白云岩中的燧石条带/结核　　　　　　图 11 – 22　大洋锰结核

第三节　常见的沉积岩

一、沉积岩的分类

　　由于沉积岩种类繁多，并在成因和成分以及其他方面具有复杂性，目前对于沉积岩的分类尚有不同的观点。一般认为，物质来源是划分沉积岩类型最重要的依据。因为沉积物来源不同，其成分和性质也不同，其搬运和沉积作用的方式以及成岩后生阶段的作用方式和特点也会有所不同。因此，物质来源决定了沉积岩的大类划分。成分和结构是进一步分类的依据。本着简明扼要的原则，本书采用的沉积岩分类见表 11 – 2。按照物质来源的差异沉积岩分为三大类。

表 11 – 2　沉积岩的分类

它生沉积岩		自生沉积岩
陆源沉积岩（按结构细分）	火山源碎屑岩（按结构细分）	内源沉积岩（按成分细分）
砾岩大于 2mm 砂岩 2 ～ 0.05mm 粉砂岩 0.05 ～ 0.005mm 黏土岩小于 0.005mm	集块岩大于 64mm 火山角砾岩 64 ～ 2mm 凝灰岩小于 2mm	碳酸盐岩 硅质岩 铝质岩、铁质岩、锰质岩、磷质岩 蒸发岩 可燃有机岩

　　（1）陆源沉积岩。陆源沉积岩主要由机械搬运沉积的陆源物质组成，包括陆源碎屑岩和黏土岩。前者如砾岩、砂岩、粉砂岩，后者如泥岩和页岩。
　　（2）火山源沉积岩。火山源沉积岩主要由火山喷发的火山碎屑物质经机械搬运沉积而成。进一步按粒度、结构细分为集块岩、火山角砾岩和凝灰岩。

（3）内源沉积岩。内源沉积岩由发生在沉积盆地内的生物沉积作用和化学沉积作用形成的沉积物组成。组成内源沉积岩最原始的物质主要来自生物和陆源溶解物质。由生物和化学作用形成的沉积物往往会受到机械搬运或机械沉积作用的改造而具有某些与陆源碎屑岩类似的特点。按成分和沉积作用方式，内源沉积岩可进一步分为由化学沉积作用形成的蒸发岩；由生物作用形成的可燃有机岩；由生物、化学和生物化学作用形成的碳酸盐岩、硅质岩、铝质岩、铁质岩、锰质岩和磷质岩。

二、常见沉积岩

（一）砾岩和角砾岩

砾岩和角砾岩指具有砾状或角砾状结构，砾石含量超过30%的碎屑岩（见图11-23）。碎屑为圆形或次圆形者为砾岩，碎屑为棱角形或半棱角形者为角砾岩。其进一步定名主要根据碎屑成分和含量。如果某成分的砾石（如石英岩、石灰岩、安山岩）含量大于75%，则以砾石成分直接命名，如石英岩质砾岩（角砾岩）、石灰岩质砾岩（角砾岩）、安山岩质砾岩（角砾岩）；如果砾岩由多种成分组成，各种类型的砾石含量均不超过50%，则称为复成分砾岩（角砾岩）。此外，还要注意颜色和胶结物成分。

砾岩大多是山麓洪积和河流搬运堆积的产物。山前、近源快速堆积条件下形成的沉积砾岩往往砾石成分复杂，分选与磨圆均差；经过远距离搬运沉积而成的砾岩往往砾石成分简单，以石英、硅质岩为主，分选与磨圆俱佳。根据成因，还可划分为冰川砾岩、岩熔角砾岩、滑塌角砾岩等。

（二）砂岩

砂级碎屑（0.1~2mm）含量大于50%的碎屑岩为砂岩（见图11-24）。碎屑成分主要为石英、长石、岩屑或生物碎屑。按照碎屑粒径大小可分为粗粒砂岩（2~0.5mm）、中粒砂岩（0.5~0.25mm）、细粒砂岩（0.25~0.05mm）。砂岩的进一步定名应根据颜色、碎屑成分、胶结物或基质成分、碎屑粒径综合考虑。如岩石颜色为灰白色，碎屑主要是石英，其次为长石（小于25%），胶结物为$CaCO_3$，粗粒碎屑，则定名为灰白色钙质长石石英粗砂岩；若岩石中碎屑主要为石英，其次为岩屑（小于25%），基质为黏土质，粗粒碎屑，则定名为灰白色黏土质岩屑石英粗砂岩。在野外多数情况下，胶结物或基质成分用肉眼难以确定，可根据碎屑特征定名，如称为紫红色长石细砂岩、灰白色岩屑石英细砂岩等。当碎屑成分与胶结物成分肉眼都难以判别时，也可以仅根据颜色命名，如紫红色砂岩、灰绿色砂岩、灰黑色砂岩等。

（三）粉砂岩

粉砂级碎屑（0.05~0.005mm）含量大于50%的碎屑岩为粉砂岩（图11-25）。碎屑成分以石英为主，次为长石，并有较多的云母和黏土类矿物，胶结物以铁质、钙质、黏土质为主。按粉砂颗粒大小，粉砂岩可分为粗粉砂岩（0.05~0.01mm）和细粉砂岩（0.01~0.005mm）。其进一步定名的原则与砂岩相同，但一般着重考虑其颜色与胶结物成分。

图 11 - 23　砾岩（嵩山世界地质公园，程涌摄）　　　图 11 - 24　砂岩（洛阳万安山，程涌摄）

（四）黏土岩

　　黏土岩又称为泥质岩，是由黏土矿物组成并常具有泥质结构（小于 0.005mm）的沉积岩。黏土岩是分布最广的沉积岩，占沉积岩出露面积的 60%，性软，抗风化能力弱，在地形上常表现为低山低谷。黏土矿物主要来源于母岩的风化产物，即陆源碎屑黏土矿物。主要矿物有高岭石、水云母、蒙脱石等，结晶微小（0.001～0.002 mm），多呈片状、板状、纤维状等。除了黏土矿物外，泥质岩中可以混有不等量的粉砂、细砂以及 $CaCO_3$、SiO_2、$Fe_2O_3 \cdot nH_2O$ 等化学沉淀物，有时含有机质。

　　黏土岩中固结微弱者称为黏土，如高岭土、膨润土等；固结较好但没有层理者称为泥岩（见图 11 - 26）；固结较好且具薄层状页理构造者称为页岩（见图 11 - 27）。

图 11 - 25　粉砂岩（昆明筇竹寺，程涌摄）　　　图 11 - 26　泥岩（嵩山世界地质公园，程涌摄）

　　黏土岩常含有一定量的混入物，可有各种颜色：含有机质者呈黑色，含氧化铁者呈红色，含绿泥石、海绿石等呈绿色，是泥质岩描述、命名和恢复古环境的依据之一。如紫红色铁质页岩、黑色炭质页岩、黄褐色钙质泥岩、灰白色黏土等。

（五）硅质岩

　　硅质岩（见图 11 - 28）的化学成分主要为 SiO_2，组成矿物为微晶质石英和玉髓，少数情况下为蛋白石。质地坚硬，小刀不能刻划，性脆。含有有机质的硅质岩的颜色为灰黑色；富含氧化铁的硅质岩称为碧玉，常为暗红色，也有灰绿色；不同颜色条带或花纹的玛瑙也属于硅质岩；呈结核状态产出者，即为燧石结核；含 SiO_2 的热泉经过沉淀可形成硅华。硅质岩中含黏土矿物丰富者（黏土矿物大于50%）称为硅质页岩，其质地较软，应归属于黏土岩类。

图 11 – 27　页岩（昆明筇竹寺，程涌摄）　　　　图 11 – 28　硅质岩

硅质岩有多种成因。部分硅质岩是从热泉中涌出的富含 SiO_2 的热水经凝聚或交代碳酸钙沉积而成，或火山喷发物经水解作用析出 SiO_2 而成（这一作用常发生在海底或陆上火山活动区）。部分硅质岩的形成与海中硅质生物，如放射虫或硅藻的迅速繁衍及其骨骼的大量堆积有关，属于生物化学岩。

（六）铁、锰、铝、磷沉积岩

（1）铁沉积岩。化学成分以 Fe 为主，可含 Mn、V、Ni、P、S、SiO_2、Al_2O_3、CaO等。常见铁矿物包括氧化铁（磁铁矿、赤铁矿、褐铁矿）、碳酸铁（菱铁矿）、硫化铁（黄铁矿）、硅酸铁矿物（鲕绿泥石、海绿石）等。常见结构有内碎屑、鲕粒、球粒等。构造多样，如磁铁石英岩中的条带构造等。

（2）锰沉积岩。锰矿物含量大于50%者称为锰沉积岩；锰矿物含量50%～25%者称为锰质沉积岩；锰矿物含量小于25%者称为含锰沉积岩。常见锰矿物包括氧化锰（软锰矿、硬锰矿）、碳酸锰（菱锰矿、锰菱铁矿）等。常见结构有鲕粒、豆粒、结核等。世界上的锰主要来自沉积锰矿。

（3）铝沉积岩。富含氢氧化铝矿物的沉积岩称为铝土岩；若 Al_2O_3 含量大于40%且 $Al_2O_3/SiO_2 \geq 2$，则称为铝土矿，是炼铝的主要原料。主要矿物是铝的氢氧化物，其次为黏土矿物和石英等。常见的结构有粉砂、泥、鲕粒、豆粒等。硬度、密度比黏土岩大，没有可塑性。

（4）磷沉积岩。磷矿物（主要是磷灰石）含量大于50%者称为沉积磷酸盐岩或磷酸盐岩，习称磷块岩。有经济价值的含磷沉积岩、磷质沉积岩、磷沉积岩称为沉积磷矿。常见的磷酸盐矿物有氟磷灰石、氢氧磷灰石等，还有胶磷矿等。其主要形成于浅海环境，也有形成于大陆环境。

（七）　白云岩

白云岩由白云石（$(Mg,Ca)CO_3$）组成，遇冷的稀盐酸不起泡。岩石常为浅灰色、灰白色，少数为深灰色；断口呈晶粒状。其晶粒往往较石灰岩粗，硬度和密度均较石灰岩大，岩石风化面上有刀砍状溶蚀沟纹（图 11 – 29）。

图 11 – 29　白云岩(嵩山世界地质公园,程涌摄)

白云岩具有不同成因。部分白云岩形成于气候炎热、干旱、海水盐度较高的环境，通过化学方式沉淀或生物的生物化学沉淀而成，称原生白云岩，少见。大部分白云岩是 $CaCO_3$ 沉积物在成岩过程中被富含镁质的海水作用后，方解石被白云石交代置换而成。由化学作用沉积的白云岩具有晶粒结构、颗粒结构、超微颗粒结构，晶粒为细粒或微粒以及隐晶粒，由交代置换作用形成的白云岩常残留原有石灰岩的结构。

白云岩与石灰岩形成条件有密切联系,因而在白云岩与石灰岩之间有若干过渡类型的岩石存在,各种过渡性岩石的主要差别在于岩石中 MgO 与 CaO 或白云石与方解石的含量比。以白云石为主并含有一定数量的方解石者,称为灰质白云岩;以方解石为主并含有一定数量的白云石者,称为白云质灰岩。遇冷的稀盐酸后,前者微弱起泡,后者起泡较强烈。

 复习思考题

11 – 1　何为成岩作用? 其包含哪些方式?

11 – 2　组成沉积岩的常见矿物有哪些? 其中哪些是沉积岩特有的矿物?

11 – 3　沉积岩哪些典型自生色对沉积环境有重要指示意义?

11 – 4　何为沉积岩的结构? 碎屑结构根据粒径大小是如何划分的?

11 – 5　何为沉积岩的构造? 沉积岩有哪些常见的沉积构造, 各有何地质意义?

11 – 6　沉积岩物质来源是如何分类的?

11 – 7　石灰岩具有哪些特征? 是如何分类的?

11 – 8　认识常见的沉积岩。

第十二章　岩石圈板块运动与地质作用

在 20 世纪以前，经过了几个世纪的探索，对于地球演化历史中海陆变迁和地壳运动的概念，人们逐渐形成了一种观念，认为地质历史中海陆的空间格局是固定不变的，仅分布的范围有些变化。当陆地下沉或海水上涨时，海洋范围扩大，陆地面积缩小；反之，海洋缩小，陆地面积扩大。这种理论称为"固定论"或者"大洋永恒论"。这种观点强调地壳的升降运动，因此又称为"垂直论"。当时固定论的认识被人们普遍地接受并根深蒂固，在地质界长期占据统治地位。

"活动论"与固定论正好相反，强调地壳的水平运动，又称为"水平论"。认为在地质历史中，大陆内部存在过深海，后来发生的强烈水平挤压作用导致海洋闭合、大洋消失、陆地相接。这种过程曾经多次发生。现在的海陆分布主要是中生代以后才形成的。活动论的观点早在 18 世纪就出现了萌芽，但早期的微弱呐喊未能与前者分庭抗礼。

到了 20 世纪初大陆漂移学说出现后活动论才得以真正被人们重新认识。自 20 世纪 40 年代以来，出于对海洋与海底资源的需求以及军事需要，全球兴起了大规模的海底地质调查。到 60 年代中期已经获得了大量成果，从而使地质工作者的认识从陆地扩大到海底，形成了全新的洋陆认识观，导致了板块构造学说的诞生，标志着地球科学的革命性变革。板块构造说是关于全球构造的理论，对各种地质现象做出了较合理的回答，刷新了以往的许多传统认识，成为统领地球科学各学科的基本理论，把地质科学推到了一个新的高度。

第一节　大陆漂移说

一、大陆漂移假说的提出

1620 年法国的巴肯（Bacon）就在地图上对大西洋两岸相似的部分作了标记。奥地利地质学家修斯（E. Suess，1909）把南半球大陆拼在一起，并推测存在一个统一的南方大陆——冈瓦纳大陆。但最先系统地提出大陆漂移观点的是德国青年气象学家魏格纳（A. Wegener，1912），他根据古生物化石、岩石特征和地质构造的相似性提出大西洋两岸曾是一个大陆，随后收集了大量证据，推测 3 亿年前（石炭纪后期）曾经存在一个全球统一的联合古陆，称为"泛大陆"，海洋也只有一个围绕着它的"泛大洋"，后来在 2 亿年前开始破裂，在发生了大规模的水平漂移（因为地球是一个球体，故实际上是沿球面的漂移）后，才慢慢分离成现今的陆洋格局（见图 12 - 1）。

大陆漂移学说认为：较轻的花岗岩质大陆壳在较重的玄武岩质基底之上漂移。大陆漂移沿着两个方向：一个是大陆由东向西飘移，由潮汐摩擦阻力引起；另一个是大陆由极地向赤道的离极运动，由地球自转产生的离心力所致。由于漂移速率不同，就分裂成各大洲，其间就形成了各大洋。大陆漂移前缘受基底阻碍处就挤压形成了褶皱山脉。

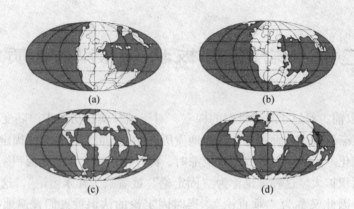

图 12－1　大陆漂移过程

（a）2.4 亿年前；（b）1.8 亿年前；（c）6 千万年前；（d）现在

二、大陆漂移的主要证据

（一）古生物证据

通过对比发现，在远隔重洋的大西洋两岸许多生物种群却存在着亲缘关系，其中特别是那些根本无法远涉重洋的陆生生物群落，由于相同的生物种不可能在相隔十分遥远的地点分别独立出现，而是应该起源于同一地区，然后再逐渐传播到其他地区。因此只有用大陆漂移学说才能对此圆满解释。

例如：水龙兽属于陆地生活的爬行类动物，存活在二叠纪晚期到三叠纪早期，其化石广泛分布于南非、印度、南极等地；中龙是一种只喝淡水的小型陆生爬行动物，在南美东部、非洲西部和南极洲 2 亿年前的地层中分别找到了同一个属种的化石；另一种很接近哺乳动物的爬行动物犬颌兽生活在三亿二千万年前，只见于大西洋两岸的南美洲和南非洲；2 亿年前的舌羊齿是生活在寒冷气候带的蕨类植物，其成熟种子很大，无法由风越洋吹送，但目前它的化石却遍布于南美洲、南非、印度、南极洲和澳大利亚等大陆的不同气候带上（见图 12－2）。显然，它们应该曾经生活在联合古陆上，此后才漂移开来。

（二）造山带及地层的可拼合性

更令人信服的证据是大西洋两岸相同地质年代的山系、地层或岩块都可以一一对应加以拼接（见图 12－3）。例如挪威到苏格兰的加里东褶皱山系在北美东海岸再现；南非开普山与南美布宜诺斯艾利斯的二叠纪地层可以拼合；非洲高原的前寒武纪片麻岩在巴西重现，等等。这就像被撕碎的书页，不仅毛边可以拼接，连印刷文字都恰好齐整切合，显然就不是巧合了。最重要的一点是大西洋两侧陆地的地质相同情形只发生在白垩纪以前的地层中，因为大陆漂移是在侏罗纪时候发生的。

（三）古冰川证据

约在 3 亿年以前古生代的后期，南半球有分布极广的冰川作用，曾在南美洲、非洲、澳洲、印度和南极洲发现（见图 12－4）。由冰川沉积物所指示的冰川流动方向可以证明

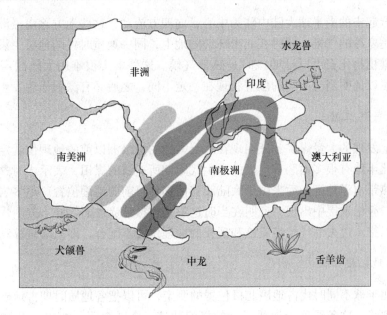

图 12 - 2　水龙兽、中龙、犬颌兽和舌羊齿化石分布

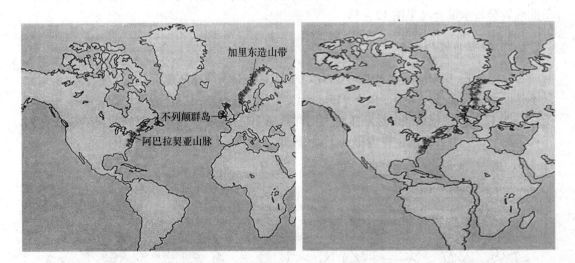

图 12 - 3　造山带的可拼合性与大陆漂移

图 12 - 4　古冰川的分布与大陆漂移

是由当时拼合起来的南半球大陆内陆为中心，向四方流动，这些地方除南极洲外目前都接近赤道，不是寒冷的气候。同时在北半球的陆地上，同一地质时代的地层中没有发现冰川作用，再根据植物化石可以证明该时是热带气候。这种事实很难用大陆固定的说法来解释，然而却可以证明当初大陆的位置和现在一定不同，之后必有漂移作用发生。

（四）古气候证据

南极洲上发现的大量煤矿，证明现在冰天雪地的南极洲以前的地理位置定是湿润的植物繁殖区。北半球有很多地区有广大的古生代晚期所造成的煤田，表示当时这些地区都是植物丰盛的热带沼泽地区，后来由于大陆漂移而移到目前的地理位置。很多岩盐和风成砂岩在美国的二叠纪地层中出现，证明在当时这里必定接近赤道而气候十分干燥。这些地质现象，都可以指示过去的气候带应该和现在的地理位置不配合，即大陆是移动过去的。

（五）古地磁极移轨迹

通过对北半球不同时代古地磁北极位置的测定，可以把各地质时期古地磁极位置在图上连接成一条线，这条线称为地质时代的极移轨迹。资料表明，如按今天的地理位置绘制，北美和欧洲所测的极移曲线形态大致相似但不重合，但若将两大陆拼合在一起，这两条曲线就会基本重合（见图 12-5）。

（六）大陆边缘的吻合

布拉德（E. G. Bullard，1965）应用电子计算机对大西洋两侧大陆进行拟合，发现如果不是以海岸线而是以海平面以下 915m 等深线为大陆边界，拼合的平均误差小于一个经度（见图 12-6）。根据放射性测年将大西洋两侧 20 亿年左右和 6 亿年的两组岩带投影到布拉德图上，它们各自的位置也得到了很好的吻合。

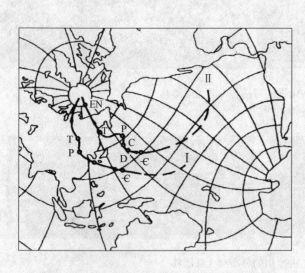

图 12-5　北美和欧洲 5 亿年来的视极移轨迹
（据毕思文，2002）

图 12-6　用计算机拟合的大陆
边界图（据 Bullard 等，1965）

大陆漂移说的主导思想是正确的，但限于当时的科学水平，魏格纳的大陆漂移说未能正确说明大陆漂移的驱动力问题；因为刚性的花岗岩层不可能在刚性的玄武岩层上漂移；潮汐摩擦阻力与地球旋转离心力太小，不足以引起大陆长距离漂移。所以，尽管有许多证据支持该学说，也曾深深震撼了地球科学界，但是仍未被大部分地质工作者接受，特别是受到固定论者（以槽台说为代表）的坚决反对，到了 20 世纪 30 年代便逐渐消沉下去了。

第二节　海底扩张学说

一、海底扩张的发现过程

大陆漂移学说因被地质界质疑，尤其是地球物理学界的坚决反对而沉默了数十年。20世纪 40 年代第二次世界大战结束后，美英等国广泛开展海底地质调查，取得大量成果。

（一）洋中脊的发现

早先人们并不知道洋中脊的存在。现在已经清楚，洋中脊是绵延全球各大洋底的巨大山脉，又称中央海岭，是地球上最为突出的地貌现象（见图 12 – 7）。全球洋中脊延伸的总长度超过 64000km，其宽度达 1000～4000km，平均高出洋底 2000～4000km，其横截面呈平缓的等腰三角形。其中，大西洋洋中脊呈 S 形，位置居中，与两岸近于平行，向北可延伸至北冰洋。印度洋洋中脊也大体居中，分 3 支，呈入字形，分支分别称为中央印度洋海岭、西南印度洋海岭和东南印度洋海岭。在太平洋，其位置偏东，且两坡比较平缓，称东太平洋海隆（海岭）。三大洋洋脊的南端彼此相连，北端则伸进大陆或岛屿。大西洋中脊向北延伸，穿过冰岛，与北冰洋中脊相连接。

图 12 – 7　全球洋中脊分布图

洋中脊附近发育有许多平行洋中脊方向的纵向正断层，使洋中脊从其脊部向两坡呈阶梯状下降。洋中脊轴部发育纵向深谷，称为裂谷，是由一系列高角度正断层组成的地堑（见图12-8）。如大西洋洋中脊宽1900~4000km，高出洋底3700km，轴部离海面1800~2700km，两坡呈阶梯状下降，轴部裂谷深达900~2700km，宽40~150km，两壁陡立。洋中脊这种地貌特征，是岩石圈破裂张开的表现。

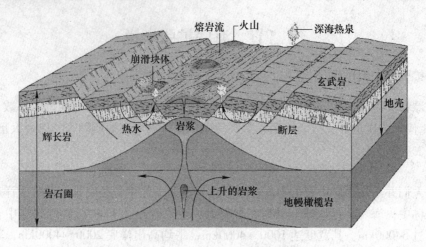

图12-8 洋中脊地质剖面示意图

此外，洋中脊上有大量的火山活动，应视为岩石圈在洋中脊处张裂，地幔岩浆沿洋中脊上涌的证据。典型实例是在大西洋洋中脊的亚速尔群岛西南方向650km处，其洋中脊轴部的裂谷带内堆积有新鲜的枕状玄武质熔岩。此外，在位于大西洋洋中脊延长线上的冰岛，有一规模巨大的裂谷带贯穿该岛中部，玄武岩浆在此呈裂隙式喷发，导致高热流分布。精细测量资料表明，沿冰岛中轴线向西侧，正以每年2cm的速率扩张。这两种活动巧妙的吻合，揭示了海底在扩张。

（二）洋底沉积物的分布特征

（1）沉积物在裂谷带中极薄，甚至缺失，向两坡方呈对称式逐渐增厚；（2）洋底的沉积物最厚只有500~600m；（3）洋底沉积物的形成不会早于侏罗纪。

这些特征可用海底扩张说很好地说明：洋底沉积物的厚度与洋底形成的时代有关。如果洋底地壳很老，则有足够的时间堆积较厚的沉积物；如果洋底时代较新，沉积物就必然较薄。当今洋中脊轴部裂谷带中沉积物很少，表明裂谷带地壳形成年代很晚。而其向两坡方向沉积物厚度逐渐加大，则说明洋中脊向两坡的年代逐渐变老。根据洋底沉积速率（5~20m/Ma）推算，世界最老的洋底年龄应为1亿多年。这和目前已知洋底最早沉积岩时代为侏罗纪的事实基本吻合。

（三）海底热流值和重力值的分布规律

测定表明，海底热流值平均为（1.64±1.11）HFU（1HFU=41.868mW/m^2），大陆为（1.64±0.89）HFU，两者无显著不同。但是，在海底的不同部位，热流值却差别很大。在洋中脊轴部，热流值极高，如东太平洋洋隆平均为2.26 HFU，最高可达8~10HFU。而在海沟，热流值极低，平均为 1.12HFU，秘鲁－智利海沟甚至低至 0.44HFU。

洋中脊轴部与海沟中的热流值差别何以如此悬殊？洋底的热流除玄武岩本身的放射热提供之外，还可以从软流圈和上涌的高温地幔岩浆获得热源补充，故其热流值较高；而海沟的情况正好相反，在这里，火山岩远离洋中脊，早已冷凝失热而变冷，加之大洋板块向下潜没，软流圈的顶面下落，故热流值很低。

与上述解释相对应，在洋中脊轴部，物质炽热而呈膨胀状态，重力很小；在海沟处洋壳冷而致密，故重力值很高。由此组成一个循环系统，成为驱动大洋岩石不停运动的动力。

二、海底扩张说的主要内容

(一) 海底扩张说的提出

在大量事实的启示下，美国地质学家迪茨（Dietz，1961）正式提出"海底扩张"的概念，赫斯（Hess，1962）相继著文，深入阐述。

迪茨提出，由地幔中放射性元素衰变生成的热使地幔物质以每年数厘米的速率进行大规模的热循环，形成对流圈。它作用于岩石圈，成为推动岩石圈运动的主要动力。洋壳的形成与地幔对流有关。洋中脊轴部是地幔物质或对流圈的上升部位，即离散带；海沟则是地幔物质或对流圈的下降部位，即敛合带。洋壳在离散带不断新生，并缓慢地向两侧的敛合带方向扩张。因此，洋底构造是地幔对流的直接反映。

赫斯进一步提出：地幔对流的速率为每年 1cm，对流圈在洋脊处上升，地幔物质从洋中脊轴部涌出，导致洋中脊轴部有高的热流值、低的重力值和隆起的地形，地震波传播速度比正常速率低 10% ~20%。洋中脊的两侧因逐渐变老变冷且其中的破裂已被焊接，故地震波的传播速率有所提高。洋中脊随地幔对流圈的存在而存在，其生命约为 2 亿~3 亿年。因而，整个大洋每 3 亿~4 亿年就全部更新一次。这就决定了洋底沉积物厚度不大，且洋底缺少很古老的岩石。

当对流圈在大陆块体的下面上升时，则使大陆沿裂谷带分裂，且被分裂的两部分陆块以均一的速率向两侧运动（见图 12-9（a））。随此作用的持续进行，裂谷规模扩大，可演变成新的洋中脊及其裂谷带（见图 12-9（b）、（c））。此时，大陆块是驮在软流圈地幔上被动随地幔对流体运动而运动的。当大陆的前缘和下降的地幔流相碰时，大陆前缘将发生强烈变形，而洋壳则向下弯曲并随下降将流消减沉没（见图 12-9（d））。因而，大洋盆底的岩石年龄新，大陆岩石的年龄老。

海底扩张说的主要内容为：(1) 洋底不断在洋中脊裂谷带形成、分离，分裂成的两半分别向两侧运移，洋底不断扩张。同时，老的洋底随对流圈在海沟处潜没消减。这种过程持续不断，因而洋底不断更新。(2) 洋底扩张速率平均每年数厘米，3 亿~4 亿年洋底便更新一次。(3) 洋底扩张表现为刚性的岩石圈块体驮在软流圈之上运动，其驱动力是地幔物质的热对流。(4) 洋中脊轴部是对流圈的上升处，海沟是对流圈的下降处。如果上升流发生在大陆下面，就导致大陆的分裂和新生大洋的开启。

(二) 海底扩张说的验证

海底扩张的"假说"一经提出，便风靡了国际地质学界，被赞誉为一首"壮丽的地

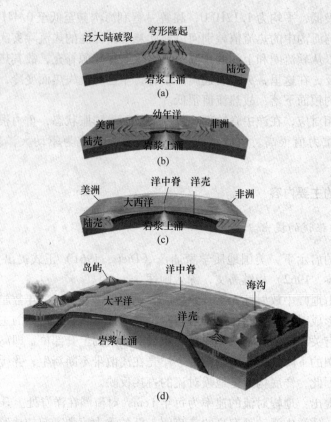

图 12 - 9　海地扩张示意图·

质史诗"。在随后的短短几年里，新的研究成果纷纷涌现，进一步证实了海底扩张说。其中最有意义的是海底磁异常与地磁倒转的记录、深海钻探揭示的海底岩石年龄及转换断层的发现，它们被称为验证海底扩张说的三大证据。

　　（1）海底磁异常与地磁倒转的记录。地球是一个磁性体，有磁北极和磁南极。人们发现地质历史中地磁的南北极与现在有时一致，有时则相反；前者称为正向，后者称为反向。地磁极的转向是周期性变化的，长周期者大约 1 万年变化一次，短周期者大约数万年。

　　从洋中脊裂谷带涌出的玄武岩浆当其冷却到居里温度（650℃）时，会因地磁场的作用被磁化，其磁化方向与地磁方向一致。而古地磁场的极性方向是周期性倒转的，因而海底玄武岩所记录到的磁性方向也应该是正向与反向交替排列，而且沿洋中脊轴部两侧，不同年龄玄武岩的磁性条带应是对称分布（见图 12 - 10）。

　　英国剑桥大学博士生瓦因和讲师马修斯（Vine & Matthews，1963）在分析海底地磁资料时，最早发现了这种现象。在垂直洋中脊方向上的洋底剖面中，存在着对称分布的磁性条带。正反向磁性条带的宽度与地磁场转向期持续时间成正比。此外，在冰岛西南方向前雷克雅内斯洋脊上进行的地磁检查结果也显示出这种对称式分布的海底磁性条带，而且各磁性条带的宽度和地磁场转向期和事件的持续时间长短成正比关系（见图 12 - 11）。

　　将玄武岩磁性条带宽度所代表的距离除以该条带的时间跨度，就能求出海底扩张的

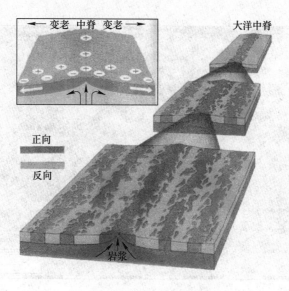

图 12 - 10　海底磁异常条带对称分布示意图

速率。大约每年数厘米。各大洋的扩张速率不尽相同，同一大洋的不同部分以及同一大洋在不同地质时期内的扩张速率也不完全相同（见图 12 - 12）。如以下几个大洋的海底扩张速率分别是：太平洋为 1 ~ 4.9cm/a，印度洋为 1 ~ 2.2cm/a，大西洋为 1 ~ 2.25cm/a。

根据海底扩张速率和海底宽度，可以计算出整个洋底的年龄。结果表明，全球最老的海底为侏罗纪，和深海钻探揭示的海底岩石年龄数据非常吻合。

（2）深海钻探揭示的海底岩石年龄。20世纪 60 年代中期美国制订并执行了一项深海钻探计划（DSDP，1968 ~ 1983），在法、

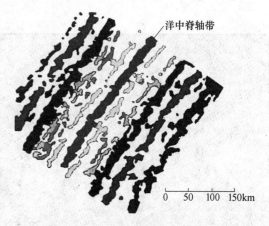

图 12 - 11　大西洋中脊上的雷克雅内斯洋脊两侧地磁条带呈对称式分布

德、英、日等国的参与下在大洋和深海区进行钻探，通过获得的海底岩心样品和井下测量资料研究大洋地壳的组成、结构、成因、历史及其与大陆关系。之后更多的国家参与进来，完成了国际大洋钻探计划（ODP，1985 ~ 2003），到目前实施的综合大洋钻探计划（2003 年 10 月开始，大洋钻探计划进入综合大洋钻探计划（IODP）新阶段）（见图 12 - 13），为海洋地质的研究做出了巨大的贡献。

深海钻探计划结果表明，海底最古老岩石年龄不超过 2 亿年，岩石年龄与根据磁异常所测得的年龄一致，并且其分布与磁异常条带的分布特征有一个重要的相似之处，即以大洋中脊为对称轴，两侧岩石年龄的新老也是对称分布的。并且愈接近洋中脊洋底年龄愈新；反之亦然（见图 12 ~ 14）。这也进一步衬托出了海底扩张推断的合理性。

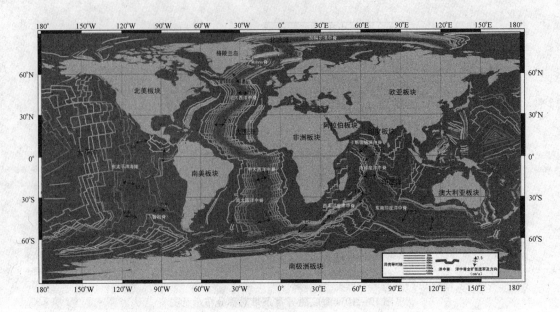

图 12 – 12　全球洋中脊扩张速率分布图（据李江海，2014）

图 12 – 13　全球大洋钻孔分布图（据李江海，2014）

图 12 - 14　全球大洋海底岩石年龄分布图

（3）转换断层的发现。20 世纪 50 年代，人们发现洋中脊被一系列横向断裂切割，断裂长度可达数千千米，相邻两条断裂的间距约为 100 ~ 1000km。洋中脊轴部在断裂两侧错位达数百到千余米，如大西洋洋中脊（见图 12 - 15）。

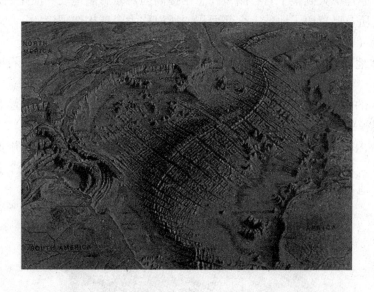

图 12 - 15　大西洋洋中脊被一系列断层所错断

这种规模巨大的断裂一直被误认为是平移断层，其实并非如此。如图 12 - 16 所示，首先，断裂的痕迹沿 ad 方向都存在，但断裂活动（地震、断层两侧剪切）只见于洋中脊轴部被错开的 bc 段，超过这个范围则无断裂活动显示；其次，断裂若为平移性质，则洋中脊轴的错开方向显

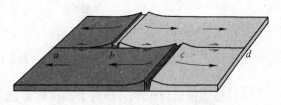

图 12 - 16　转换断层示意图

示其左旋平移，可是地震波的研究表明，断裂两侧的洋壳块体是按右旋方式运动的。这一现象使当时的地学界困惑不解，成为海地扩张被广泛认知的理论障碍。

加拿大学者威尔逊（J. Wilson，1965）认为此类断层与平移断层有着本质的区别，是一种特殊断层，强调洋中脊被错开的 b、c 两点的重要性，称 b、c 两点为转换点。该断层的运动方向与运动性质在此两点以外发生了转换，表现为以洋中脊轴部转换点为界，其两侧由平移错动变为拉张，因此，称这种特殊断层为转换断层。

转换断层的发现，是海洋地质研究中的一项重大成果。不仅证明了海地扩张，还说明了海底扩张的运动方式。这一重大成果，使几乎所有的地球物理研究者最终都站到了海底扩张说的一边。

第三节　板块构造理论

一、板块构造的概念

1968 年在一次学术交流会上，美国的摩根（W. J. Morgan）、法国的勒皮雄（X. Le Pichon）、英国的麦肯齐（D. P. McKenzie）等不约而同地提出了板块构造学说。把海底扩张说的基本原理扩大到整个岩石圈，并总结提高为对岩石圈运动和演化的总体规律的认识。它的研究所及已覆盖了地球上全部面积，所以称为全球构造理论。

板块构造（见图 12 - 17）的基本内容如下：

（1）固体地球表面在垂向上可分为物理性质显著不同的上覆刚性岩石圈和下伏塑性软流圈。

（2）刚性的岩石圈在侧向上可划分为若干大小不一的板块，它们漂浮在塑性较强的软圈上作大规模的运动，其驱动力来自地幔物质对流。

（3）板块内部是相对稳定的，板块的边缘则由于相邻板块的相互作用而成为构造活动强烈的地带，是发生构造运动、地震、岩浆活动及变质作用的主要场所，同时也从根本上控制着各种地质作用的过程。

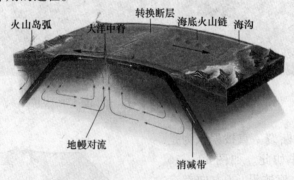

图 12 - 17　板块构造示意图

（4）板块运动以水平运动为主，位移可达几千千米。运动过程中各板块间或分散裂开，或碰撞焊合，或平移相错，由此决定了全球岩石圈运动和演化的基本格局。

二、板块边界类型

板块边界是板块之间的接触带，是板块划分的重要依据。根据相邻板块之间的相对运动方式，可以确定出三种不同类型的板块边界（见图 12 – 18）。

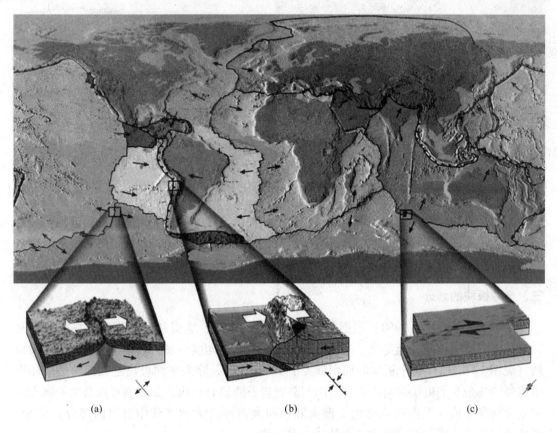

图 12 – 18　三种板块边界类型

(a) 离散型板块边界；(b) 汇聚型板块边界；(c) 剪切型板块边界

（1）离散型板块边界。沿此种边界岩石圈分裂和扩张，地幔物质涌出，产生洋壳和岩石圈地幔，出现巨量的玄武岩堆积、频繁的浅源地震、广泛的地堑断裂活动。因此它是一种生长性板块边缘。大洋中脊扩张带和大陆裂谷带都是此类型板块边界。

（2）汇聚型板块边界。沿此边界两个相邻板块做相向运动，密度大的板块俯冲潜没于密度小的版块之下。它属于消减型板块边界。存在以下两种表现方式：

1）俯冲边界。海沟是俯冲汇聚边界。它导致大洋板块沿着俯冲带朝另一板块（大洋或大陆）之下逐渐潜没消亡。在俯冲带及其附近，发生强烈的挤压变形、地震活动和动力变质。在俯冲带上盘，俯冲板块在深部熔融成岩浆，岩浆上涌引发火山 – 侵入作用，形成岛弧（山弧），以及相关的构造变形及变质带（见图 12 – 19）。

2）碰撞边界。造山带是碰撞汇聚。它是两个大陆板块的碰撞焊接带，也称地缝合线、碰撞带。目前均位于大陆内部。当大洋板块俯冲殆尽时，与大洋板块紧密连接的大陆板块就会在大洋板块即将消失的边界处（地缝合线）与边界上盘的大陆板块发生强烈碰撞（见图 12 - 20），产生巨大的挤压应力，形成高耸的山脉，如喜马拉雅 - 阿尔卑斯造山带；同时伴随强烈的构造变形、岩浆活动、区域动力变质和沉积堆积。

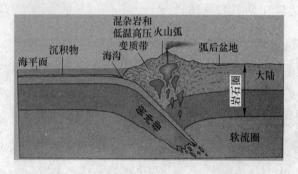 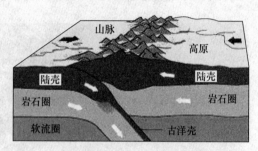

图 12 - 19　俯冲边界示意图　　　　　　　图 12 - 20　碰撞边界示意图

（3）剪切型板块边界。即转换断层型边界，沿此种边界既无板块的增生，又无板块的消减，而是相邻两个板块做剪切错动。由于板块沿转换断层发生运动，故引起地震和构造变形。转换断层以陡崖为标志，具有水平位移的浅源地震特征，往往伴随着板块的分离和火山活动。

三、全球板块的划分

法国学者勒皮雄（1968）根据对地形、地质、构造、地震和地球物理资料的分析和计算，将全球板块划分为美洲、非洲、太平洋、亚欧、印度 - 澳大利亚、南极洲等六大板块（见图 12 -21）。每个板块的面积都大于 $1 \times 10^7 \text{km}^2$，除太平洋板块绝大部分是由洋壳组成外，其余 5 个板块均由洋壳岩石圈与陆壳岩石圈复合而成。如非洲板块是由非洲大陆和东大西洋组成，美洲板块是由美洲大陆和西大西洋（大西洋洋中脊以西部分）组成。因此，板块的范围并不与所在的大陆或大洋一致。

图 12 -21　全球六大板块的分布

后来，根据震中的集中分布带，学者们又从美洲和亚欧板块划分出若干次级板块。美洲板块被划分为南美、北美、加勒比、可可斯、纳兹卡5个次级板块。欧洲板块又单独划分出阿拉伯、菲律宾2个次级板块，并成为比较流行的全球板块划分方案。

在全球板块中，各板块相接方式多样，边界类型复杂。其中，太平洋、纳兹卡、南极洲、非洲和印-澳5个板块均以洋中脊为界，而亚欧、菲律宾、太平洋3个板块则以海沟为界（见图12-22）。

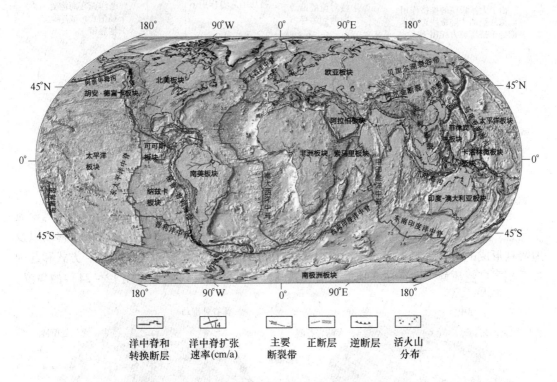

图12-22　全球板块分布与边界关系（据李江海，2014）

四、板块的驱动机制

虽然板块构造学说早已得到地质界的认同，但是对板块的驱动力问题仍未达成共识，这是因为大部分的板块驱动力理论都处于假设阶段，目前尚无法以实验或令人信服的方式予以证明。

目前，大多数地质学家认为地幔对流是引起板块运动的根本原因。地幔对流说最早由英国著名地质学家霍姆斯（A. Holmes，1928）和格里格斯（D. Griggs，1939）作为大陆漂移的驱动力而提出。其要义是：地幔下层物质因受热而上升，地幔上层物质因温度低密度大而下沉，两者构成封闭式的循环流动（见图12-23）。在对流的早期阶段，上升的地幔流到达原始大陆中心部分就分成两段，并朝相反方向流动，从而将大陆撕破，并使分裂的大陆块体随地幔对流漂移。裂解的陆块间形成海洋。上升的地幔流因减压而熔融，变成岩浆，岩浆冷凝后构成洋底和岛屿。地幔流的前缘碰到从对面来的另一地幔流时就会变成下降流，从而牵引大陆块体向下运动，并使大陆边缘挤压褶皱。当对流停止时，褶皱体因均衡作用而上升，形成山脉。与此同时，地幔流也把洋底的玄武岩往下拖曳，并形成海沟。

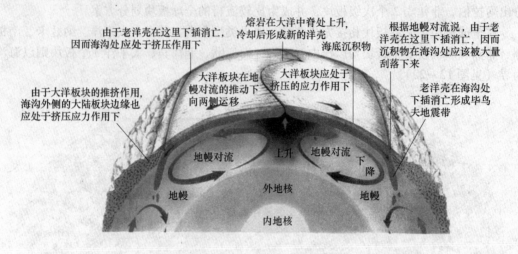

图 12 - 23　地幔对流示意图

　　地幔对流说合理解释了海沟的产生、大陆边缘山链的形成、大洋和岛屿的出现等地质学问题。20 世纪 60 年代这一观点被地质学家广泛接受，并成为海底扩张、板块移动以及地幔柱形成的重要机制。但由于地球内部实际条件的限制，地幔对流的规模、方式和起因都受到了广泛质疑，即存在全地幔对流模式与分层地幔对流模式（见图 12 - 24）的争议。

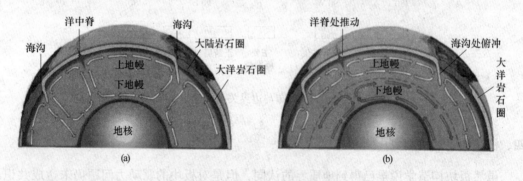

图 12 - 24　地幔对流的两种模式
（a）全幔对流模型；（b）分层对流模型

　　（1）全幔对流。最简单也是最有效的热对流方式是全地幔范围内的统一对流。按照这种方式，对流从地幔底部启动，于大洋中脊处推开大洋板块，在大陆边缘处重新下插，构成完整的环状对流结构（见图 12 - 24（a））。但全幔对流最大的困难是：上下地幔之间的界面不仅是一个物理界面，也极有可能是一个化学界面。因此上下地幔就不再是一个统一的物质系统，跨越界面的对流也就难以发生。

　　（2）分层对流。为了克服全幔对流需要面对的界面障碍，有人提出了修正的分层对流模式。比如设想上下地幔在各自的空间范围内发生对流，两者间互相耦合，共同完成推动板块的任务（见图 12 - 24（b））。但这种方式产生了新的问题：从太平洋的大洋中脊到太平洋的西海岸，球面距离超过 14000km，上地幔的厚度不过 670km，上地幔对流环的长短轴比要小于 1/200。同时这个极其扁长的对流环还必须是上凸下凹的才能与地球的同心圈层结构相吻合。因此，要想使具有这种几何形态的地幔热对流环出现并稳定地维持下去，显然也是极其困难的。

　　综上所述，全幔对流和分层对流各有难以克服的困难。大规模、大范围内的环状对流方式在地幔内难以发生的想法，也逐渐成为多数人的共识。还有一部分学者认为，板块的驱动力主要来自于俯冲板块产生的重力拖曳力和洋中脊扩张产生的侧向推挤力，但这些假说都不能合理完美地解释岩石圈板块运动。要推动岩石圈板块运动，看来还需寻找新的驱动机制。

 复习思考题

12 – 1　试述大陆漂移学说的要点，其主要证据有哪些？

12 – 2　何谓洋中脊？有哪些特点？

12 – 3　洋底沉积物有哪些分布特征？

12 – 4　海底热流值和重力值有什么样的分布规律？

12 – 5　海底扩张说的主要内容是什么？

12 – 6　海底扩张说提出后，有哪些代表性的成果对它进行了验证？

12 – 7　板块构造学说的基本内容是什么？

12 – 8　板块边界类型有哪些？

12 – 9　全球板块是如何划分的？

12 – 10　如何评价地幔对流？

12 – 11　什么是威尔逊旋回？

12 – 12　什么是地幔柱？

第十三章　构造运动及地质构造

第一节　构造运动

一、基本概念

在地质学中一般将由内动力引起的地壳岩石发生变形和变位的机械作用称为构造运动，有些学者则称之为地壳运动。构造运动是由地球的内能引起的，属于内力地质作用，是引起地壳升降、岩石变形、变位，以及地震作用、岩浆作用、变质作用乃至地球表面形态变化的主要因素。它不但决定了内力地质作用的强度和方式，而且还直接影响了外力地质作用的方式，控制了地表形态的演化和发展。

地球诞生以来已经历了 46 亿年的发展历史，岩石圈自其形成后总是持续不断地运动着。早期构造运动在岩石中形成的构造形迹必然被后期构造运动改造或叠加上后期的构造形迹，这些构造形迹统称为地质构造。深入研究一个地区的地质构造，区分不同地质时期形成的地质构造的特点，可以得出该地区的构造运动演化历史，有助于弄清矿产资源状况，并对工程建设和了解地质环境演化有指导意义。

在地质学中一般把新近纪和第四纪（前 23Ma—现代）时期内发生的构造运动称为新构造运动；把人类有文字记录史至现代发生的构造运动称为现代构造运动；新近纪之前发生的构造运动称为古构造运动。

二、构造运动的基本特征

（一）构造运动的方向性

构造运动按其方向可以分为水平运动和升降运动两类。

（1）水平运动。沿平行海平面方向的运动即沿地球球面切线方向的运动称为水平运动。常表现为地壳的挤压、拉伸和平移。例如板块的运动、平移断层的运动、逆冲推覆构造、伸展构造等，根据南北两侧磁条对比得出东太平洋中脊的门多西诺转换断层平移错距达 1160km。发育在中国东部的郯庐断裂，在中生代时期左行平移达 500km 以上。水平运动主要使地壳的岩层弯曲和断裂，形成巨大的褶皱山脉和断裂构造。因此，水平运动又称为造山运动。

（2）升降运动。地壳岩块沿地球半径方向的运动称为升降运动或垂直运动。垂直运动常常表现为规模很大的隆起或凹陷，从而造成海陆变迁和地势高低起伏。由于地壳上升使海水退却，一部分海底成为陆地；地壳下降，海水侵入，原来的陆地变为海洋。因此，垂直运动又称为造陆运动。根据多年来对喜马拉雅山脉进行的大地测量发现，山区北坡每年以 3.3 ~ 12.7mm 的速度不断上升，南坡的恒河谷地则持续下降，这是现代升降运动的有力证据。大陆上广泛分布的由古代海洋中的沉积物形成的沉积岩，显然是古代升降运动的结果。

当然，水平运动和升降运动不会是绝对地、孤立地发生的，二者经常相伴或相继发生。例如，当岩层受到强烈水平运动的挤压作用而产生大规模的褶皱作用时，必然导致一些地区的上升和另一些地区的下降。当一个地区强烈上升和相邻地区相应下降时，二者之间的岩层常被拉张而产生断层，断层两侧岩块不仅发生相对的升降，往往还伴随水平方向的位移。

（二）构造运动的速度和幅度

一般来说，构造运动是一种长期而缓慢的过程，除地震、火山喷发、断层的形成等是在短暂的时间内引起地表的显著变形、变位外，人是难以直接感觉这一变化的，运动造成的位移每年只有几毫米或几厘米。但是，尽管构造运动是非常缓慢的，由于地球的发展经历了漫长地质时期因而也会产生巨大的变化。例如，40Ma 前的喜马拉雅山脉所处的位置，还是一片汪洋大海，属古地中海的一部分，长期缓慢下降接收了 3 万多米厚的沉积物堆积，后受印度板块的碰撞，岩层褶皱变形，大约在 25Ma 前才开始从海底上升，到 200 万年前初具规模，虽然平均每年只有几毫米的速度，但现在已雄踞世界最高峰，目前仍在上升之中。

构造运动的幅度是指它的运动位移量，常以一段时间间隔内升降运动的高程或水平运动的距离来衡量。在不同地区其运动的幅度是不一样的，如喜马拉雅山脉地区在新近纪以来上升了近万米的高度，而东部江汉平原地区在同样的时间内仅下降了近 1000m。在相同地区其运动的幅度也是不一样的，如同是一条断层，在中段运动幅度最大，两端运动幅度逐渐减小，到断层的端点运动幅度即为零。实际上构造运动的幅度在时间和空间上都有差异。

（三）构造运动的周期性和构造运动期

从时间上看，地质历史中构造运动表现为比较长的平静时期和比较短暂的剧烈活动时期交替出现，即呈现运动的周期性。在平静时期，构造运动常表现为缓慢的升降运动，运动速度和幅度很小，可引起海水进退，海陆变迁；在剧烈活动时期，构造运动表现为大规模褶皱、断裂、岩浆侵入，地壳急剧升降，形成雄伟的山系，此时亦称为造山运动。

构造运动的这种平静期和活动期是相对的。平静期中有活跃的时候，活动期间也有平静。同时，某一活动期不一定具有全球的同时性，可能仅具有局部意义。

目前已知地球上有几个重要的构造运动时期，在这些时期，地壳发生剧烈运动，造成较大范围的构造变形。例如，早古生代末期的加里东运动，晚古生代末期的海西运动，中生代的印支运动和燕山运动，新生代的喜马拉雅运动等。古生代以前的主要运动时期，因世界各地表现不同，尚没有国际上普遍接受的运动名称，就中国而言，晚太古代末（2500Ma）的阜平运动、早元古代末（1850Ma）的吕梁运动、晚元古代（850Ma）的晋宁运动都是重要运动时期。

构造运动不仅造成地壳变形，而且引起自然地理环境的改变，影响沉积作用、古气候、古生物、岩浆活动、变质作用、成矿作用的发展变化，因而成为地壳演化历史阶段划分的重要标志，在地质学研究中具有重要意义。

第二节　构造运动的证据

构造运动特别是地质历史时期的构造运动留下了许多生动的地质记录。这些记录包括地貌、沉积、变形等多方面地质遗迹，它们是认识和研究构造运动的重要标志。

一、测量证据

现代构造运动最有说服力的证据是对地壳用精密仪器进行的长期监测数据。1974 年法、英两国科学家曾组织 3 只深海潜水器对亚速尔群岛西南的大两洋中脊裂谷作详细考察。发现裂谷底宽 3 km，有许多平行裂谷延伸的正断层，断距达几百米。谷底溢出大量的基性熔岩，经测定年龄还不到 1 万年。通过磁异常条带宽度测量，计算出裂谷东侧扩张速度为 13.4mm/a，西侧为 7.0mm/a；并用同样的方法测得太平洋赤道附近的洋脊裂谷扩张速度为 50 mm/a。

二、地貌标志

地壳表面起伏的特征和外部形态称作地貌。各类地貌的形态特征是内外力地质作用的产物。巨型地貌的形成主要受构造运动的控制，中、小型地貌则主要由外动力作用造成。例如在地壳长期上升的地区，主要为剥蚀地貌，常见高山、尖峰、深谷、河流阶地和溶洞等地貌；在地壳长期下降的地区主要为堆积地貌，常见低山、缓丘、宽谷、冲积平原和埋藏阶地等地貌。

地貌标志还有海蚀阶地、夷平面、断层三角面等。例如根据现代珊瑚生活在高潮线到水深 50m 清洁温暖水域的习性可以进行如下判断：如果珊瑚礁在水深 50m 以下，则认为地壳下降或海平面上升；反之，珊瑚礁暴露出海平面则认为地壳上升或海平面下降。我国西沙群岛一带分布有距今 4000a 左右的珊瑚礁灰岩，高出海平面约 15m，说明该地区自全新世中期以来地壳有缓慢上升或海底下沉的趋势。

三、地质证据

（一）古风化壳

风化壳形成之后如果被后来的沉积物所覆盖则可以保存起来。被保存下来的地质历史时期的风化壳称为古风化壳。古风化壳是地壳长期处于相对稳定或缓慢上升状态遭受长期风化的结果。

（二）古侵蚀面与地层间接触关系

地壳由于长期上升而脱离海侵，遭受风化剥蚀形成的风化剥蚀面称为侵蚀面，古侵蚀面一般起伏不平，保留有风化痕迹，它反映沉积的不连续或沉积间断，标志着地层的缺失和地层时代的不连续，它是地壳长期相对稳定或缓慢上升的证据。

地层是指具时代含义或一定层位的一层或一组岩层。上下两套地层的接触关系是构造运动的综合表现。主要的地层接触关系有整合、平行不整合或假整合与角度不整合三种。

（1）整合。整合是指上下两套地层的产状完全一致，形成时代是连续的。说明该地区曾长期处于稳定下降的状态，并且有充分的沉积物供给，沉积作用连续不断(图13－1)。

（2）平行不整合（假整合）。上下两套地层形成时代不连续，其间缺失若干地质时代的沉积，但两套地层的产状一致。这表明了下伏地层形成之后该地区发生了平稳的上升运动，下伏地层在陆地上遭受风化剥蚀，剥蚀面上形成风化壳。以后该地区平稳下降，在风化剥蚀面上接受新的沉积（图13－1）。

（3）角度不整合。上下两套地层形成时代不连续，上下两套地层产状在接触面上斜交。它表明在下伏地层形成之后该地区发生了强烈的水平挤压作用，原始水平产状的岩层倾斜或者褶皱，并且隆升成为陆地，遭受风化剥蚀，之后该地区又开始下降并在风化剥蚀面上接受新的沉积。区域性的不整合面通常是地层划分的依据之一。

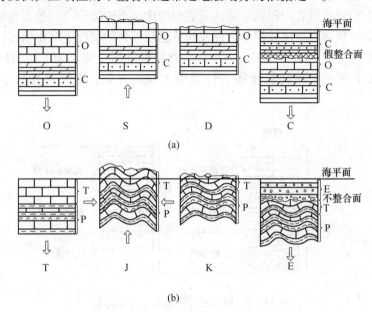

图13－1 地层接触关系形成示意图

（a）整合、假整合形成示意图；（b）整合、不整合形成示意图
O—接受沉积；S—上升；D—风化剥蚀；C—下降，接受沉积；T—接受沉积；
J—褶皱、隆升；K—风化剥蚀；E—下降、接受沉积

（三）沉积厚度

沉积物的厚度可以反映地壳在垂向上的上升与下降，一定厚度的沉积物只有在地壳下降的情况下才能得以保存。厚度是地壳上升与下降的尺度，通常只有物质输入速度与地壳沉降速度相等时，厚度才能真正代表地壳的沉降幅度。按沉积物厚度与沉积时限的比值可以计算出该地区年均沉降速率。

（四）褶皱和断层

褶皱与断层是岩层在遭受构造运动应力作用下产生永久变形的结果。通过研究褶皱和断层可以恢复构造运动的性质和方向。

（1）岩层中形成连续的紧闭褶皱、逆掩断层和推覆构造时，表明该地区遭受过强烈的水平挤压应力作用，是发生水平方向构造运动的证据。

（2）岩层中仅出现孤立的穹窿和高角度的正断层，可认为在褶皱和断层形成时期主要遭受垂向上构造运动的作用。

（3）大型的裂谷、地堑是水平引张作用造成的，洋中脊裂谷是岩石圈板块在软流圈上背向迁移产生的。

（五）岩性变化

沉积岩的岩性，如成分、粒度、结构和构造，与构造运动状态密切相关。例如，纯净的石英砂岩反映稳定条件下滨海潮间带沉积；广泛分布的碳酸盐岩代表稳定状态的浅海沉积；而楔状分布的粗碎屑岩堆积物常常代表活动构造状态的沉积。一般在构造运动相对稳定条件下形成的沉积物类型比较简单，而在构造运动频繁的情况下沉积物比较复杂，地壳下降则沉积物粒度逐渐变细，地壳上升则沉积物粒度逐渐变粗。如下面两幅柱状图（图13-2）中，从下到上沉积物粒度和岩性发生了显著变化，即间接反映了构造运动的发生。

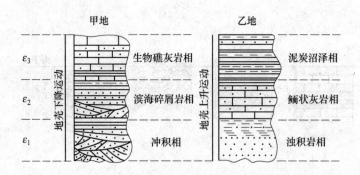

图 13-2　沉积相变化与地壳运动关系

第三节　地质构造产状的测定

地质构造的产状指地质构造在三维空间的产出状态。从几何学角度来看，任何地质构造都可以概括成面状构造和线状构造。岩层层面、断层面、节理面、褶皱的轴面及劈理、片理、片麻理等都属于面状构造；褶皱枢纽、柱状矿物的定向排列、各种构造面的交线都属于线状构造。面状构造与线状构造的空间位置由不同的产状要素来表示。

一、面状构造的产状要素

面状构造的产状包括三个要素，分别是走向、倾向和倾角。下面以倾斜岩层为例介绍面状构造的产状要素。

（一）岩层产状的测定

（1）走向。岩层面（倾斜面）与水平面的交线所指示的方向即为岩层的走向，这条交线称为走向线（见图 13 - 3 中直线 AB），走向线指示两个对立的方向，如 N - S 走向，NW - ES 走向，由于过一个岩层面可以有无数个水平面，所以走向线也不唯一，但它们均指向同一个方向，即同一地点同一岩层的走向只有一个。

（2）倾向。岩层面（倾斜面）上与走向线垂直且方向向下的直线在平面上的投影所指的方向即为岩层的倾向（见图 13 - 3 中 DC'），这条直线称为倾向线（见图 13 - 3 中 DC），它可以看作是一个方向向下的向量。

（3）倾角。倾斜线与其在平面上的投影所夹的锐角称为（真）倾角（见图 13 - 3 中角 α），即地质构造面或倾斜岩层面与水平面之间的夹角。

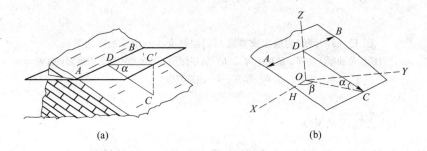

(a)   (b)

图 13 - 3 倾斜岩层的产状与层面的空间状态

(a) 产状；(b) 空间状态

AB—层面走向；DC—倾斜线；DC'—倾向；α—层面倾角

在野外，出露的岩层剖面往往并不垂直于岩层的走向，这时剖面与岩层层面的交线称为视倾斜线（见图 13 - 4 中 HD、HC），它同倾斜线一样，与水平面都有一个夹角，这个角叫做视倾角（见图 13 - 4 中角 β 与 β'），视倾角都小于（真）倾角。两者之间的关系如图 13 - 4 所示，用数学式表达为：$\tan\alpha = \tan\beta \cdot \cos\omega$。当视倾向偏离倾向越大（即 OD 或 OC 偏离 OG 越远）时，视倾角越小；当视倾向平行走向（即 OD 或 OC 平行于 CD）时，视倾角为零。

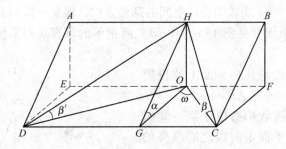

图 13 - 4 真倾角与视倾角的关系

α—真倾角；β，β'—视倾角；ω—真倾角与视倾角之间的夹角

（二）岩层厚度的测定

岩层是具有三维空间的板状地质体。为了真正确定岩层或地质构造的空间位置，还应同时实测岩层的厚度。岩层的厚度是指同一岩层从顶面到底面的距离。测量线必须同时垂

直于顶面和底面才能量得岩层的真厚度。若测量线与顶面和底面斜交测量得到的是假厚度。显然，假厚度恒大于真厚度。图 13 – 5 所示为露头上岩层出露宽度（假厚度）与真厚度的关系。

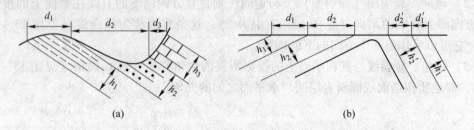

图 13 – 5　倾斜岩层出露宽度与岩层厚度、倾角及地形的关系

（a）岩层倾角和厚度相同，地形不同；（b）岩层倾角、厚度都不同，但地面坡度相同

h—厚度；d—出露宽度

（三）产状要素之间的关系

岩层呈水平产出时，没有倾向，倾角为零，其走向可以是任意方向。它的空间位置受岩层厚度控制。直立岩层的倾角为 90°，有走向，但没有倾向。其产状用走向描述。倾斜岩层的倾角介于 0°~90° 之间。只有倾斜岩层才具有走向、倾向和倾角。

根据似层状地质体（如岩脉、岩饼和面状分布的火山岩等）的产状，可以通过测量其延展面的走向、倾向、倾角和平均厚度确定其在空间的位置。

二、线状构造的产状要素

线状构造的产状可用来描述线状构造在空间中所处的位置和形态，简单来说就是一条直线的空间方位和角度。直线的产状要素包括倾伏向、倾伏角和侧伏向、侧伏角（见图 13 – 6）。

（1）倾伏向（指向）。线状构造在空间的延伸方向，即某一倾斜直线（见图 13 – 6 中 bc）在水平面上的投影线（见图 13 – 6 中 bd）所指示的该直线向下倾斜的方位就是它的倾伏向。

（2）倾伏角。直线与其在平面上的投影所夹的锐角（见图 13 – 6 中 ∠dbc）。

（3）侧伏角。当线状构造位于某一倾斜岩层面内时，此线与平面走向线之间所夹的锐角即为侧伏角（见图 13 – 6 中 abc）。

（4）侧伏向。构成侧伏锐角的走向线的那一端的方向（见图 13 – 6 中 ba）。

三、产状要素的表示方法

地质构造的产状要素可用文字和符号两种方式表示。地质构造的产状要素通常由地

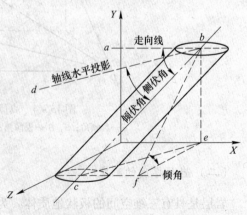

图 13 – 6　线状构造的产状要素

质罗盘直接测得，由于地质罗盘上方位标记有的用象限角表示，也有的用360°的圆周角表示，因此文字表示方法也有两种：

（1）方位角表示法。以正北方向为起点，顺时针方向旋转一周并360等分，每一份为1°；把每1°进行60等分，每一份为1′；把每1′进行60等分，每一份为1″。经过如此等分后，任意一个方向均以其对应的刻划值表示。如图13-7中所示方向，记作150°或SE150°，读做"150°"或"南东150°"。方位角表示法一般只测记倾向和倾角。如NW325°∠35°（也可书写325°∠35°），前者是倾向方位角，后者指倾角，即倾向为西北325°，倾角35°。

（2）象限角表示法。以东-西、南-北线把平面划分为4个象限（见图13-8），任一方向表示均以其相邻的南-北线夹角和偏离方向表示。如图13-8中所示方向，记作S30°E，读做"南偏东30°"。象限角表示法一般记走向、倾角和倾向象限。如N55°E/35°NW，即走向为北偏东55°，倾角为35°，向北西倾斜；又如S41°W/23°NE，即走向南偏西41°，倾向东南，倾角23°。

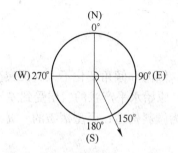

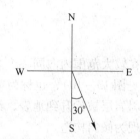

图13-7　方位角表示方法　　　　图13-8　象限角表示方法

在地质图上，产状要素是用符号来表示的。常用符号如下：

┬30°——长线表示走向，短线表示倾向，数字表示倾角。长短线必须按实际方位绘在图上；

┼——岩层产状是水平的；

┼——岩层直立，箭头指向新岩层；

┦70°——岩层倒转，箭头指向倒转后的倾向，即指向老地层，数字是倾角大小

第四节　地 质 构 造

一、水平构造

大部分沉积岩是在海洋盆地和湖泊盆地中形成的，除陡岸和岛屿边缘的沉积物形成倾斜层理外，海相和湖相沉积岩具有原始水平产状。大面积覆盖的玄武质熔岩和平坦地面上堆积的凝灰岩常具有近水平的产状。这些岩层在平稳的上升运动作用下，仍保持其水平产状，这种构造称为水平构造（见图13-9）。

水平构造在地貌上表现为沟谷底部出露老的岩层；顺坡向上岩层逐渐变新；山峰顶为

图 13 – 9　水平构造

较新的岩层；在不同的沟谷坡上，只要高程相同，出露的岩层必定是同一时代的相当
岩层。

二、倾斜构造

岩层层面在较大范围内向同一个方向倾斜，倾向和倾角变化不大（无突变）的构造称
为倾斜构造（见图 13 – 10），也称为单斜构造。原始水平产状的岩层受到差异升降运动的
改造，原始倾斜岩层被抬升到地表，都可以成为倾斜构造；巨型褶皱的一翼或大断层的一
盘，也可能表现为倾斜构造。

图 13 – 10　单斜构造

倾斜岩层出露地面的表现与水平构造不同。当沟谷走向与岩层走向相交时，从沟口向
沟头出露的岩层可能由新到老（岩层向沟口倾斜），也可能由老到新（岩层向沟头倾斜）。
此外，最高山峰上出露的不一定是最新的岩层，最低谷底上出露的不一定是最老的岩层。

三、褶皱构造

在地壳运动的影响下，岩层受应力作用发生塑性变形，形成波状弯曲，这种构造形态
称为褶皱构造。褶皱构造中的一个基本弯曲称为褶曲，它是组成褶皱构造的基本单位
（见图 13 – 11）。

褶皱是岩层受力产生连续弯曲的塑形变形，且岩石的连续性没有遭到破坏的结果，是

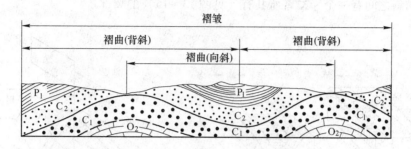

图 13 - 11　褶皱与褶曲示意图

地壳中最基本的构造型式。褶皱的形态是复杂多样的，规模差别也很大，可形成巨大的褶皱系和构造盆地（见图 13 - 12），也可出现在个别露头上或者手标本上（见图 13 - 13），有的则需要显微镜才能观察到。褶皱的形态与矿产的分布、油气运移有着密切的关系，而且影响水文地质和工程地质条件。因此，研究褶皱具有重要的理论指导意义和实践价值意义。

图 13 - 12　褶皱构造（中国甘肃当金山）

图 13 - 13　手标本上的褶皱

（一）褶曲的基本形态

褶曲的形态是多种多样的，基本形式有两种：背斜和向斜。

（1）背斜。岩层向上弯曲，两翼相背倾斜，其核心部位的岩层时代老，而两侧的岩层时代较新（见图 13 - 14（a））。

（2）向斜。岩层向下弯曲，两翼相向倾斜，其核心部位的岩层时代新，而两侧的岩层时代较老（见图 13 - 14（b））。

岩层弯曲方向是表象，岩层新老关系是本质。在确定地层层序正常的情况下二者是统一的，在没有确定地层层序的情况下岩层弯曲方向并不能代表其形态类型。

（二）褶曲要素

褶曲要素是指褶曲的基本组成部分及反映其形态特征的几何要素，通过褶曲要素可以表征一个褶曲的空间形态特征（见图 13 - 15）。褶曲要素主要包括以下几种。

（1）核部。褶曲的中心部分。背斜核部是老岩层，向斜核部为新岩层。

（2）翼部。核部两侧的岩层。背斜两翼岩层较核部新，向斜两翼岩层较核部老；相邻的背斜和向斜之间有一个为二者所共有（见图13－15）的翼部。

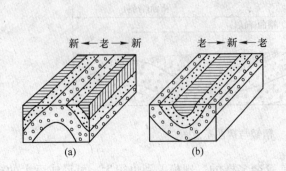

图13－14　褶皱的基本形态示意图
(a) 背斜；(b) 向斜

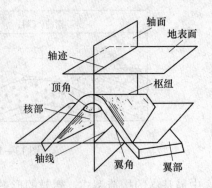

图13－15　褶曲要素示意图

（3）翼角。两翼岩层的倾角。翼角越小褶曲越宽缓；翼角越大褶曲越紧闭。

（4）转折端。褶曲两翼间的过渡弯曲部分。

（5）顶和槽。在褶曲的横剖面上，背斜同一层面上的最高点叫做顶，向斜同一层面上的最低点称为槽。一个背斜同一层面上各顶点的连线称为脊线；一个向斜同一层面上各槽点的连线称为槽线。

（6）枢纽。在褶曲的每一个横剖面上，任一层面上都有一个弯曲度最大的点。褶曲同一层面上弯曲度最大点的连线，称为该褶曲的枢纽。

（7）轴面。由相邻层面上的枢纽联绘而成的面，称为该褶曲的轴面。轴面可以是平面，也可以是曲面，它是一个理想的面，只具有几何意义。

（8）轴和轴迹。轴面和水平面的交线称为褶曲的轴，又称轴线。轴是该褶曲轴面的走向线，其长度代表褶曲的延伸长度；其方向称轴向，代表褶曲的延展方向。轴面与地面的交线称为轴迹。它受地形影响，只能大致代表褶曲的延展方向，仅在轴面直立或地面平坦的情况下才与轴线方向一致。

（三）褶皱的分类

（1）根据轴面产状和两翼产状，可将褶皱分为：

1）直立褶皱。又称对称褶皱。其轴面直立或近于直立；两翼岩层倾向相反、倾角近于相等（见图13－16中①）。直立褶皱包括对称背斜和对称向斜。

2）斜歪褶皱。又称不对称褶皱。其轴面倾斜，两翼岩层倾向相反、倾角不等（见图13－16中②）。斜歪褶皱包括斜歪背斜和斜歪向斜。

3）倒转褶皱。其轴面倾斜，两翼岩层向同一方向倾斜，其中一翼岩层层序正常、一翼岩层层序倒转（见图13－16中③）。倒转褶皱包括倒转背斜和倒转向斜。

4）平卧褶皱。其轴面近于水平的倒转褶皱（见图13－16中④）。

（2）根据枢纽产状，可将褶皱分为：

1）水平褶皱。枢纽呈水平或近于水平的褶皱，两翼岩层走向基本相同（见图13－17(a)）。

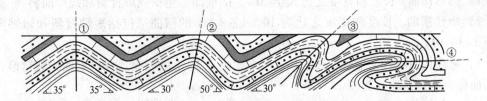

图 13 – 16 褶皱横剖面分类示意图

①—直立褶曲；②—斜歪褶曲；③—倒转褶曲；④平卧褶曲

2）倾伏褶皱。枢纽倾斜的褶皱，两翼岩层走向不同，褶皱向一定方向倾伏至消失（见图 13 – 17（b））。

3）倾竖褶皱。枢纽近于直立的褶皱（见图 13 – 17（c））。

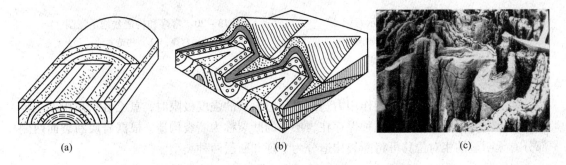

(a)   (b)   (c)

图 13 – 17 水平褶皱、倾伏褶皱和倾竖褶皱示意图

（a）水平褶皱；（b）倾伏褶皱；（c）倾竖褶皱

（3）根据转折端形态，可将褶皱分为以下类型（见图 13 – 18）：

1）圆弧褶皱。褶皱的转折端成圆弧状。

2）尖棱褶皱。两翼较平直，转折端呈尖角状。

3）箱状褶皱。褶皱的转折端宽阔平直，两翼陡立。

4）扇形褶皱。褶皱的两翼均向核部倾斜，因而两翼岩层新老层序倒置。

5）挠曲。出现在褶皱不发育的缓倾斜岩层中，其局部地段出现台阶式弯曲，有些学者称其为膝折。

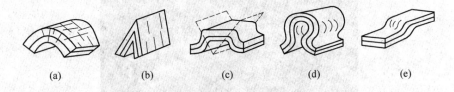

(a)   (b)   (c)   (d)   (e)

图 13 – 18 根据转折端形态分类的几种褶皱

（a）圆弧褶皱；（b）尖棱褶皱；（c）箱状褶皱；（d）扇形褶皱；（e）挠曲

（4）根据长、宽的比率分类：根据褶曲中同一岩层面与水平面交线的纵向长度和横向宽度之比，可将褶曲分为以下几种。

1）线形褶曲。长度和宽度之比大于 10：1 的褶曲。包括线形背斜和线形向斜。

2）短轴褶曲。长度和宽度之比为 10：1～3：1 的褶曲。包括短轴背斜和短轴向斜（见图 13－19）。

3）穹窿构造和构造盆地。长度和宽度之比小于 3：1 的褶曲。背斜褶曲叫做穹窿，向斜褶曲称为构造盆地（见图 13－20）。

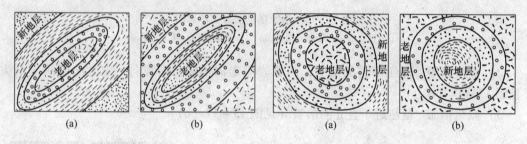

　图 13－19　短轴褶曲示意图　　　　　　图 13－20　穹窿和构造盆地示意图
　（a）短轴背斜；（b）短轴向斜　　　　　（a）穹窿；（b）构造盆地

四、断裂构造

岩层受力后产生变形，当作用力达到或超过岩层的强度极限时，就会在岩层中的一定位置沿一定方向产生断裂。这种保存在岩层中的断裂称为断裂构造。根据岩层断裂面两侧部分有无明显的相对位移可将断裂构造分为节理和断层两种类型。

（一）节理

节理又称为裂隙，是指岩石脆性变形的破裂面两侧没有发生明显相对位移的断裂构造。其破裂面称为节理面。节理面和岩层面一样，其产状也用走向、倾向和倾角三要素表示。

节理的分类：

（1）按成因可以把节理分为原生节理和次生节理。

1）原生节理。是指在岩石形成过程中产生的节理。如岩浆冷凝形成岩浆岩过程中在岩体中产生的各种节理（见图 13－21）；沉积岩在成岩过程中产生的节理。沉积岩层中的原生节理仅发育在一定岩层内部，其本身不具穿层性。

图 13－21　玄武岩冷凝收缩形成六方柱状节理

2）次生节理。是指岩层（体）形成后产生的节理。根据力的来源和作用性质不同，又可分为非构造节理和构造节理。

（2）按力学性质可分为张节理和剪节理。

1）张节理。由构造运动产生的张应力作用形成的节理。一般张节理裂口微微张开并常有岩脉充填，节理面粗糙不平，沿走向、倾向延伸不远即消失；张节理一般发育稀疏，节理面间距较大，很少密集成带。发育在砾岩中的张节理常绕砾石而过。张节理一般在褶曲的转折端比较发育且与岩层面垂直。

2）剪节理。由构造运动产生的剪应力作用所形成的节理。其特征是：裂隙紧闭，节理面平直光滑，产状稳定，沿走向、倾向延伸较远；剪节理常成组出现，间距较小，并常见两组交叉，组成 X 共轭剪节理系。发育在砾岩中的剪节理常直切砾石而过。

（二）断层

断层是具有显著位移的断裂。断层在地壳中广泛发育，但分布不均匀。多数断层发育在地壳上层，少数断层切入地壳下层，有的甚至切入岩石圈中下层。地球上最大的断层是作为板块边界的断层，如洋脊轴部大断层和板块边缘的走向滑动断层。

1. 断层要素

断层要素指组成断层的最基本部分，包括断层面、断层线、断盘和断层滑距（见图 13 – 22）。

（1）断层面。把地质体断开成两部分并沿之滑动的破裂面。断层面是稍有起伏的不规则面。断层面的产状同岩层产状测量原理一样，用走向、倾向和倾角来描述。大断层的断层面通常是一群产状大致相同的断层面组成的断层带。

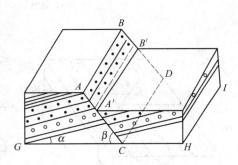

图 13 – 22 断层要素示意图

（2）断层线。断层面与地面的交线，即断层在地面上的出露线。断层线通常根据地面的起伏和断层面自身曲折。通常断层带岩石比较破碎，风化剥蚀后易形成低洼地带。

（3）断盘。断层面两侧沿断层面发生相对位移的岩块。断层面倾斜时，断层面上的岩块称为上盘，断层面下的岩块称下盘。当断层面直立时，用方位来命名。当两盘沿着断层面发生相对位移时，相对上升的断块为上升盘，反之为下降盘。

（4）断距。断层两盘相对滑移的距离称为断距（见图 13 – 22 中的 AA' 或 BB'）。小断层的断距仅几米或更小，大断层的断距可超过 100km。

2. 断层的分类

（1）按断层两盘相对运动，可将断层分为：

1）正断层。上盘相对下降、下盘相对上升的断层，称为正断层（图 13 – 23（a））。正断层的断层面倾角一般较大，以 60°～70°常见；断层破碎带较明显，断层角砾岩的角砾棱角显著；断层面附近岩层很少有挤压、揉皱等现象。

2）逆断层。上盘相对上升、下盘相对下降的断层，称为逆断层（见图13-23（b））。根据断层面倾角不同，逆断层常分为以下3种：在冲断层，指断层面倾角大于45°的逆断层；逆掩断层，指断层面倾角为30°~45°之间的逆断层；辗掩断层，指断层面倾角小于30°的逆断层。

一般在冲断层常在正断层发育区产出并与其伴生；逆掩断层和辗掩断层的断层面多呈舒缓波状，附近常出现挤压、揉皱现象，断层角砾岩中的角砾有一定程度圆化且定向排列。

3）平移断层。断层两盘顺断层面走向相对移动的断层，也称为走滑断层（见图13-23（c））。平移断层一般断层面陡峻，甚至直立。

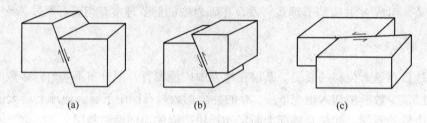

(a)　　　　　　　　　　(b)　　　　　　　　　　(c)

图13-23　根据两盘相对运动方向的断层分类
(a) 正断层；(b) 逆断层；(c) 平移断层

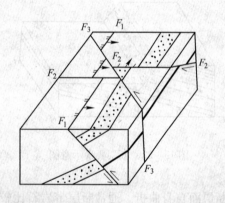

图13-24　断层走向与岩层走向的关系
F_1—走向断层；F_2—倾向断层；F_3—斜交断层

（2）根据断层走向与岩层走向的关系，可将断层分为：

1）走向断层。断层走向与岩层走向平行或基本平行的断层（见图13-24中的F_1）。

2）倾向断层。断层走向与岩层走向垂直或基本垂直的断层（见图13-24中的F_2）。

3）斜交断层。断层走向与岩层走向斜交的断层（见图13-24中的F_3）。

3. 断层的组合类型

在断层发育地区，常可见到由多条断层排列成一定的组合形式。常见的剖面上的组合形式有下列几种。

（1）地堑和地垒。两条相向倾斜的正断层，其间共同的上盘下降，各自的下盘上升，这种断层组合类型叫做地堑；两条相背倾斜的正断层，其间共同的下盘上升，各自的上盘下降，这种断层组合类型称为地垒（见图13-25（a）、图13-25（b））。

（2）阶梯状构造。由若干条产状大致相同的正断层平行排列，各断层的上盘向同一方向依次下降，从剖面上看呈阶梯状，称为阶梯状构造（见图13-25（c））。

（3）叠瓦状构造。若干条产状大致相同的逆断层平行排列，各断层的上盘向同一方向依次向上推移，在剖面上呈叠瓦状，称为叠瓦状构造（见图13-25（d））。

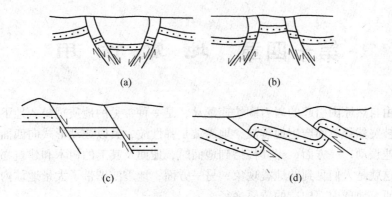

(a)   (b)

(c)   (d)

图 13-25　断层的组合类型示意图

（a）地堑；（b）地垒；（c）阶梯状构造；（d）叠瓦状构造

 复习思考题

13-1　何谓构造运动？构造运动有什么特点？

13-2　可以从哪些方面去认识和研究地质历史时期的构造运动？

13-3　地层有哪几种接触关系？各自是如何形成的？

13-4　面状构造和线状构造的产状如何表示？

13-5　地质构造的产状要素如何用文字表示？

13-6　倾斜岩层出露地面有什么样的表现？

13-7　简述褶皱是如何分类的？

13-8　怎样区分张节理与剪节理？

13-9　断层有哪几种常见的组合形式？

第十四章 地 震 作 用

地震是由自然原因引起的岩石圈快速颤动，是一种常见的地质现象。地下某处岩块中集聚的应力被突然释放而产生地震波，地震波是弹性波，其以波动形式向四面八方传播并引起介质快速振动，一方面，当其传播到地面时，地面及其上的树木和建筑物会随之晃动甚至倒毁，这就是人们见到的地震现象；另一方面，地震波携带了大量地球内部结构的重要信息，是研究地球内部构造的重要途径。

第一节 地 震 概 述

一、地震要素

地震要素如图 14 - 1 所示。

（1）震源。引发地震、释放深部能量的源区。

（2）震中。震源在地面的垂直投影点，是接受震动最早的部位。

（3）震源深度。震中与震源之间的距离。

（4）震中距。地震台到震中的水平距离。

（5）震源距。震源到地震台的距离。

（6）等震线。同一地震在地面引起相等破坏程度（称烈度，见第二节）的各点连线。

地球上每年发生大小地震约有 500 万次，其中 99% 是人们感觉不到的微小地震，能对地面及建筑物造成破坏的强震约 500 次，能对广大区域造成大灾难的大地震约 10 次左右（见表 14 - 1）。造成人类巨大伤亡的地震虽然很少，但仍然是对人类最具威胁的自然灾害。常在顷刻之间导致山崩地裂，地表错位，河水堵塞或决堤，建筑物倒塌，电路走火，水道断裂等。给人民生命财产造成巨大危害。

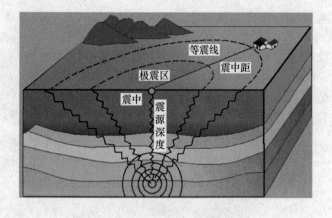

图 14 - 1 地震要素示意图

表 14 - 1 地震强度与地震次数的关系

地震震级	地震出现次数
>8.0	10
7.1 ~ 8.0	182
6.1 ~ 7.0	1453
5.1 ~ 6.0	11112
3.1 ~ 5.0	>45453

二、地震波

地震的能量是通过岩石以弹性波的形式向四面八方辐射传播。这种弹性波称为地震波。地震波按传播方式分体波和面波。

（一）体波

（1）纵波（P 波）。是推进波。是由震源向外传播的压缩波，质点的震动方向与波的传播方向一致。纵波在固态、液态及气态的介质中均能传播。纵波的周期短、振幅小、速度快，在地壳中的传播速度为 5.5 ~ 7.0km/s，它最先到达震中，所以又称为初至波。由于它最先到达震中，因而地震时地面总是最先发生上下震动，其破坏性较弱。

（2）横波（S 波）。是剪切波。其质点的震动方向与波的前进方向垂直。横波只能在固体中传播。横波的周期长、振幅较大、速度也较慢，为 3.2 ~ 4.0km/s，是第二个到达震中的波动。因横波是横向震动，当横波到达震中时，地面发生左右抖动或前后抖动。这种振动对建筑物的破坏较强。

（二）面波

面波不是从震源发生的，而是由纵波与横波在地表相遇后激发产生的。它仅沿面（或不同介质的界面）传播，不能传入地下。其波长大、振幅大、传插速度比横波小。由于面波的振幅大，因此，它是造成建筑物强烈破坏的主要因素。面波分为勒夫波和瑞利波（见图 14 - 2）。

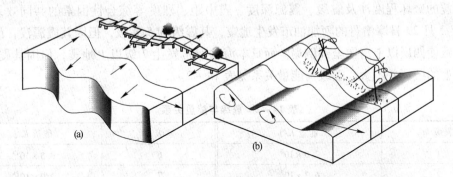

图 14 - 2　勒夫波（L 波）和瑞利波（R 波）

(a) 勒夫波；(b) 瑞利波

（1）勒夫波（L 波）。是振动平行于层的地震横波在物质层中干涉叠加，并在物质层中传播的波。由于振动平行于地面，结果导致地面发生一种蛇行状前行的横向波动。此现象是由 Love 最早发现的，故名，也简称 L 波。它的振幅随深度增加而衰减。当表层较薄时，会出现很强的勒夫波。

（2）瑞利波（R 波）。瑞利波振动方式兼有纵波与横波的特点，类似于质点做圆周式振动的水波。可以理解为平面纵波与平面横波在地表相交或叠加而产生、只存在于半空间表面附近的波。这是 Rayleigh 于 1885 年发现的，故名，也简称 R 波。它只存在于震中以外的地方。

地震的破坏性是由地震波造成的，因此，研究地震波就成为研究地震和预报地震的基础工作。

第二节　地震的震级和烈度

一、地震震级

地震震级是表示震源释放能量大小的级别，释放的能量越大，震级越大。用通过地震仪记录到的地震波的最大振幅值来计算该次地震震源释放的能量。震级标度的方法有多种，以里氏震级（M）为常用。

里氏震级是美国加州工学院里克特（C. F. Richter）于 1935 年研究加州地震时，以地震释放的能量为依据，确定的震级与能量的关系。按下列里克特实验公式可以得出地震的震级：

$$\lg E = 11.8 + 1.5M$$

式中，E 为产生地震释放的总能量，J；M 为震级。

表 14 – 2 列出了不同震级的能量值。震级每相差 1 级，其能量相差 31.6 倍；震级相差 2 级，能量相差 1000 倍。试验证明，在地下的花岗岩硐中爆炸一个 2 万吨（TNT）级的原子弹（8×10^{12} J），其结果和一个震源深度与硐深相当的 5 级地震（2×10^{12} J）的地震效应差不多。5 级地震的能量较小是由于用地震波振幅计算的能量并未包括地震过程中转变成的热能和引起岩块断裂位移的机械能。

地震的破坏程度涉及震级、震源深度、震中距、烈度等综合性因素的共同效果。如 1960 年 2 月 29 日摩洛哥的阿加油市发生地震，其震级为 5.8 级，但因其震源浅，故破坏力大，致使四层以上房屋全部倒塌。而日本海沟经常发生 7 级以上地震，但因其震源深，对地面上的破坏并不大。震级与能量关系见表 14 – 2。

表 14 – 2　震级与能量关系

震级 M	能量 E/J	震级 M	能量 E/J
1	2.0×10^6	6	6.3×10^{13}
2	6.3×10^7	7	2.0×10^{15}
3	2.0×10^9	8	6.3×10^{16}
4	6.3×10^{10}	8.5	3.6×10^{17}
5	2.0×10^{12}	8.9	1.4×10^{18}

二、地震烈度

地震的烈度是地震造成地面及建筑物破坏的尺度。烈度的高低是根据多种标志综合确定的，如人的感觉、家具震动和树林摇晃情况、各类建筑物的破坏程度、地面破坏和变形情况以及仪器测量的速度和加速度值等。我国及世界上多数国家采用 12 级地震烈度表（见表 14 – 3）。12 级烈度是毁灭性的，6 级以上的烈度都具有破坏性。

表 14-3 地震烈度表

烈度	人的感觉	房屋震害程度		其他地震现象	参考物理指标	
		震害现象	平均震害指数		加速度（水平）/m·s⁻²	速度（水平）/m·s
1	无感					
2	室内个别静止中的人有感觉					
3	室内少数静止中的人有感觉	门、窗轻微作响		悬挂物微动		
4	室内多数人、室外少数人有感觉，少数人梦中惊醒	门、窗作响		悬挂物明显摆动，器皿作响		
5	室内普遍、室外多数人有感觉，多数人梦中惊醒	门窗、屋顶、屋架颤动作响，尘土掉落；抹灰出现细微裂缝，有檐瓦掉落；个别屋顶烟囱裂缝、掉落		不稳定器物摇动或翻到	0.31（0.22~0.44）	0.03（0.02~0.04）
6	多数人站立不稳，少数人惊逃室外	房屋损坏，墙体出现裂缝，檐瓦掉落，少数屋顶烟囱裂缝、掉落	0~0.10	河岸和松散图出现裂缝，饱和砂层出现喷砂冒水，有的独立砖烟囱轻度裂缝	0.63（0.45~0.89）	0.06（0.05~0.09）
7	多数人惊逃室外，骑自行车的人有感觉，行驶中汽车的乘驾人员有感觉	房屋轻度破坏：局部破坏，开裂，小修或不需要修理可继续使用	0.11~0.30	河岸出现塌方，饱和砂层常见喷砂冒水，松散土地上地裂较多，大多数独立砖烟囱中等破坏	1.25（0.90~1.77）	0.13（0.10~0.18）
8	多数人摇晃颠簸，行走困难	房屋中等破坏：结构破坏，需要修复才能使用	0.31~0.50	干硬土上出现裂缝，大多数独立砖烟囱严重破坏，树梢折断，房屋破坏，人畜伤亡	2.50（1.78~3.53）	0.25（0.19~0.35）
9	行动的人摔倒	房屋严重破坏：结构严重破坏，局部倒塌，修复困难	0.51~0.70	干硬土上有许多地方出现裂缝，基岩可能出现裂缝、错动，滑坡塌方常见，独立砖烟囱倒塌	5.00（3.54~7.07）	0.50（0.36~0.71）
10	骑自行车的人会摔倒，处于不稳定状态的人会摔离原地，有抛起感	大多数倒塌	0.71~0.90	山崩和地震断裂出现，基岩上拱桥破坏，大多数独立砖烟囱从根部破坏或倒毁	10.00（7.08~14.14）	1.00（0.72~1.41）
11		普遍倒塌	0.91~1.00	地震断裂延续很长，大量山崩滑坡		
12				地面剧烈变化，山河改观		

注：表中的数量词中，"个别"为10%以下；"少数"为10%~50%；"多数"为50%~70%；"大多数"为70%~90%；"普遍"为90%以上（中国国家质量技术监督局，1999）。

同一次地震在不同地区造成的破坏程度不同，故各地具有不同的烈度。震中附近地区的震动最为强烈，一般也是破坏最严重的地区，称为极震区。离震中越远破坏越轻。由多条等震线编成的表示该次地震破坏程度的图称为地震烈度图（见图14－3）。

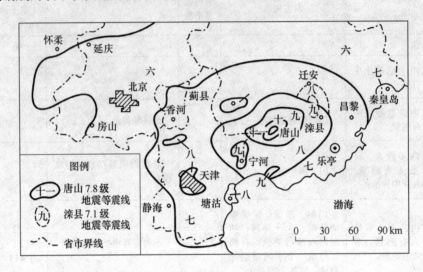

图 14－3　1976 年唐山地震烈度图

地震的震级与烈度是度量地震强度的两种不同方法。震中烈度、震级与震源深度之间存在某种对应关系，可以用下列关系式近似地表示：

$$I_0 = 1.52M - \lg H$$

式中，I_0 为震中烈度；M 为震级；H 为震源深度。这个关系式适用于浅源地震。

同一震级的地震在不同的地区造成不同烈度的破坏，而且同一地点、同一震级的地震，其震源越浅，造成的破坏越大，烈度越高。

第三节　地震类型及地震地质现象

一、地震类型

（一）按成因分类

地震按其发生原因可以分为以下 4 种类型：

（1）构造地震。又称为断裂地震，由岩石圈及上地幔物质的机械运动使刚性岩块突然断裂而引起的地震。在一定的条件之下，岩石具有刚性，而且位于地下的岩石恒处于某种构造"力"的作用之下。岩石受力达一定程度就要发生变形，包括体积和形态的改变。若作用力强度超过岩石强度，岩石就要破裂，或断开，或错位。岩石在变形的前期处于弹性变形阶段，变形量是逐渐加强的，而岩石弹性变形发展到破裂是突变和快速的。变形的岩石通过破裂将已积累的"应力"迅速释放出来。然后，岩块迅速"弹回"，遂引起弹性震动。这就是地震成因的弹性回跳说。

每年发生的构造地震约占地震总数的 90%，包括绝大部分浅源地震和全部中源、深源地震。

（2）火山地震。与火山喷发有明显成因联系的地震。火山地震均为浅源地震。火山地震约占全球地震总量的7%，地震的震级较小，一般很少造成大的灾害。

（3）陷落地震。地下洞穴的顶板突然严重崩塌和陡峭山崖大量岩块突然崩坠引发的地震。陷落地震震级较小，其波及的范围也较小。此外，由大陨石坠落到地面上也可引发地震，但在大陆上这种成因的地震极少。

（4）诱发地震。由于人为因素诱使地下岩块中积蓄的应力突然释放形成的地震。例如某区域在修大型水库前地震强度不大，数量较少。库区蓄上几亿至几十亿立方水后，地震发生频率显著增高，甚至发生了一些较强地震，其中一些地震应属于诱发地震。在地下进行核爆炸也可能诱发地震。

（二）按震源深度分类

按震源深度的不同，可将地震分为三类：浅源地震（0~70km）、中源地震（70~300km）和深源地震（300~720km）。浅源地震最多，约占地震总量的72.5%；中源地震次之，约占23.5%；深源地震很少，仅占4%。

（三）按震级大小分类

根据震级大小，地震可以分为四类：微震（小于3级）、弱震（3~4.5级）、中强震（4.5~6级）、强震（大于6级）。

（四）按发生位置分类

根据发生的位置，地震可以分为陆震（发生在大陆上）和海震（发生在大洋底部）。同样级别的地震，海震要比陆震的破坏性小，因为陆震横波和纵波都能达到地面，而海震只能把纵波传播上来（由于横波不能在液体中传播）。但是，在海底或滨海地区发生的强烈地震，能引起巨大的波浪，称为海啸。海啸往往波涛汹涌，波浪浪高可达十余米到几十米，使大量的海水涌向陆地，并在沿岸地带造成极大破坏。

（五）按震中距分类

根据震中距，地震可以分为三类：地方震（震中距小于100km）、近震（震中距100~1000km）、远震（震中距大于1000km）。

二、地震地质现象

地震发生时，地壳中的应力场发生了较大的变化，常会出现下列地质现象。

（一）地裂及微地形变化

地震主要是由岩石圈构造运动引起的，是地下岩石突然破裂时将积累的地应力迅速释放出来造成的。能量的释放常引起地面的隆起、错动、扭曲等各种变形。最常见的是水平错动形成的地面裂缝，称为地裂（或地裂缝）（见图14-4）。地裂缝受地应力的控制具有一定的方向性，往往与震域内的地质构造有着密切的联系。1920年12月宁夏海原地震，造成自甘肃景泰兴泉堡至宁夏固原县硝口长达 215km 的巨大破裂带，至今仍清晰可辨。1970 年 1 月云南通海地区发生的地震，产生的地裂缝沿北西方向延长达 60km，水平相对位移的距离为 2.5m。

地震常引起地面的波状起伏、扭曲，它们是地震产生的挤压作用的结果。如，1976 年 7 月 28 日我国唐山大地震，在一条马路上的地面就产生了一系列的枕状构造，甚至连坚硬的铁轨也被扭成弯曲状（见图 14 - 5）。

图 14 - 4　日本 3·11 大地震引起地面起伏及开裂　　　图 14 - 5　唐山大地震造成铁轨扭曲

（二）崩塌与滑坡

在山区发生地震时常发生崩塌和滑动，由此产生的山崩和滑坡规模很大。如西藏 1911 年，因地震引起在莫尔加布河上，由崩塌的岩土堆成一座高达 700m 以上的大坝。1920 年 12 月海原地震，海原、固原和西吉县滑坡数量多到无法统计的地步。在西吉南夏大路至兴平间 65km² 内，滑坡面积竟达 31km²。滑坡堵塞河道，形成众多串珠状堰塞湖。汶川地震引发的大量滑坡、崩塌、泥石流等地质灾害多达 12000 余处，潜伏隐患点 8700 处，有危险的堰塞湖 30 多座（见图 14 - 6、图 14 - 7）。

图 14 - 6　汶川地震引发山体滑坡　　　图 14 - 7　汶川地震形成唐家山堰塞湖

（三）喷沙冒水

地震作用往往使地下含水层受到挤压，地下水常夹带着泥沙沿着裂缝向地表喷出，形成喷沙冒水现象（见图 14-8）。这些喷出物在裂缝周围形成一种低矮锥形小丘，外形似火山，故有人称泥火山。如唐山大地震时喷沙冒水现象非常普遍。这种现象一般发生在烈度 7 度以上的地区。

图 14-8　喷沙冒水

（四）海啸

前已述及，海啸是海底地震引发的一种灾难性结果。1960 年 5 月 22 日在智力发生的 8.9 级地震所引发的海啸波及太平洋的广大地区，5 月 23 日海啸到达夏威夷时浪高约 10m，死伤 20 多人；5 月 24 日海啸达到日本，浪高还有 6.5m，伤亡 100 多人，沉船 100 多艘。2004 年 12 月 26 日印度尼西亚苏门答腊岛附近海域发生 8.7 级地震，10 多米高的海浪席卷沿岸村庄和海滨度假区，造成沿岸各国 20 多万人死亡和巨大经济损失。2011 年日本 "3·11" 大地震在日本东北太平洋沿岸引发巨大海啸，最大高度达到了 40.5m。

第四节　地震带的地理分布

一、全球的地震带分布

地震主要发生在岩石圈构造活动带，现代全球地震的分布绝大多数受板块构造活动边界的控制，有规律地主要集中在 3 个带：环太平洋地震带、地中海-喜马拉雅-印尼地震带、大洋中脊和大陆裂谷地震带（见图 14-9）。部分发生在大陆内部的活动断裂带。

（1）环太平洋地震带。此地震带主要沿太平洋板块的岛弧-海沟带分布，在太平洋东北侧沿北美板块与太平洋板块间走向滑动断裂带分布。世界上 80% 的浅源地震、90% 的中源地震和 95% 的深源地震都发生在这个地震带内。

（2）地中海-喜马拉雅-印尼地震带。此地震带沿非洲板块、印度洋板块与亚欧板块的接合部位分布。其地震约占地震总量的 15%，主要为浅源地震，有少量中源和深源地震。

（3）大洋中脊和大陆裂谷地震带。较多的地震出现在大洋中脊上，大陆裂谷上有少量

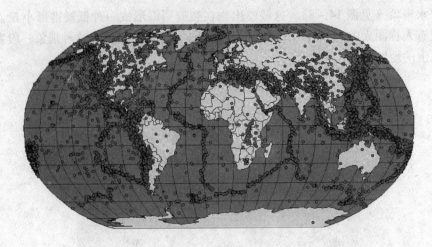

图 14 – 9　1995～2001 年全球地震震中分布图（$M \geqslant 4.0$）

地震发生，且均为浅源地震。

（4）大陆内部活动断裂地震带。地震集中于近代活动的大断裂附近，全部是浅源地震，其地震不到全球地震总量的 2%，但因这些地带靠近大、中城市和居民较集中的农村，发生强震对人类社会造成的危害很大。

二、我国的地震活动

我国位于环太平洋与地中海－喜马拉雅－印尼两大地震带交汇的三角区内，加上境内分布着很多活动断裂带，因而地震活动甚强。自公元前 1831 年有历史地震记录以来，到 21 世纪 2003 年记录到的震级 6 级以上灾害性强震超过 850 次，8 级以上大地震超过 20 次。

（1）邻近环太平洋地震带。该带沿近南北方向分布，从东北长白山经渤海湾、黄海到东南沿海、台湾，属于环太平洋地震带。该带以中－浅源地震为主，有的震级较大。如海城－营口地震、唐山地震、邢台地震、台湾地震等。其中，东北是我国唯一有深源地震的地区。

（2）贺兰山－六盘山－龙门山－横断山地震带。是纵贯我国中部、沿南北方向延伸的一个地震带，属于板块活动在陆内的影响区。受太平洋、欧亚、印度三大板块的联合夹击，时有强烈地震发生。此区太古宇及元古宇岩层广泛发育，刚性强，易于破裂发震。在西南区段，受印度大陆朝北俯冲作用的影响，地震频繁发生，震级大，破坏性强。云南昭通地震、四川汶川地震即发生在此带。其中汶川地震发生在青藏高原东界与四川盆地的交接带，沿近南北向的龙门山断裂带集中分布，震源机制为高角度的逆冲断层兼具右旋走滑。统计表明，99% 的余震集中分布在断层上盘的狭窄区带中。

（3）我国西部地震带。是新近断裂活动强烈的地区，地震频繁，时有大地震发生。地震多集中在高山和盆地的交界线上，震中位置远离板块活动带，发震原因属于板块剧烈碰撞引发的远程效应。地震带主要分布在塔里木盆地的盆山交接带、昆仑山山缘、青藏高原等地。

复习思考题

14 - 1　何谓地震波？地震波分为哪些类型？哪种地震波破坏能力最强？

14 - 2　按发生原因地震分为哪些类型？

14 - 3　地震会引发哪些地质现象？

14 - 4　我国及全球的地震活动是如何分布的？

14 - 5　如何进行地震的预报与预防？

第十五章 岩浆作用与岩浆岩

岩石按其地质成因划分为火成岩、沉积岩石与变质岩三大类。火成岩又称岩浆岩，它是三大类岩石的主体，占地壳岩石体积的64.7%。它由岩浆冷凝形成，是岩浆作用的最终产物。因此，岩浆作用和岩浆岩的研究在地学领域中显得极为重要。岩浆作用是指岩浆发育、运动、冷凝固结成为火成岩的作用，它包括喷出作用与侵入作用。

第一节 岩浆和岩浆作用

一、岩浆

岩浆是在上地幔或地壳深处形成的，以硅酸盐为主要成分的炽热、黏稠、含有挥发分的熔融体。一般为硅酸盐熔融体，少数情况下可为碳酸盐熔融体。岩浆在其形成、活动和固结过程中，或在它演化的不同阶段，可以含有若干悬浮的晶体或岩石碎屑，并溶解一定量的挥发组分，后者在过饱和情况下可呈气相存在。因此，岩浆的基本特点是有一定的化学组成、高温和能够流动。

（1）岩浆的成分。岩浆的成分若以氧化物表示，其主要为 SiO_2、Al_2O_3、FeO、CaO、MgO、Na_2O、K_2O、H_2O 等。其中以 SiO_2 含量最多，可达 40% ~ 75%。依据其含量的多少，可将岩浆岩划分为超基性岩浆、基性岩浆、中性岩浆、酸性岩浆 4 类。挥发分以 H_2O 为主，其次为 CO_2、SO_2、N_2、HCl 等。除此之外，岩浆还含有成矿金属元素如 W、Sn、Mo、Cu、Pb、Zr、Cr、Ni 等。

（2）岩浆的温度。岩浆的温度可以通过对熔岩流温度的测定、分析造岩矿物或岩石等办法求得。例如，直接测定近代火山喷发熔岩的温度随岩浆成分由基性到酸性，熔岩温度逐渐降低，由1225℃变化为735℃，其中玄武质熔岩温度的范围是 1000 ~ 1225℃，安山质熔岩的温度为 900 ~ 1000℃，流纹质熔岩的温度为 750 ~ 900℃。

（3）岩浆的密度。岩浆的密度也是影响岩浆物理性质和化学分异的重要参数。大多数岩浆的密度为 $2.2 ~ 3.1 g/cm^3$。岩浆的密度主要取决于岩浆的成分、温度和压力。基性岩浆的密度高于酸性岩浆的密度；压力增大时，岩浆熔体内分子间距减小，体积压缩密度变大；温度增高时，分子间距增大，体积膨胀密度变小。因此，岩浆的体积变化，即由压缩或膨胀带来的变化，会改变岩浆的密度。岩浆的密度与岩浆分异作用、岩浆混合作用过程关系密切。

（4）岩浆的黏度。岩浆能够流动，具有流体的性质。而岩浆的流动能力主要受到自身的黏度（单位是 Pa·s）的制约。因此，黏度是测量岩浆流动性质的重要参数。也可以说，黏度是岩浆重要的物理性质，它会影响火成岩的结构、构造和产状，也会影响岩浆的结晶分异作用。岩浆黏度与 SiO_2、Al_2O_3、挥发分的含量，温度及压力等因素有关。SiO_2、Al_2O_3 含量越高，黏度越大；含挥发分越多，黏度越小；温度越高，黏度越小；压力大的岩浆黏度增大，而含水多的岩浆则呈相反关系。

二、岩浆作用

岩浆的发生、运移、聚集、变化及冷凝成岩的全部过程，称为岩浆作用。根据岩浆活动的特点，有两种活动方式：岩浆从深部发源地上升但未到达地表冷凝形成岩石，这种作用过程称为侵入作用，岩浆冷凝形成的岩石称为侵入岩（包括深成侵入岩和浅成侵入岩）；岩浆从深部发源地上升直接喷溢出地表，这种作用过程称为喷出作用或火山作用，所形成的岩石称为喷出岩或火山岩。

上述原始岩浆在上升过程中经岩浆分异、同化混染等作用后形成不同成分的派生岩浆，然后在不同环境下冷凝形成多种类型的岩浆岩。

（一）同化作用与混染作用

高温的岩浆熔化围岩使围岩消失于岩浆之中，对围岩而言谓之同化；岩浆因同化围岩而改变了成分谓之混染，这种作用总称同化混染作用。例如基性岩浆同化富含硅铝的围岩时，基性程度降低可演变为中性岩浆。岩浆冷凝成岩后，常残留有尚未熔尽的围岩碎块，该碎块称为捕虏体。捕虏体是恢复围岩类型和研究岩浆演化的重要资料。

（二）岩浆的分异作用

岩浆在演化过程中，不同成分、相对密度以及结晶先后的矿物等在重力作用下发生分化，因而成为不同成分岩浆的过程，称为岩浆的分异作用。岩浆的分异作用主要分为3种：

（1）熔离分异作用。原来搅和均匀的岩浆在岩浆房中长时间停留，密度不同的液态组分发生分离形成下重上轻的液态分层。熔离分异在基性岩浆中较为常见，表现为 Cu、Fe、Ni 的金属硫化物因密度较大而集中在岩浆房底部，可形成有工业价值的矿床。

（2）结晶分异作用。随着岩浆温度下降，各种矿物按结晶温度不同先后结晶分离出来。早期结晶的矿物熔点高，比较富含镁、铁成分；后期结晶的矿物熔点低，富含硅、铝成分。

（3）气态分异作用。分异作用到了后期阶段，分化出来的残余岩浆中含有很多挥发性物质成分。它们的特点是熔点低、挥发成分高，另外因其化学活泼性强，可以和岩浆中各种金属元素，特别是稀有元素结合成挥发性化合物。当温度和压力降低时，它们便从岩浆中分离出来，集中在岩浆的上部或扩散到围岩的裂隙和空隙中去。这种在岩浆分异作用的后期，大量挥发性成分从岩浆中分离出来的过程称为气态分异作用。因为气态活泼性很强，它们侵入到围岩中形成的岩石往往晶体都很大，可形成伟晶岩。这一阶段也可称为伟晶岩化阶段。

美国岩石学家 N. L. Bowen 模拟岩浆结晶分异过程，再结合自然作用形成的岩石研究成果，提出了一个造岩矿物的结晶序列，称为鲍温反应系列（见图 15 - 1）。

鲍温反应系列揭示了矿物结晶顺序的自然规律，很成功地解释了岩浆演化的一系列问题。其具有以下特点：

（1）主要造岩矿物的结晶温度在 573 ~ 1100℃ 之间。对比前节所述，基性至超基性熔浆的温度为 1200 ~ 1600℃。

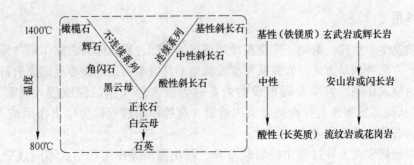

图 15 – 1　鲍温反应系列

　　（2）造岩矿物分为两个系列。暗色矿物从橄榄石至黑云母为不连续反应系列，它的每种矿物的成分和内部结构各不相同；浅色矿物从基性斜长石到酸性斜长石为连续反应系列，长石的内部结构相同，只是成分发生连续变化。最后剩下的岩浆中继续晶出正长石、白云母和石英，这又是一个不连续反应系列。

　　（3）从横的方向看，一个含有综合性成分的岩浆体，随着温度降低，最先晶出橄榄石，沉底集中可形成橄榄岩；继而晶出的辉石和基性斜长石，沉底集中可形成辉长岩；接着是生成中性岩和酸性岩。矿物结晶系列中，相邻的矿物可以在同一种岩石中出现，相隔较远的矿物共生产出的机会很少。由于岩浆来源和演化历史复杂，某种成分过多或因挥发组分含量不同等因素，鲍温反应系列可能出现某些混乱。

　　（4）在结晶分异过程中，温度冷却速度快慢及岩浆停留时间长短控制着结晶分异的完善程度。在良好的条件下，先结晶的矿物易形成自形晶结构，还可呈斑晶出现，后结晶的矿物因空间受到限制只能形成半自形或他形晶结构。含铬、镍、铂等元素的矿物结晶温度很高，常与橄榄石伴生，在分异完好的岩浆岩体底部可集中形成岩浆矿床。

　　（5）温度降至 600℃ 以下时，岩浆的主体成分已经先后结晶出来，完成了岩浆作用阶段，剩下的残浆具有丰富的 SiO_2 和含有多种金属元素的挥发性组分。这些残余成分以气液为主，具有极大的活动性，可沿着围岩的裂隙运移甚至离开母岩浆体很远。残液中的成分在适当条件下形成巨大的结晶体，最常见的是石英、长石、云母等，这就是所谓伟晶作用。温度更低的热液可以扩散得更远，常在远离母岩浆的适当围岩中沉淀出钨、锡、铜、铅、锌等硫化物，并形成有开采价值的多金属矿床，称为热液作用。原始岩浆的种类虽然是有限的，但通过岩浆的分异作用和同化混染作用会使其发生复杂的变化，它是岩浆岩岩石类型多样性的重要原因。另外岩浆的演化给各种金属矿床形成创造了物质条件。

第二节　火 山 作 用

　　火山喷发的最初阶段是先从原有火山口或裂缝中喷发蒸汽，随之而来的是大量的其他气体和火山灰喷向天空形成巨大的黑色烟柱。同时地下哄鸣、地面颤动，大量的熔浆随之涌出火山口。空气由于受热膨胀而上升形成强烈的对流，并可引起高空气象的骤然变化。还有一些火山喷发发生在海底，是玄武质岩浆的一种特殊的非爆炸性裂隙喷发形式。

一、火山及其喷出物

（一）火山的定义

火山是火山喷发形成的，由熔岩和火山碎屑组成的地貌景观。通常火山形状为锥形，其主要要素包括火山锥、火山口和喷出口，火山作用形成的产物和构造总称为火山机构。

喷出口是发生火山喷发的开口，它从地表向下直通岩浆房，又称为火山通道或火山管。喷出口并不总是位于火山机构的中心，侧翼喷发时，喷出口位于火山的一侧。火山锥是喷出口周围熔岩和火山碎屑的堆积。火山口是位于锥顶喷出口上方的盆状凹陷。

当火山顶峰被爆炸气体炸毁，或由于大量岩浆喷出，岩浆房空出，使得火山塌陷，会形成一个比火山口大得多（直径至少1km）的火山凹陷，称作破火山口。火山口和破火山口积水所形成的湖称为火山口湖。世界最著名的火山口湖是美国俄勒冈州 Cardera 湖（意思就是火山口湖），我国最著名的火山口湖是长白山天池，它们都是由破火山口积水而成。天池水面海拔 2198.7m，蓄水 $2 \times 10^9 m^3$，是我国最高最大的高原淡水湖。

上面只是一般情况。由于喷发物质和喷发方式多种多样，形成的产物和构造也多种多样。例如，喷出口不一定是管状，火山也不一定是锥形。

（二）火山喷出物

火山喷出物指火山活动时从地下喷出的物质。它包括火山气体、熔浆和固体的岩石碎屑。在一次火山喷发中，并不是上述三种类型的喷出物都有。一般有三种情况：在火山喷发猛烈时产生的碎屑物多，很少有熔浆流出；而较温和的火山喷发中，则熔浆多，碎屑物少；火山爆发有时只喷出气体，不流出熔浆。但火山爆发往往是三种情况都有，或者一、二种兼有。火山喷出物是形成火山锥的材料，它们凝聚形成的岩石称为喷出岩或火成岩。

（1）气体喷发物。以水蒸气为主，其含量常达60%以上。此外有含二氧化碳、硫化物（H_2O、硫的氧化物）及少量的氯化氢、氟化氢、氢气、一氧化碳、氨气等。火山喷发的气体量往往很大。如1912年阿拉斯加的卡特曼火山喷发的气体中仅盐酸就多达 $1.25 \times 10^6 t$，氢氟酸达 $2.0 \times 10^5 t$。

（2）液体喷发物。液体喷发物称为熔浆，它是喷出地表丧失了气体的岩浆，熔浆冷却后即为熔岩。熔浆可以沿着地面斜坡或山谷流动，其前端呈舌状，称为熔岩流。熔岩因黏性不同，流动能力也不等。分布面积宽广的熔岩流称为熔岩被。

由于岩石导热性差，熔岩的外壳虽然冷凝或者基本冷凝，但其内部仍可保持熔融状态继续流动。在流动过程中，由于挤压力及因外壳冷凝收缩力作用，熔岩表面发生变形。表面比较光滑，呈波状起伏，或者扭曲似绳子状的，称为波状熔岩或绳状熔岩。熔岩表层破碎成大小不等的棱角状块体杂乱堆积者称为块状熔岩。随着熔岩由表层向内部进一步冷凝，六边形裂块最终会将整个熔岩层变成一个个的六房柱，称为柱状节理。

（3）固体喷发物。气体的膨胀力、冲击力与喷射力将地下已经冷凝或半冷凝的岩浆物质炸碎并抛射出来，未冷凝的岩浆则成团块、细滴或微末被溅出在空气冷凝称为固体。此外，火山通道周围的岩石也可以被炸裂并抛出。这些喷出地表的岩浆冷凝物及围岩碎块物质称为火山碎屑物质。当火山喷发时，熔岩或一些柔性体被抛到空中，在快速旋转飞行过程中经迅速冷却，形成的纺锤形、椭球形、梨形、麻花形等形态多种多样的岩石团块，称为火山弹。粒径数厘米至数十厘米，外形不规则，多孔洞，似炉渣者称为火山渣。

地质上一般把直径大于 64mm 的火山碎屑物称为火山集块；直径在 64～2mm 者称为火山角砾；直径在 2～0.065mm 者称为火山灰；直径小于 0.065mm 者称为火山尘；由火山碎屑物质堆积并固结而成的岩石称为火山碎屑岩。

（三）喷出岩的产状

一定成因的岩石构成的岩石集合体或地质体称为岩体，岩体形状、大小及与围岩的关系等特征称为岩石的产状。沉积岩的产状是大家比较熟悉的，它们通常呈两向延伸的板状或层状，与上下层为互相叠覆、彼此协调的关系，这种产状称为岩层。沉积岩的产状之所以为岩层，取决于其成因：沉积岩是沉积物一层一层沉积而成。火山碎屑岩形成过程与沉积岩相似，喷出岩也是熔岩流一层一层堆积而成，因此火山岩的产状也是岩层。野外调查时需要细致观察，仔细区分、测量、标绘每一个火山岩层。

二、火山喷发类型

火山活动的类型是多种多样的，主要取决于以下几种因素：

（1）岩浆成分、水及其他挥发组分的含量，温度及黏度。玄武质的岩浆含 SiO_2 及挥发组分少，温度高、黏度低、流动性大，所以喷发时较为平静；而流纹质和安山质岩浆富含 SiO_2 及挥发成分，其温度低、黏度大、流动性差，因此，喷发时较为猛烈。

（2）地下岩浆囊和供给通道中的压力以及喷溢地表的通道形状。有时岩浆沿原先存在的断裂上涌，形成裂隙式喷发；而有时凭借岩浆的压力"钻通"地表（一般位于裂隙的交叉处）形成筒状喷发。

（3）岩浆喷出时的环境。例如，是在陆地喷发还是在水下喷发，这两种环境的火山喷发情景很不一样。

主要喷发类型有熔透式喷发、裂隙式喷发、中心式喷发等几种。

（一）熔透式喷发

熔透式喷发是在地壳发展的初期，此时地壳很薄，地下的岩浆热力很强，有可能大面积熔透地壳，即形成熔透式火山。有些学者认为，在各大陆太古代岩石中观察到的地下冷凝的岩浆岩体与上面的喷出岩呈直接过渡的现象，就是由熔透式火山作用形成的。这种喷发类型在现代很少见。

（二）裂隙式喷发

裂隙式喷发是指熔岩沿构造裂隙溢出的现象。一般这种喷发以基性的玄武岩流为主，无爆炸现象，往往呈大片流出，常展布在广阔的面积上，形成一大片连续的玄武岩层，可形成玄武岩高原。这种喷发在现代大洋中脊的中央裂谷处正在进行，它是地幔物质上涌的通路，溢出的大量熔岩形成了新的洋壳。大陆上也有这种喷发类型。

（三）中心式喷发（筒状喷发）

中心式喷发是岩浆通过喉管通道到达地面形成的一种喷发形式，它是现代大陆上火山活动的主要类型。这可能是由于现代陆壳已加厚，岩浆只能沿裂隙交叉处形成的通道喷出。按照这种喷发的剧烈程度又可分为宁静式、爆烈式和递变式三种。

（1）宁静式（或称夏威夷式）。这种火山喷出的熔岩以基性熔岩为主，其黏度小、流动性很大，熔岩中含气体很少，没有爆炸现象。这种火山的熔岩流面积很广，形成的火山锥坡度平缓，为盾形火山锥。

（2）爆烈式（又称培雷式）。这是一种猛烈爆炸的火山。喷出的熔岩黏性大、不易流动、含气体多、冷凝快。有时岩浆上升未达到地表在火山口中或火山喉管中就凝固了，从而封闭了岩浆涌出的通道，阻塞了岩浆和气体喷出，当地下岩浆压力增大，冲破上面的堵塞时，就发生猛烈的爆炸。喷发物主要是火山灰、火山渣、火山弹和热气体。爆炸物形成的方式有喷气柱、喷发柱和扑撩云等几种，几乎没有熔岩流溢出。

（3）递变式。这类火山的特点介于两者之间，喷发方式可从宁静到猛烈。喷发物以中基性熔岩为主，并有一定的爆炸力，通常是首先喷出大量的气体和碎屑，随后喷出熔岩，但溢流不远，一般没有火山灰。大多数火山都属于这种类型。

一个火山在不同时期可能属于不同的喷发类型，如早期为爆烈式，后期变为宁静式，以后又可以变成爆烈式，做周期性的更替。这主要是由于地下岩浆性质和气体数量的变化所致。

三、世界火山带的分布

地球上已知的活火山共有约518座，集中在以下几个地带：

（1）环太平洋火山带。从南北美洲、阿拉斯加西岸，经阿留申群岛、日本群岛、菲律宾群岛到新西兰。这一带上有活火山300余座，占全球活火山数的60%以上。其中南美、中美洲西岸及西南部群岛有活火山200座。这一火山带的位置正好环绕太平洋，因而有火环之称。环太平洋火山带主要喷发中、酸性岩浆，尤其以喷发安山岩浆为特征。南美洲西岸安第斯山脉的安山质熔岩极为典型，安山岩一名即源于此。值得指出的是，喷发安山岩浆的火山只分布在环太平洋四周的大陆边缘和岛屿上，不见于大洋内部，在大洋内部只喷发基性岩浆，两者界限鲜明，这一界限称为安山岩线。

（2）地中海 - 印度尼西亚火山带。这一带共有活火山70余座，其中地中海沿线有13座，印度尼西亚有60余座。这一火山带喷发的岩浆性质从基性到酸性均有，不同的火山表现不同，同一火山的不同喷发阶地也有变化。

（3）洋脊火山带。分布于大西洋、太平洋及印度洋的洋脊部位。有的火山在水下喷发，有的火山已露出水面，称为火山岛。洋脊是绵延全球各大洋洋底的山脉，发育火山活动与地震。洋脊带有活火山60余座，其中，太平洋中有15座；大西洋中有22座，冰岛及扬马延岛上有22座，印度洋中有4座。

（4）红海沿岸与东非大裂谷。该火山带有活火山22座。

我国的活火山有限，形成于第四纪，主要见于台湾地区及东北。火山地形保留完整的死火山则广泛分布于内蒙古、山西、云南、长江中下游、海南岛、广东等地区。

第三节　侵　入　作　用

一、侵入作用概述

深部岩浆向上运移，侵入周围岩石，在地下冷凝、结晶、固结成岩的过程称为侵入作用。其形成的岩石称为侵入岩。侵入岩石被周围岩石封闭起来的岩浆固结体称为侵入体。包围侵入体的原有的岩石称为围岩。

侵入体形成的深度不一，形成深度在地表大于10km的称为深成侵入体或者深成岩，其规模较大；形成深度在3~10km的称为中深成侵入体或中深成岩；形成深度小于3km的侵入体称为浅成侵入体或浅成岩。由于地壳隆起或抬升，上覆岩石被风化、剥蚀，侵入体便会暴露于地表。

二、侵入岩产状

侵入岩的产状按其与围岩的接触关系，可分为整合侵入体和不整合侵入体（见图15-2）。

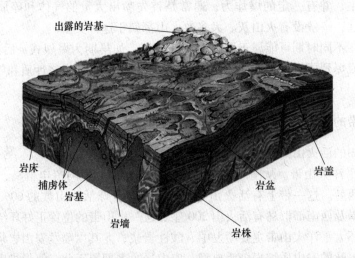

图15-2　侵入体产状综合示意图

整合侵入体是岩浆沿围岩的层面或片理面贯入而成，因此与围岩的产状一致而呈整合接触。根据形态的不同，整合侵入体主要有以下类型：（1）岩床。又称岩席，是与地层相整合的板状侵入体，组成岩床的岩石以黏度小、易于流动的基性岩浆占多数。（2）岩盖。又称为岩盘，为顶部隆起，底部平坦，中央厚两边薄的整合侵入体。（3）岩盆。岩浆侵入到构造盆地中，其中间部分受岩层的静压力作用使底板下沉，形成中央微凹的盆状侵入体。

不整合侵入体的特征是截穿围岩层理或片理，它是岩浆沿斜交层理或片理的裂隙贯入而成，可进一步区分为以下类型：（1）岩墙。又称岩脉，为截穿围岩层理或片理的板状侵入体。岩墙规模大小不一，小者厚度仅几十厘米，大者如津巴布韦大岩墙，其长度达500km，宽达3~14km。岩墙如成群出现，则称为岩墙群。在火山口、火山颈周围常可见到呈放射状排列的岩墙，称为放射状岩墙。放射状岩墙中心常是火山口、火山颈或岩株所在地。（2）岩株。又称岩干。为规模较大的不整合侵入体，与岩基的区别在于岩株的出露面积小于100km²。多数岩株在深部与岩基相连，是岩基的突出部分。（3）岩基。是侵入体中规模最大的一类，出露面积大于100km²。主要分布于褶皱带隆起区，常受深大断裂控制，延伸方向多与褶皱轴一致。由于岩基规模巨大，因此它们一般不是由一次岩浆侵入作用形成，而是多期多阶段岩浆作用的产物。

第四节 岩 浆 岩

岩浆岩指高温熔融的岩浆在地下或喷出地表后冷凝而成的岩石，如橄榄岩、玄武岩等。由于岩浆固结时的化学成分、温度、压力及冷却速度不同，可形成各种不同的岩石。大多火成岩是结晶质的，少数为玻璃质。

一、岩浆岩的矿物成分

绝大多数岩浆岩是全晶质的或部分结晶质的，即由天然结晶的矿物组成，仅仅很少的火成岩是玻璃质的。在火成岩中发现的矿物种类繁多，但常见矿物不过20多种，其中作为岩石的主要矿物组分仅十余种，它们是石英、钾长石、斜长石、似长石（白榴石、霞石）、橄榄石、辉石、角闪石、黑云母、白云母等。不同矿物以不同的比例构成某种特定的岩石（见图15-3），随着矿物组成和矿物相对含量的变化，形成了超基性、基性、中性、酸性和碱性等各种岩浆岩。

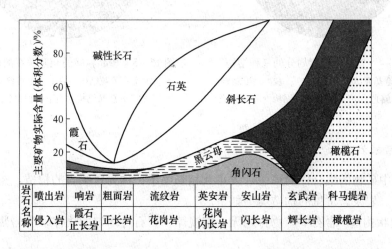

图15-3 常见火成岩的主要矿物组成（据孙慕和彭亚鸣，1985，修改）

除上述常见的造岩矿物外，火成岩还有少量聚集了岩石中各种微量元素的矿物。

二、岩浆岩的结构与构造

（一）岩石结构

岩石结构是指岩石的组成部分的结晶程度、颗粒大小、形态及晶粒间相互间的关系。（1）结晶程度。岩浆岩的结晶程度主要受岩浆冷凝的速度影响。冷凝缓慢时，矿物全部结晶，晶粒粗大，晶形较完好，称为全晶质结构，如花岗岩；冷凝快时，矿物部分结晶，部分为玻璃质，称为半晶质结构，如流纹岩；冷凝速度极快时，岩浆来不及结晶便冷凝成岩，全部为玻璃质，称为非晶质（玻璃质）结构，如黑曜岩（见图15－4）。

（2）晶粒大小。矿物晶粒可以分为绝对大小和相对大小。按照绝对大小可分为粗晶结构（颗粒直径大于5mm），中晶结构（颗粒直径1～5mm），细晶结构（颗粒直径0.1～1mm）。这些晶粒大小用肉眼均可以识别，称为显晶质结构。晶粒细小用肉眼难以识别，在显微镜下才能辨别的，称为隐晶质结构。

（3）晶粒间的相互关系。显晶质结构按颗粒的相对大小分为等粒结构和不等粒结构。等粒结构是指岩石中同种主要矿物颗粒大小大致相等；不等粒结构是指岩石中同种主要矿物颗粒大小不等。对于不等粒结构还可以依据基质的不同划分为斑状结构和似斑状结构。如果基质为隐晶质或非晶质，称为斑状结构。大的为斑晶，小的及未结晶的玻璃质的为基质。似斑状结构外貌类似于斑状结构，只是基质为显晶质的（见图15－5）。

图15－4　按结晶程度划分的三种结构
左上—全晶质结构（单偏光）；右上—半晶质
结构（单偏光）；下部—玻璃质结构（正交偏光）

图15－5　按晶粒间的相互关系的四种结构
左上—等粒结构；右上—不等粒结构；
左下—斑状结构；右下—似斑状结构

（二）岩浆岩构造

岩浆岩中矿物的集合体的形态、大小及相互关系，称为岩浆岩的构造。是岩浆岩形成条件的反映。岩浆岩常见的构造类型如下。

（1）块状构造。岩石中矿物排列无一定规律，岩石呈均匀的块体。为岩浆岩最常见的构造。

（2）流纹构造。由于岩浆一边冷凝一边流动，岩石中柱状或片状矿物或拉长的气孔沿流动方向彼此平行呈定向排列，形成不同的成分和颜色的条带，称为流纹构造。常见于酸性或中性熔岩，尤其以流纹岩最为典型。

（3）气孔构造与杏仁构造。气孔构造指出现在熔岩中或浅成脉体边缘的呈圆球形、椭圆形的空洞。岩浆喷出地表后压力骤减，大量气体从中迅速溢出留下各种形状的孔洞。其直径为数毫米或数厘米，是岩浆中的气孔所占据的空间。气孔被矿物质（如方解石、石英、绿泥石、葡萄石）充填形似一个个的杏仁的，称为杏仁构造。

（4）枕状构造。多见于水下喷发形成的玄武岩、安山岩。

（5）球状构造。岩石中矿物围绕某些中心呈同心层分布，外形呈椭圆状的一种构造，各层圈中的矿物常呈放射状分布。

（6）晶洞构造。侵入岩中具有若干小型不规则孔洞的构造，孔洞内常生长晶体或晶簇，如石英。

（7）层状构造。岩石具有成层性状。它是多次喷出的熔岩或火山碎屑岩逐层叠置的结果。

三、主要的岩浆岩

根据岩浆岩中 SiO_2 的含量、矿物成分、结构、构造和产状等进行分类，结果见表 15－1。

表 15－1　岩浆岩分类简表

按酸度划分大类				超基性岩	基性岩	中性岩	酸性岩
二氧化硅含量/%				<45 不饱和	45~52 不饱和	52~65 饱和	>65 过饱和
矿物成分	浅色矿物			—	斜长石	斜长石	钾长石、石英（白云母）
	暗色矿物			橄榄石、辉石（角闪石）	辉石（角闪石）	角闪石（黑云母）	黑云母（角闪石）
岩石颜色				黑、黑绿	黑、深灰、灰	灰、浅灰	灰白、肉红
产状	岩体形态	构造	结构	岩　石　名　称			
喷出岩	层状体	杏仁气孔流纹	火山碎屑	火山灰、火山砾、火山弹			
			玻璃质	火山玻璃、黑曜岩、浮岩、松脂岩、珍珠岩			
			斑状细粒、隐晶质	苦橄玢岩①	玄武岩	安山岩	流纹岩 / 粗面岩 / 响岩
侵入岩	浅成岩	致密块状气孔	细晶岩、斑状岩、伟晶岩、煌斑岩	—	辉长玢岩	闪长玢岩	花岗斑岩② / 正长斑岩 / 霞石正长斑岩
				细晶岩、伟晶岩、煌斑岩③			
	深成岩	块状岩体	致密块状	全晶质、中粒、粗粒、均粒	橄榄岩类辉岩	辉长岩	闪长岩	花岗岩、花岗闪长岩 / 正长岩 / 霞石正长岩

①② 斑岩和玢岩都是指具斑状结构的浅成侵入岩，岩石中以斜长石作斑晶者称玢岩，以钾长石作斑晶者称斑岩；

③ 煌斑岩是一个笼统的岩石名称，一般将颜色较深、含暗色矿物较多的细粒隐晶结构或斑状结构的岩石称煌斑岩，也称暗色脉岩或基性脉岩。

（一）超基性岩类（橄榄岩－金伯利岩）

（1）橄榄岩。暗绿色或绿色；主要矿物为橄榄石和辉石，含有少量角闪石、黑云母；全晶质结构、块状构造。

（2）苦橄玢岩。为浅成岩，极少见。以辉石和橄榄石为主，或含少量富钙斜长石，细粒或斑状结构。

（3）金伯利岩。斑状结构，斑晶为橄榄石、金云母、石榴子石等，蛇纹石化显著，偶见辉石；基质为细粒及隐晶质；常以岩筒（火山岩颈）、岩脉等形式产出。金刚石常存在于此岩中。我国已在辽宁、山东等省发现多处金伯利岩。

（二）基性岩类（辉长岩－玄武岩类）

（1）辉长岩。灰黑、暗绿色；以辉石和斜长石为主，其次为角闪石和橄榄石；全晶质结构、块状构造。

（2）辉绿岩。矿物成分、颜色与辉长岩相同；细粒结构、块状构造。常呈浅成侵入体产出，如岩墙、岩床等。

（3）玄武岩。矿物成分与辉长岩相同；常呈黑、灰黑、黑绿、灰绿色等；隐晶、细粒至斑状结构，斑晶常为斜长石；块状构造，也常具气孔状杏仁状构造。陆相喷发常具柱状节理，水下喷发常形成枕状构造。

（三）中性岩类

（1）闪长岩。灰或灰绿色；主要矿物为斜长石和角闪石，次要矿物为正长石、黑云母、辉石，很少或没有石英；全晶质结构、块状构造。

（2）闪长玢岩。或称闪长斑岩，颜色、矿物成分与闪长岩相同；斑状结构，斑晶为斜长石、角闪石，斜长石常可见环带状构造。基质为隐晶质至细粒。呈岩墙产出，也可产于闪长岩体的边缘部分。斑晶以斜长石为主时称为闪长玢岩。

（3）安山岩。矿物成分与闪长岩相同，呈深灰、浅玫瑰、褐色等；一般为斑状结构，斑晶为斜长石、辉石等；块状构造，有时具气孔和杏仁状构造。

（4）正长岩。属于中性或半碱性深成岩类。主要矿物为钾长石及角闪石、黑云母等。颜色浅淡，一般为肉红色、灰黄色或白色。中粒结构，类似花岗岩类。但不见石英颗粒，或微含一点。常以小型岩体产出，有时见于大岩体的边缘部分。

（5）正长斑岩。相当于正长岩的浅成岩相，部分为喷出岩相。斑状结构，斑晶以肉红色或淡黄色正长石为主，或有角闪石斑晶；基质致密，多由正长石微晶组成。岩石颜色多为淡红、灰白等色。常以岩脉等产出。

（6）粗面岩。成分与正长岩相当的喷出岩相。一般为灰白或粉红色。斑状结构，斑晶以长石为主；基质细粒多孔，断口粗糙不平，因此得名。分布不广，多为粗短熔岩流。

（四）酸性岩类（花岗岩－流纹岩类）

（1）花岗岩。通常为肉红或浅灰色；主要由石英、长石组成，石英含量大于20%；可含少量的暗色矿物黑云母、角闪石等，全晶质等粒结构或似斑状结构、块状构造。

（2）花岗斑岩。颜色、矿物成分、构造与花岗岩相同；具斑状结构，斑晶为石英和长石，基质为隐晶－细晶质或玻璃质。如果基质为全晶质（细粒、中粒、粗粒），即具似斑状结构，称为似斑状花岗岩。

（3）流纹岩。颜色、矿物成分与花岗岩相同；斑状结构，斑晶为石英、透长石，基质多为隐晶质或玻璃质，流纹构造。流纹质玻璃中可具大量气泡，形成浮石构造。具这种构造的岩石能浮于水，故称"浮岩"。

复习思考题

15 - 1　岩浆是如何产生的？成分如何？

15 - 2　什么是岩浆作用，包括哪些类型？

15 - 3　什么是岩浆分异作用？什么是同化作用和混染作用？

15 - 4　火山碎屑物质有哪些？可形成哪些类型的火山碎屑岩？

15 - 5　列举世界主要火山分布带。

15 - 6　列举岩浆岩的主要造岩矿物。

15 - 7　列举常见的岩浆岩的结构和构造。

第十六章　变质作用与变质岩

地球是一个动态行星，自形成以来，内部不断地发生着能量和物质的迁移与变化。在内力地质作用下，地壳中已形成的岩石，由于地质环境、物理化学条件的改变，在基本保持固体状态下，发生成分、结构构造等变化形成新的岩石的过程称为变质作用。由变质作用形成的岩石称为变质岩。

变质岩是组成岩石的三大岩石之一，占地壳总体积的 27.4%。它在地球上分布较小，而且也不均匀。它是由之前形成的岩石经变质作用形成的。

第一节　变质作用概念

一、变质作用的概念

岩石基本处于固体状态，受到温度、压力和化学活动性流体的作用，发生矿物成分、化学成分、岩石结构构造的变化，形成新的结构、构造或新的矿物与岩石的地质作用，称为变质作用。变质作用属于地球内动力作用的范畴。

在岩石的整个变质过程中，被变质的岩石（原岩）基本处于固体状态，岩石未发生明显的熔融。因此，从原岩是否遭受熔融这一角度看，变质作用与岩浆作用的界限是清楚的。但如果引起变质作用的温度变得很高，达到或者超过岩石的熔点，则变质作用就会质变，转变成岩浆作用。

影响变质作用的温度、压力等因素，主要来自地球内部，因此，变质作用主要发生在地表以下一定深度；而沉积作用只发生在地球的表层，与大气、水、生物等外因相关，这是变质作用与沉积作用的根本区别。然后，沉积物的固结成岩作用是在沉积物被埋藏在地下之后才发生的，也是在一定的静压力和温度条件下进行的。因此，变质作用与固结成岩作用都离不开温度、压力的因素，差别只是后者比前者的温度、压力低，埋藏深度小。

（1）重结晶作用。岩石在固态条件下发生重结晶使小晶体变为大晶体，但成分不变。如由微晶方解石组成的灰岩变成由粗粒方解石组成的大理岩。

（2）变质结晶作用。原岩在固态条件下，有些矿物通过变质作用形成新矿物。

（3）变质交代作用。原岩组分与化学活动性流体发生化学反应，出现物质成分的迁移，形成新的矿物，物质有带进带出。经交代作用形成的新矿物具有原来矿物的假象。

二、变质作用的因素

引起变质作用的因素有温度、压力以及化学活动性流体。

（一）温度

岩石受到较高温度作用时，固态岩石中矿物的原子、离子或分子的活动性增强，会引起各种反应。如由非晶质变成结晶质，或由结晶细小变成结晶粗大，或由一种（几种）

矿物转变成为（另一种）矿物等。

温克勤按照温度把变质作用分成 4 个等级：低于 350℃为很低级变质，350~550℃为低级变质，550~650℃为中级变质，高于 650℃为高级变质。

变质温度的基本来源有 3 个方面：

（1）地热。地下温度随着深度增大而增高。如果地表岩石因某种原因深陷到一定深处，就能获得相应的温度。

（2）岩浆的热量。岩浆是高温熔融体，当岩浆侵入时，岩浆热会传到围岩，使围岩增温。

（3）地壳岩石断裂。断裂块体相互错动和挤压，能产生剪切热，使岩石升温。

（二）压力

压力可分为静压力、流体压力及定向压力。

（1）静压力。是由上覆岩石重量引起的，它随着埋藏深度增大而增大。静压力对岩石的作用力各向均等。如同人在水中所感到的压力一样，随水的深度增加而增加。静压力能使岩石压缩，使矿物中原子、离子、分子间的距离缩小，形成密度大、体积小的新矿物。

例如黏土矿物在高温条件下，当压力小于 0.5GPa 时，形成密度小（3.13~3.65g/cm³）的红柱石；当压力大于 0.5GPa 时，形成密度大（3.52~3.65g/cm³）的蓝晶石；基性岩中钙长石（密度 2.76g/cm³）和橄榄石（密度 3.3g/cm³）在极高压下形成石榴子石（密度 3.5~4.3g/cm³）：

$$Ca[Al_2Si_2O_8] + (Mg,Fe)_2[SiO_4] \longrightarrow Ca(Mg,Fe)_2Al_2[SiO_4]_3$$

静压力在岩石中的传递不只是通过固体的岩石质点，也可以通过循环于岩石孔隙中的流体传递，形成流体压力。当岩石处于密闭状态时，上覆岩石的重量都传递给了各部位的流体，此时流体压力的数值等于岩石的静压值。

（2）定向压力。作用于地壳岩石的侧向挤压力具有方向性，且两侧作用力方向相反。它们可以位于同一直线上，也可以不位于同一直线上，前者称为挤压应力，后者称为剪切应力。定向压力是由于地壳中两个相邻岩石块体作相对运动而产生的。它的作用主要导致岩石结构与构造的变化。

（三）化学活动性的流体

化学活动性的流体以 H_2O、CO_2 为主，来源于：（1）岩石粒间孔隙及岩石裂隙中所含以水为主的液体。（2）许多造岩矿物，尤其是沉积岩中的矿物，其结构中含有较多 H_2O 和 CO_2 等挥发性物质，在温度与压力的作用下，其被分离出来。（3）从岩浆中分泌和逃逸出来的成分。（4）从地球深部物质中分泌出含有 K、Na、SiO_2 等化学成分的热液。

化学活动性的流体一方面可以作为化学反应的媒介，也直接参与化学反应；另一方面降低岩石的熔点。化学活动性流体的参与可大大加快变质作用的进行。

以上各因素常常是同时存在、相互作用，但一般情况下，温度是最重要的因素。

第二节　变　质　作　用

原先存在的岩石（岩浆岩、沉积岩、早期变质岩）受到高温高压和化学活动性流体的影响，改变了原来的矿物成分、结构构造而形成另一种性质的岩石，即成变质岩。这种改造过程称为变质作用，一般发生在固态条件下。变质作用使原岩性质发生了改变，但也可残留原岩的某些特点。

一、变质岩的成分

矿物变质岩中的成分既有原岩成分，也有变质过程中新产生的成分。变质岩矿物成分可分为两类：一类是与岩浆岩、沉积岩相同的，如石英、长石、云母、角闪石、辉石等，它们大多是原岩残留下来的，也可以在变质作用中形成；另一类是变质作用产生的为变质岩所特有的矿物，如石黑、滑石、石榴子石、红柱石、蓝晶石、矽线石、硅灰石、透辉石、蛇纹石等，称为特征变质矿物。变质矿物出现就是发生过变质作用的最有力的证据。

除了典型的变质矿物之外，变质岩中还有既能存在于火成岩又能存在于沉积岩的矿物，它们或者在变质作用中形成，或者从原岩中继承而来。属于这样的矿物有石英、钾长石、钠长石、白云母、黑云母等。这些矿物能够适应较大幅度的温度、压力变化而保持稳定。

二、变质岩的结构

岩浆岩与沉积岩的结构通过变质作用可以全部或者部分消失，形成变质岩特有的结构。

（一）变晶结构

变晶结构是变质过程中因变质矿物结晶和交代而形成的岩石所具有的结构。由于岩石是在基本保持固体状态下结晶形成的，晶体生长不自由，因此，变晶结构具有自形程度较差、粒度变化大、常见包裹体和变质反应现象等特点。重结晶作用在沉积岩的固结成岩过程中即已开始，在变质过程中尤为重要和普遍。由变质作用形成的晶粒称为变晶。变晶结构的出现意味着火成岩及沉积岩中特有的非晶质结构、碎屑结构及生物骨架结构趋于消失，并伴随着物质成分的迁移或新矿物的形成。根据组成变质岩矿物的形状，可将岩石结构描述为粒状（花岗）变晶结构（见图 16 − 1）、柱状变晶结构、纤状变晶结构、鳞片变

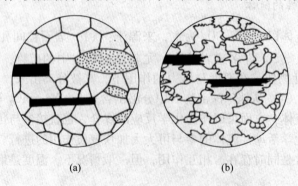

(a)　　　　　　　　　　　(b)

图 16 − 1　粒状变晶结构（据 Passchier，1990 改编）

（a）多边形结构；（b）多缝合结构

白色—粒状矿物（石英、长石）；麻点状区域—柱粒状（角闪石、辉石）；黑色—片状（云母）

晶结构（见图 16-2）等。前者的变晶颗粒等大，后者的变晶颗粒有两种，其粒径相差悬殊。变晶的形态各异：由石英、长石等矿物组成者为粒状；由云母、绿泥石等矿物组成者为片状；由阳起石、硅灰石等矿物组成者为柱状、纤状、放射状。

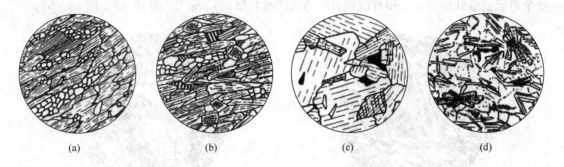

(a)　　　　　　(b)　　　　　　(c)　　　　　　(d)

图 16-2　鳞片变晶结构（a）、纤状变晶结构（b）、交叉结构（c）和束状结构（d）

(a) 绿泥石-钠长石-石英-白云母片岩；(b) 斜长石普通角闪石片岩；(c) 透闪石-绿泥石岩；
(d) 硬绿泥石角岩。(a) ~ (c) 据 Raymond（1995）改编；(d) 采自北京西山

按照变晶大小的相对关系可分为等粒变晶、不等粒变晶及斑状变晶（见图 16-3、图 16-4）。

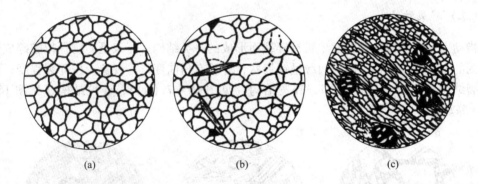

(a)　　　　　　　　(b)　　　　　　　　(c)

图 16-3　等粒结构（a）、不等粒结构（b）和斑状变晶结构（c）（据 Raymond，1995，有修改）

(a)，(b) 变质橄榄岩；(c) 石榴子石-黑云母-斜长石-白云母-石英片岩

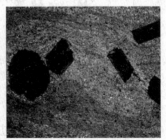

图 16-4　等粒结构、不等粒结构、斑状变晶结构

（二）变余结构

指变质程度不深时残留的原岩结构，如变余斑状结构（保留有岩浆岩的斑状结构）、变余砾状或砂状结构（保留有沉积岩的砾状或砂状结构）等（见图16－5，图16－6）。

 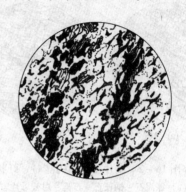

图16－5　变余火山晶屑结构　　　　　　　图16－6　变余火山晶屑状辉石

（白云母长英片岩中斜长石（Pl）变余晶屑　　（条带状辉石磁铁石英岩中火山晶屑状辉石呈层

陕西商县宽坪　（＋）偏光，放大64倍）　　　　分布，反映了火山喷发物的直接堆积

　　　　　　　　　　　　　　　　　　　　　河北迁安裴庄　（－）偏光，d＝5.6mm）

（三）碎裂结构

指动力变质作用使岩石发生机械碎裂而形成的一类结构。特点是矿物颗粒破碎成外形不规则的带棱角的碎屑，碎屑边缘呈锯齿状，并且有扭曲变形等现象。按碎裂程度，可分为碎裂结构（见图16－7（a）），碎斑结构（见图16－7（b）），碎粒结构（见图16－7（c））等。

  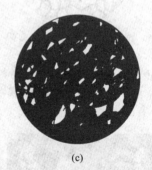

(a)　　　　　　　　　　(b)　　　　　　　　　　(c)

图16－7　碎裂结构

（四）交代结构

指变质作用过程中通过化学交代作用（物质的带出和加入）形成的结构，其特点是，在岩石中原有矿物分解消失，形成新矿物。

一种变质岩有时具有两种或更多种结构，如兼有斑状变晶结构与鳞片变晶结构等。此外在同一岩石中变余结构也可与变晶结构并存。

三、变质岩构造

原岩的构造经过变质作用会全部消失或者部分消失，形成变质岩的构造。

（一）变成构造

（1）斑点状构造。在较浅变质作用下，岩石中部分组成集中，组合形成大小不等、形状各异的斑点。其成分常为碳质、硅质、铁质、云母或红柱石等。

（2）板状构造（板岩）。岩石在较轻的定向压力作用下，产生一组平行、千枚状构造（千枚岩），由细小片状矿物定向排列所成的构造。它和片状构造相似，但晶粒微细，肉眼难分辨矿物成分，片理面上常具强烈的丝绢光泽。如各种千枚岩具有此构造。

（3）片状构造（片岩）。细粒到粗粒片状或柱状矿物定向排列，可劈开成薄片状。片理面常微有波状起伏。

（4）片麻状构造（片麻岩）。组成岩石的矿物是以长石和石英为主的粒状矿物，伴随有部分平行定向排列、成断续带状分布的片状、柱状矿物。具有片麻状构造的岩石其矿物较粗。

（5）眼球状构造（眼球状片麻岩）。片麻状构造中，长石特别粗大，好似眼球，称为眼球状构造。

（6）条带状构造（条带状大理岩）。变质岩中由浅色粒状矿物（如长石、石英、方解石等）和暗色片状、柱状或粒状矿物（如角闪石、黑云母、磁铁矿等）定向交替排列所成的构造。它们以一定的宽度呈互层状出现，形成颜色不同的条带。有的条带构造是由原来岩石的层理构造残留而成；但更多的是暗色呈片理构造的部分被浅色岩浆物质顺片理贯入而成。

（7）块状构造（石英岩、大理岩）。结晶矿物无定向排列，无定向裂开性质。它是岩石因受到温度和静压力的联合作用形成的。

（二）变余构造

因变质作用不彻底而保存的原岩构造，又称为残余构造，多见于低级变质岩中，与变质构造相伴生。如变余气孔构造、变余杏仁构造、变余层状构造、变余泥裂构造等。

应该指出，当变质程度不深时，原岩的构造易于部分保留，因此，变余构造的存在便成了判断原岩属于火成岩还是沉积岩的重要依据，前面所说的变余结构也起着类似的作用。

一般将由岩浆岩变质而成的岩石称为正变质岩；由沉积岩变质而成的岩石，称为副变质岩。

正变质岩常见变余枕状构造、变余气孔构造、变余杏仁构造等；副变质岩常见变余（交错、粒序、韵律等）层理构造（见图16－8）。

四、常见的变质岩

（1）板岩。具板状构造；灰至黑色；矿物颗粒很小，肉眼难以识别，均匀而致密；变余或变晶结构；绢云母、石英、绿泥石、黏土；由粉砂岩、黏土岩等变质而成，变质最

图 16 - 8　变余韵律层理构造（据 Wang et al. , 2009）

浅；击之有清脆之声。

（2）千枚岩。千枚状构造；浅红、灰、暗绿；隐晶质变晶结构；云母、绿泥石、角闪石；由黏土岩、粉砂岩、凝灰岩变质而成。

（3）片岩。片状构造，变晶结构；云母、绿泥石、角闪石、石英、长石。

（4）片麻岩。片麻状，变晶结构；长石、石英、云母、角闪石、辉石；长石含量大于30%；由砂岩、花岗岩等变质而成。

（5）大理岩。块状构造，粒状变晶结构；方解石、白长石；由碳酸盐岩变质而成；得名于云南大理；洁白者称汉白玉。

（6）石英岩。块状构造，变晶结构；石英，少量长石、白云母；由砂岩或硅质岩变质而成。

（7）矽卡岩。石榴石、绿帘石、磁铁矿；伴生矿床 Fe、Cu、Pb、Zn。

第三节　变质作用类型及常见的变质岩

由于引起岩石变质的地质条件和主导因素不同，变质作用类型及其形成的相应岩石特征也不同。

一、区域变质作用

区域变质作用是指发生在岩石圈范围（其形成深度可达 20km），规模巨大（其体积大于数千立方千米）的变质作用。区域变质因素复杂，往往是由温度、压力、化学活动性流体等因素综合作用，从高温高压到低温低压类型都有分布。区域变质作用的方式也多种多样，主要是重结晶和变形，有时伴有明显的交代和部分熔融。

由于区域变质作用持续时间长，温度和压力变化大，因此在许多区域，变质岩发育地区常常出现变质程度不同的岩石，在空间上呈明显的带状分布，这种现象称为区域变质带。同一变质带的岩石，其形成时的物理化学环境基本相同，变质程度也基本相同；不同变质带的岩石，由于其形成环境不同，其变质程度明显不同，常可分为浅变质带、中变质带和深变质带；相应地，可将区域变质作用分为低级、中级和高级三个等级。

二、混合岩化作用

混合岩化作用是指由新生成的"长英质或花岗质"组分与原来的变质岩相互作用形成各种混合岩的变质作用。它是介于变质作用与典型岩浆作用之间的一种造岩作用。

一般认为，大规模新生成的"长英质或花岗质"组分是由原来的变质岩在高温条件下发生选择性熔融形成的；也有人认为，是在区域变质作用后期，地壳深部上升的流体注入已变质的岩石并发生交代作用形成的。这种在区域变质作用区内大面积发生的混合岩化作用，称为区域混合岩化作用。当某些花岗质岩浆侵入变质岩时，由于接触岩浆注入变质岩并发生交代作用后，可形成小规模的混合岩，称为边缘混合岩化作用。

三、接触变质作用

接触变质作用是指发生在侵入体与围岩接触带的一种变质作用。根据作用过程中有无交代作用可分为热接触变质作用和接触交代变质作用两种类型。

（1）热接触变质作用。侵入体放出的热使接触带附近围岩的矿物成分和结构构造发生变化，导致原岩成分重结晶，形成新的矿物组合和新的结构构造，但化学成分没有变化。如纯石灰岩经热接触变质作用后，发生重结晶形成粒度较粗的大理岩。

（2）接触交代变质作用。接触带有大量挥发分和热液作用，使侵入体与围岩发生物质交换，导致岩性和化学成分均发生变化。如中酸性侵入体经高温气水热液与围岩（石灰岩、白云岩）发生接触交代作用，常在接触带附近形成接触交代变质岩（矽卡岩）。

四、气液变质作用

气液变质作用是指由化学性质活泼的气体和热液，与已有固体岩石发生交代作用，使原岩的矿物成分和化学成分发生变化的变质作用。包括岩浆岩的自变质作用和各种围岩的蚀变作用，常形成各种自变质岩石或蚀变围岩，引起岩石变质的气体和热液可以是岩浆晚期或岩浆期后的气水热液，也可以是地壳内其他成因的热水溶液。

五、动力变质作用

动力变质作用是指在构造运动产生的强应力的影响下，发生的一种变质作用。这种变质作用主要发生在大型断裂带及其附近，即断裂构造所产生的定向压力导致原岩遭受强烈挤压和研磨，使原来的岩石及其组成矿物发生变形、破碎以至重结晶，从而形成碎裂岩（具有碎裂结构）、糜棱岩（具有糜棱结构）等动力变质岩。

六、常见的变质岩

（1）板岩（见图16-9）。具有典型的板状结构，沿劈理面裂开成密集的薄板，劈理面平整光滑。光泽暗淡的板岩以矿物颗粒或以隐晶质为主，重结晶作用发育不明显，具明显的变余结构和板状构造。镜下可见有泥质和部分绢云母、绿泥石、硅质，有时见少量的白云母、黑云母、石英等。

（2）千枚岩（见图16-10）。具有显微鳞片变晶结构或显微纤维变晶结构，及典型的千枚状构造的浅变质岩石。千枚岩的原岩性质与板岩相同，但变质岩程度比板岩稍高，原岩已基本发生了重结晶且粒度细小。主要矿物成分有绢云母、绿泥石和石英等新生矿物，外观具有灰绿、灰红、深灰等颜色。在劈理上具极其明显的强丝绢光泽，有时还形成一些小褶曲。

图 16 - 9　板岩

图 16 - 10　千枚岩

（3）片岩（见图 16 - 11）。片岩是一类具鳞片变晶结构和典型的片理构造的中级变质程度的岩石。主要由片状和柱状矿物（黑云母、绿泥石、滑石、透闪石、阳起石、普通角闪石等）及粒状矿物（长石、石英等）组成。其中片状及柱状矿物含量超过 30%，粒状矿物含量一般为 50% ~ 70%（以石英为主，长石含量低于 15%）。片状及柱状矿物常呈定向平行排列，粒状矿物充填于片理之间。

（4）片麻岩（见图 16 - 12 ~ 图 16 - 14）。片麻岩是一类变质程度较高的区域变

图 16 - 11　绿泥石片岩

质岩，具鳞片粒状变晶结构，粒度一般比相应的片岩稍粗一些，具典型的片麻岩构造，有时具条带状构造等。片麻岩主要由石英、长石和云母、角闪石、辉石等矿物组成。其中，

图 16 - 12　黑云角闪斜
　　　　长片麻岩

图 16 - 13　绿帘斜长片麻岩

图 16 - 14　石榴矽线黑云
　　　　斜长片麻岩

粒状矿物占优势，一般超过70％，长石（钾长石或斜长石）含量超过25％，而片状矿物和柱状矿物含量小于30％。此外，还可出现少量石榴子石、矽线石、蓝晶石等特征变质矿物。

（5）大理岩（见图16－15、图16－16）。大理岩是由石灰岩、白云岩等碳酸盐岩经区域变质作用或热接触变质作用而形成的变质岩石。主要由方解石、白云石等碳酸盐类矿物组成，具等粒变晶结构、块状或带状结构。质纯的大理岩呈灰白至白色，含杂质时出现各种不同的颜色花纹。由于原岩中含有杂质，大理岩中可含有少量特征变质物质；由于温度等变质条件差异，特征变质矿物的组合也不相同。一般，在低级变质大理岩中，可出现蛇纹石、滑石、绿帘石等；中级变质时，可出现透闪石、阳起石等；在高级变质条件下则出现透辉石、镁橄榄石等。这些特征变质矿物是确定大理岩变质程度的标志，也是各种大理岩命名的依据。大理岩分布广泛，我国云南大理是著名的大理岩产地。

图16－15　纯大理岩

图16－16　白云母大理岩

 复习思考题

16－1　何为变质作用？

16－2　变质作用与岩浆作用有何联系、区别？

16－3　影响变质作用发生的主要因素有哪些？

16－4　形成变质岩主要有哪些矿物？其中哪些是变质岩特征矿物？

16－5　变质岩常见的结构、构造有哪些？

16－6　何为接触变质作用？其同接触交代变质作用有何区别？

16－7　何为区域变质作用？有哪些区域变质环境？分别有哪些特征性变质岩出现？

16－8　混合岩化作用是什么？它对花岗岩形成的意义是什么？

16－9　何为动力变质作用？在哪种环境下形成？会形成哪些特征性岩石？

16－10　简述三大类岩石的相互转化的过程。

参 考 文 献

[1] Jakosky B. 行星上的生命 [M]. 胡中为, 译. 南京: 江苏人民出版社, 2000.

[2] Nickel E H. 矿物的定义 [J]. 曹亚文, 译. 矿物学报, 1995, 15 (3): 365~366.

[3] 北京大学, 南京大学. 地貌学 [M]. 北京: 人民教育出版社, 1978.

[4] 常士骠, 张苏明. 工程地质手册 [M]. 4版. 北京: 中国建筑工业出版社, 2006.

[5] 陈武, 季寿元. 矿物学导论 [M]. 北京: 地质出版社, 1985.

[6] 陈西平. 对我国环境问题的几点看法 [M] //现代科学知识讲座 (10). 北京: 科学出版社, 1982.

[7] 《地球科学大辞典》编委会编. 地球科学大词典 (基础卷) [M]. 北京: 地质出版社, 2006.

[8] 地质部地质博物馆. 中国五大连池火山 [M]. 上海: 上海科学技术出版社, 1979.

[9] 郭安林, 张国伟, 译. 构造地质学和大地构造学的新航程 [M]. 西安: 西安理工大学出版社, 2003.

[10] 王儒述. 三峡水库与诱发地震 [J]. 国际地震动态, 2007 (3).

[11] 谢文伟, 黄体兰, 周仁元, 等. 普通地质学 [M]. 北京: 地质出版社, 2007.

[12] 黄定华. 普通地质学 [M]. 北京: 高等教育出版社, 2004.

[13] 舒良树. 普通地质学 [M]. 北京: 地质出版社, 2010.

[14] 毕思文, 许强. 地球系统科学 [M]. 北京: 科学出版社, 2002.

[15] 李江海, 韩喜球, 毛翔. 全球构造图集 [M]. 北京: 地质出版社, 2014.

[16] 郭克毅, 周正. 矿物珍品 [M]. 北京: 地质出版社, 1996.

[17] 汉布林 W K. 地球动力系统 [M]. 殷维汉, 等译. 北京: 地质出版社, 1980.

[18] 金振民, 高山. 底侵作用及其壳幔演化动力学意义 [J]. 地质科技情报, 1996, 15 (2): 1~7.

[19] 赖内克 H E, 辛格 I B. 陆源碎屑沉积环境 [M]. 李继亮, 等译. 北京: 石油工业出版社, 1979.

[20] 林伍德 A E. 地幔的成分与岩石学 [M]. 杨美娥, 等译. 北京: 地震出版社, 1981.

[21] 刘本培, 等. 地史学教程 [M]. 北京: 地质出版社, 1996.

[22] 路风香, 桑隆康. 岩石学 [M]. 北京: 地质出版社, 2003.

[23] 罗谷风, 陈武, 薛纪越, 等. 基础结晶学与矿物学 [M]. 南京: 南京大学出版社, 1993.

[24] 闵茂中, 等. 环境地质学 [M]. 南京: 南京大学出版社, 1994.

[25] 舒良树, 孙岩, 王德滋. 华南武功山中生代伸展构造 [J]. 中国科学 (D辑), 1998, 28 (5): 431~438.

[26] 斯特拉莱 A N. 自然地理学 [M]. 邱元禧, 等译. 北京: 地质出版社, 1987.

[27] 孙瑹. 普通地质学 [M]. 上海: 商务印书馆, 1943.

[28] 孙瑹, 彭亚明. 火成岩岩石学 [M]. 北京: 地质出版社, 1985.

[29] 陶晓风, 吴德超. 普通地质学 [M]. 北京: 地质出版社, 2007: 1~282.

[30] 滕吉文, 张中杰, 白武明. 岩石圈物理学 [M]. 北京: 科学出版社, 2004.

[31] 吴泰然, 何国琦. 普通地质学 [M]. 北京: 北京大学出版社, 2003.

[32] 夏邦栋. 普通地质学 [M]. 北京: 地质出版社, 1984.

[33] 夏邦栋, 刘寿和. 地质学概论 [M]. 北京: 高等教育出版社, 1992.

[34] 项仁杰, 史崇周, 冯昭贤. 地壳和上地幔研究 [M]. 北京: 地震出版社, 1991.

[35] 徐开礼, 朱志澄. 构造地质学 [M]. 2版. 北京: 地质出版社, 1989.

[36] 许志琴, 杨经绥, 嵇少丞, 等. 中国大陆构造及动力学若干问题的认识 [J]. 地质学报, 2010, 84 (1): 1~29.

[37] 杨伦, 刘少峰, 王家生. 普通地质学简明教程 [M]. 武汉: 中国地质大学出版社, 1998.

[38] 杨树锋．地球科学概论［M］．杭州：浙江大学出版社，2001．

[39] 张存浩，陈竺．地球［M］．上海：上海科学技术出版社，2005．

[40] 张广忠，孙毅．地质学原理［M］．北京：地质出版社，2004．

[41] 章雨旭．"冰臼"成因争论——以克什塔腾旗青山岩臼群为例［J］．地质论评，2005，51（2）：680，712．

[42] 朱震达．塔克拉玛干沙漠风沙地貌研究［M］．北京：科学出版社，1981．

[43] Andre Brahic, Michel Hoffert, Andre Schaaf, et al. Science de la Terre et de l' Univers［M］. Paris: Vuibert, 1999.

[44] Boggs S. Principles of sedimentology and stratigraphy［M］. 4th edition. Englewood, New Jersey: Prentice Hall, 2005.

[45] Bucher K, Frey M. Petrogenesis of metamorphic rocks［M］. New York: Springer, 2002.

[46] Chen J Y, Huang D Y, Li C W. An Early Cambrian craniate-like cordate［J］. Nature, 1999, 402: 518~522.

[47] Coward M P, Ries A C. Collision tectonics［M］. Oxford: Blackwell Scientific Publication, 1986.

[48] Coward M P, Deway J E, Hancock P L. Continental extension tectonics［M］. Oxford: Blackwell Scientific Publication, 1987.

[49] Condie K C. Plate tectonics and crustal evolution［M］. 4th edition. Pergamon Press, 1996.